城市给排水工程规划与设计

王 迪 崔 卉 鲁教银 著

吉林科学技术出版社

图书在版编目（CIP）数据

城市给排水工程规划与设计 / 王迪，崔卉，鲁教银
著 . -- 长春 : 吉林科学技术出版社，2022.5
ISBN 978-7-5578-9283-8

Ⅰ . ①城… Ⅱ . ①王… ②崔… ③鲁… Ⅲ . ①城市公
用设施—给排水系统—工程设计 Ⅳ . ① TU991

中国版本图书馆 CIP 数据核字 (2022) 第 072877 号

城市给排水工程规划与设计

著	王 迪 崔 卉 鲁教银
出版人	宛 霞
责任编辑	王明玲
封面设计	刘梦杏
制 版	刘梦杏
幅面尺寸	185mm×260mm
开 本	16
字 数	275 千字
印 张	16.25
印 数	1-1500 册
版 次	2022年5月第1版
印 次	2022年5月第1次印刷

出 版	吉林科学技术出版社
发 行	吉林科学技术出版社
地 址	长春市南关区福祉大路5788号出版大厦A座
邮 编	130118

发行部电话/传真　0431-81629529　81629530　81629531
　　　　　　　　　　　　81629532　81629533　81629534

储运部电话	0431-86059116
编辑部电话	0431-81629510
印 刷	廊坊市印艺阁数字科技有限公司

书 号	ISBN 978-7-5578-9283-8
定 价	68.00元

前　言

　　水是循环的维系生命的物质。水循环可以分为自然循环和社会循环两种过程。人类社会的发展，尤其是给水排水工程技术的不断拓展，使得水的社会循环体系浩大而复杂。给水排水管道恰是连接水的社会循环领域各工程环节的通道和纽带，是实现给水排水工程设施功能的关键一环。在城镇化建设突飞猛进的今天，工程质量的问题尤其突出。给水排水管道工程的质量取决于勘察设计、建设施工、材料质量和维护管理的各个环节。对工程技术人才和一线技术人员来说，需要掌握设计、施工、选材和运行维护的综合知识，而不能偏重于某一方。为适应这一情况，专业人才的培养应该注重引入在专业领域应用的新技术、新工艺和新工程设备等内容。结合给水排水工程专业的发展方向，各专业技术应以水的社会循环为研究对象，在水的输送、分配和水质水量调节方面，既保持专业传统，又强调与其他工程类别（如水利、道路、建筑设备、地下工程等）的相互协调，全面提高给水排水专业的科学性和应用性。为了将城市的给水排水管道工程做好，保证施工质量，做好施工管理，进一步促进城市建设的可持续发展，必须要对此类工程给予更多的关注，并且对其中的常见问题进行排查，及时探讨解决方法，从而保证给水排水管道可以更有效地为城市服务。

　　全书主要内容包括城市污水的处理方法及处理工艺、城市内涝、城市雨水水量计算与设计、排水工程设计、海绵城市建设基本理论、海绵城市建设在工程设计中的应用、海绵城市雨水管理技术。本书在内容上力求做到简明扼要、深入浅出、突出重点。本书在写稿过程中参考借鉴了一些专家学者的研究成果与资料，在此特表示感谢。

　　由于笔者时间仓促，写作水平有限，不足之处在所难免，恳请专家和广大读者提出宝贵意见，予以批评指正，以便改进。

目 录

第一章

城市污水的处理方法及处理工艺

第一节 城市污水的处理方法及典型处理工艺流程

一、污水处理的基本方法

污水处理的基本方法就是采用各种技术与手段，将污水中所含的污染物质分离去除、回收利用，或将其转化为无害物质，使水得到净化。

现代污水处理技术按原理可分为物理处理法、化学处理法和生物化学处理法三类。

（一）物理处理法

物理处理法是利用物理作用分离污水中呈悬浮状态的固体污染物质。方法有筛滤法、沉淀法、上浮法、气浮法、过滤法和反渗透法等。

（二）化学处理法

化学处理法是利用化学反应的作用，分离回收污水中处于各种形态的污染物质（包括悬浮的、溶解的、胶体的等）。主要方法有中和、混凝、电解、氧化还原、汽提、萃取、吸附、离子交换和电渗析等。化学处理法多用于处理生产污水。

（三）生物化学处理法

生物化学处理法是利用微生物的代谢作用，使污水中呈溶解、胶体状态的有机污染物转化为稳定的无害物质。主要方法可分为两大类，即利用好氧微生物作用的好氧法（好氧氧化法）和利用厌氧微生物作用的厌氧法（厌氧还原法）。前者广泛用于处理城市污水及有机性生产污水，其中有活性污泥法和生物膜法两种；后者多用于处理高浓度有机污水与污水处理过程中产生的污泥，现在也开始用于处理城市污水与低浓度有机污水。

由于污水中的污染物是多种多样的，因此在实际工程中，往往需要将几种方法组合在一起，通过几个处理单元去除污水中的各类污染物，使污水达到排放标准。

二、城市污水处理技术与工艺

城市污水处理技术，按处理程度划分，可分为一级、二级和三级处理。

（一）城市污水一级处理

一级处理主要去除污水中呈悬浮状态的固体污染物质，物理处理法大部分只能完成一级处理的要求。城市污水一级处理的主要构筑物有格栅、沉砂池和沉淀池。格栅的作用是去除污水中的大块漂浮物，沉砂池的作用是去除相对密度较大的无机颗粒，沉淀池的作用主要是去除无机颗粒和部分有机物质。经过一级处理后的污水，SS一般可去除40%~55%，BOD一般可去除30%左右，达不到排放标准。一级处理属于二级处理的预处理。

（二）城市污水二级处理

城市污水二级处理是在一级处理的基础之上增加生化处理方法，其目的主要是去除污水中呈胶体和溶解状态的有机污染物质（即BOD、COD物质）。二级处理采用的生化方法主要有活性污泥法和生物膜法，其中采用较多的是活性污泥法。经过二级处理，城市污水有机物的去除率可达90%以上，出水中的BOD、SS等指标能够达到排放标准。二级处理是城市污水处理的主要工艺，应用非常广泛。

（三）城市污水三级处理

城市污水三级处理是在一级、二级处理后，进一步处理难降解的有机物、磷和氮等能够导致水体富营养化的可溶性无机物等。主要方法有生物脱氮除磷法、混凝沉淀法、砂滤法、活性炭吸附法、离子交换法和电渗析法等。三级处理是深度处理的同义语，但两者又不完全相同，三级处理常用于二级处理之后。而深度处理则以污水回收、再用为目的，是在一级或二级处理后增加的处理工艺。关于三级处理或深度处理的具体工艺流程将在本章的第四节中具体介绍。

三、活性污泥法

活性污泥法是以活性污泥为主体的污水生物处理技术，是污水自净的人工强化。活性污泥由繁殖的微生物群体构成，它易于沉淀与水分离，并能使污水得到净化、澄清。

（一）活性污泥法基本概念

1.活性污泥的组成

活性污泥是活性污泥处理系统中的主体作用物质。正常的处理城市污水的活性污泥的外观为黄褐色的絮绒颗粒状，粒径为0.02~0.2mm，单位表面积可达2~10m^2/L，相对密度为1.002~1.006，含水率在99%以上。

在活性污泥上栖息着具有强大生命力的微生物群体。这些微生物群体主要由细菌和原生动物组成，也有真菌和以轮虫为主的后生动物。

活性污泥的固体物质含量仅占1%以下，由以下四部分组成：

（1）具有活性的生物群体（Ma）。

（2）微生物自身氧化残留物（Me）。这部分物质难于生物降解。

（3）原污水挟入的、不能为微生物降解的惰性有机物质（Mi）。

（4）原污水挟入并附着在活性污泥上的无机物质（Mii）。

2.活性污泥微生物及其在活性污泥反应中的作用

细菌是活性污泥净化功能最活跃的成分，污水中可溶性有机污染物直接为细菌所摄取，并被代谢分解为无机物，如H$_2$O和CO$_2$等。

活性污泥处理系统中的真菌是微小腐生或寄生的丝状菌，这种真菌具有分解碳水化合物、脂肪、蛋白质及其他含氮化合物的功能；但若大量异常地增殖，会引发污泥膨胀现象。

在活性污泥中存活的原生动物有肉足虫、鞭毛虫和纤毛虫三类。原生动物的主要摄食对象是细菌，因此，活性污泥中的原生动物能够不断地摄食水中的游离细菌，起到进一步净化水质的作用。原生动物是活性污泥系统中的指示性生物，当活性污泥出现原生动物，如钟虫、等枝虫、独缩虫、聚缩虫和盖纤虫等，说明处理水水质良好。

后生动物（主要指轮虫）捕食原生动物，在活性污泥系统中是不经常出现的，仅在处理水质优异的完全氧化型的活性污泥系统，如延时曝气活性污泥系统中才出现。因此，轮虫出现是水质非常稳定的标志。

在活性污泥处理系统中，净化污水的第一承担者——也是主要承担者是细菌；而摄食处理中游离细菌，使污水进一步净化的原生动物则是污水净化的第二承担者。

原生动物摄取细菌，是活性污泥生态系统的首次捕食者。后生动物摄食原生动物，则是生态系统的第二次捕食者。

3.活性污泥净化污水的过程

活性污泥净化污水主要通过三个阶段来完成。在第一阶段，污水主要通过活性污泥的吸附作用而得到净化。吸附作用进行得十分迅速，一般在30min内完成，BOD_5的去除率可高达70%。同时还具有部分氧化的作用，但吸附是主作用。

第二阶段，也称氧化阶段，主要是继续分解氧化前阶段被吸附和吸收的有机物，同时继续吸附一些残余的溶解物质。这个阶段进行得相当缓慢。实际上，曝气池的大部分容积都用在有机物的氧化和微生物细胞物质的合成。氧化作用在污泥同有机物开始接触时进行得最快，随着有机物逐渐被消耗掉，氧化速率逐渐降低。因此，如果曝气过分，活性污泥进入自身氧化阶段时间过长，回流污泥进入曝气池后初期所具有的吸附去除效果就会降低。

第三阶段是泥水分离阶段。在这一阶段中，活性污泥在二沉池之中进行沉淀分离。只有将活性污泥从混合液中去除，才能实现污水的完全净化处理。

4.活性污泥微生物的增殖与活性污泥的增长

在活性污泥微生物的代谢作用下，污水中的有机物得到降解、去除，与此同步产生的则是活性污泥微生物本身的增殖和随之而来的活性污泥的增长。控制污泥增长的至关重要的因素是有机底物量（F）与微生物量（M）的比值F/M，也即活性污泥的有机负荷；同时受有机底物降解速率、氧利用速率和活性污泥的凝聚、吸附性能等因素影响。

活性污泥微生物增殖与活性污泥的增长分为适应期、对数增殖期、衰减增殖期和内源呼吸期。

（1）适应期亦称延迟期或调整期。这是活性污泥培养的最初阶段，微生物不增殖，但在质的方面开始出现变化，比如个体增大，酶系统逐渐适应新的环境。在本阶段后期，酶系统对新的环境已基本适应，个体发育达到了一定的程度，细胞开始分裂，微生物开始增殖。

（2）对数增殖期。这个时期有机底物非常丰富，F/M值很高，微生物以最大速率摄取有机底物和自身增殖。活性污泥的增长与有机底物浓度无关，只与生物量有关。在对数增殖期，活性污泥微生物的活动能力很强，不易凝聚，沉淀性能欠佳，虽然去除有机物速率很高，但污水中存留的有机物依然很多。

（3）衰减增殖期。这个时期有机底物已不甚丰富，F/M值较低，已成为微生物增殖的控制因素，活性污泥的增长与残存的有机底物浓度有关，呈一级反应，氧的利用速率也明显降低。由于能量水平低，活性污泥絮凝体形成较好，沉淀性能提高，污水水质改善。

（4）内源呼吸期又称衰亡期。营养物质基本耗尽，F/M值降至很低程度。微生物由于得不到充足的营养物质，而开始利用自身体内储存的物质或衰死菌体，进行内源代谢以供生理活动。在此期，多数细菌进行自身代谢而逐步衰亡，只有少数微生物细胞继续裂殖，活菌体数大为下降，增殖曲线呈显著下降趋势。

5.活性污泥性能指标

活性污泥性能指标主要有两类，一类是表示混合液中活性污泥微生物量的指标，一类是表示活性污泥的沉降性能的指标。

（1）表示混合液中活性污泥微生物量的指标。这类指标主要有混合液悬浮固体浓度MLSS和混合液挥发性悬浮固体浓度MLVSS。

混合液悬浮固体浓度MLSS，又称混合液污泥浓度，它表示的是在曝气池单

位容积混合液内所包含的活性污泥固体物的总重量，即

$$MLSS=M_a+M_e+M_i+M_{ii} \tag{1-1}$$

表示单位为mg/L混合液，或g/L混合液、g/m³混合液，或kg/m³混合液。

由于M_a只占其中一部分，因此，用MLSS表征活性污泥微生物量存在一些误差。但MLSS容易测定，且在一定条件下，M_a在MLSS中所占比例较为固定，故为常用。

混合液挥发性悬浮固体浓度MLVSS，表示混合液活性污泥中有机固体物质的浓度，即

$$MLVSS=M_a+M_e+M_i \tag{1-2}$$

能够较准确地表示微生物数量，但其中仍包括惰性有机物质等。因此，也不能精确地表示活性污泥微生物量，它表示的仍然是活性污泥量的相对值。

MLSS和MLVSS都是表示活性污泥中微生物量的相对指标，MLVSS/MLSS在一定条件下较为固定，对于城市污水，该值在0.75左右。

（2）表示活性污泥的沉降性能的指标。这类指标主要有污泥沉降比SV和污泥容积指数SVI。

污泥沉降比SV，又称30min沉淀率，是指混合液在量筒内静置30min后所形成的沉淀污泥与原混合液的体积比，以%表示。

污泥沉降比SV能够反映正常运行曝气池的活性污泥量，可用以控制、调节剩余污泥的排放量，通过它还能及时地发现污泥膨胀等异常现象。处理城市污水一般将SV控制在20%~30%之间。

污泥容积指数SVI，简称污泥指数，是指曝气池出口处混合液经30min静沉后，lg干污泥所形成的沉淀污泥所占有的容积，以mL计。

污泥容积指数SVI的计算式为：

SVI=混合液（1L）30min静沉形成的活性污泥容积（mL）/混合液（1L）中悬浮固体干重（g）

$$=SV（mL/L）/MLSS（g/L） \tag{1-3}$$

SVI的表示单位为mL/g，习惯上只称数字，而把单位略去。

SVI较SV更好地反映了污泥的沉降性能，其值过低，说明活性污泥无机成分多，泥粒细小、密实；其值过高，又说明污泥沉降性能不好。城市污水处理的

*SVI*值介于50~150之间。

（二）活性污泥法基本流程

在投入正式运行前，在曝气池内必须进行以污水作为培养基的活性污泥培养与驯化工作。经初次沉淀池或水解酸化装置处理后的污水从一端进入曝气池，与此同时，从二次沉淀池连续回流的活性污泥，作为接种污泥，也于此同一步进入曝气池。曝气池内设有空气管和空气扩散装置。由空压机站送来的压缩气，通过铺设在曝气池底部的空气扩散装置对混合液曝气，使曝气池内混合液得到充足的氧气并处于剧烈搅动的状态。活性污泥与污水互相混合、充分接触，使废水中的可溶性有机污染物被活性污泥吸附，继而被活性污泥的微生物群体降解，使废水得到净化。完成净化过程后，混合液流入二沉池。经过沉淀，混合液中的活性污泥与已被净化的废水分离，处理水从二沉池排放。活性污泥在沉淀池的污泥区受重力浓缩，并以较高的浓度由二沉池的吸刮泥机收集，流入回流污泥集泥池，再由回流泵连续不断地回流污泥，使活性污泥在曝气池和二沉池之间不断循环，始终维持曝气池中混合液的活性污泥浓度，保证来水得到持续的处理。微生物在降解BOD时，一方面产生H_2O和CO_2等代谢产物，另一方面自身不断增殖，系统中出现剩余污泥，需要向外排泥。

（三）活性污泥法及其主要运行方式

1.传统活性污泥法

传统活性污泥法又称普通活性污泥法或推流式活性污泥法，是最早成功应用的运行方式，其他活性污泥法都是在其基础上发展而来的。曝气池呈长方形，污水和回流污泥一起从曝气池的首端进入，在曝气和水力条件的推动下，污水和回流污泥的混合液在曝气池内呈推流形式流至池的末端，流出池外进入二沉池。在二沉池中处理后的污水与活性污泥分离，部分污泥回流至曝气池，部分污泥则作为剩余污泥排出系统。推流式曝气池一般建成廊道型。为避免短路，廊道的长宽比一般不小于5：1，根据需要，有单廊道、双廊道或多廊道等形式。曝气方式可以是机械曝气，也可以采用鼓风曝气。

传统活性污泥法的特征是：曝气池前段液流和后段液流不发生混合，污水浓度自池首至池尾呈逐渐下降的趋势，需氧率沿池长逐渐降低。

因此，有机物降解反应的推动力较大，效率较高。曝气池需氧率沿池长逐渐降低，尾端溶解氧一般处于过剩状态；在保证末端溶解氧正常的情况下，前段混合液中溶解氧含量可能不足。

2.阶段曝气活性污泥法

阶段曝气活性污泥法也称分段进水活性污泥法或多段进水活性污泥法，是针对传统活性污泥法存在的弊端进行了一些改革的运行方式。本工艺与传统活性污泥法主要不同点是：污水沿池长分段注入，使有机负荷在池内分布比较均衡，缓解了传统活性污泥法曝气池内供氧速率与需氧速率存在的矛盾。曝气方式一般采用鼓风曝气。

阶段曝气活性污泥法于1939年在美国纽约开始应用，迄今已有80多年的历史，应用广泛，效果良好。阶段曝气活性污泥法具有如下特点：

（1）曝气池内有机污染物负荷及需氧率得到均衡，一定程度地缩小了耗氧速度与充氧速度之间的差距，有助于能耗的降低。活性污泥微生物的降解功能也得以正常发挥。

（2）污水分散均衡注入，提高了曝气池对水质、水量冲击负荷的适应能力。

（3）混合液中的活性污泥浓度沿池长逐步降低，出流混合液的污泥较低，减轻二次沉淀池的负荷，有利于提高二次沉淀池固、液分离效果。

阶段曝气活性污泥法分段注入曝气池的污水，不能与原混合液立即混合均匀，会影响处理效果。

3.吸附-再生活性污泥法

吸附-再生活性污泥法又称生物吸附法或接触稳定法。本工艺在20世纪40年代后期出现在美国。

吸附-再生活性污泥法主要是利用微生物的初期吸附作用去除有机污染物，其主要特点是：将活性污泥对有机污染物降解的两个过程——吸附和代谢稳定，分别在各自反应器内进行。吸附池的作用是吸附污水中的有机物，使污水得到净化。再生池的作用是对污泥进行再生，使其恢复活性。

吸附-再生活性污泥法的工作过程是：污水和经过充分再生、具有很高活性的活性污泥一起进入吸附池，二者充分混合接触15~60min后，使部分呈悬浮、胶体和溶解性状态的有机污染物被活性污泥吸附，污水得到净化。从吸附池流出的混合液直接进入二沉池，经过一定时间的沉淀后，澄清水排放，污泥则进入再生池进行生物代谢活动，使有机物降解，微生物进入内源代谢期。污泥的活性、吸附功能得到充分恢复后，再与污水一起进入吸附池。

吸附–再生活性污泥法虽然分为吸附和再生两个部分，但污水与活性污泥在吸附池的接触时间较短，吸附池容积较小；而再生池接纳的只是浓度较高的回流污泥，因此再生池的容积也不大。吸附池与再生池的容积之和仍低于传统活性污泥法曝气池的容积。

吸附–再生活性污泥法回流污泥量大，且大量污泥集中在再生池。当吸附池内活性污泥受到破坏后，可迅速引入再生池污泥予以补救，因此具有一定冲击负荷适应能力。

由于该方法主要依靠微生物的吸附去除污水中有机污染物，因此去除率低于传统活性污泥法，而且不宜用于处理溶解性有机污染物含量较多的污水。

曝气方式可以是机械曝气，也可以采用鼓风曝气。

4.完全混合活性污泥法

完全混合活性污泥法与传统活性污泥法最不同的地方是采用了完全混合式曝气池。其特征是：污水进入曝气池后，立即与回流污泥及池内原有混合液充分混合。池内混合液的组成，包括活性污泥数量及有机污染物的含量等均匀一致，而且池内各个部位都是相同的。曝气方式多采用机械曝气，也有采用鼓风曝气的。完全混合活性污泥法的曝气池与二沉池可以合建，也可以分建，比较常见的是合建式圆形池。

由于完全混合活性污泥法能够使进水与曝气池内的混合液充分混合，水质得到稀释——均化，曝气池内各部位的水质、污染物的负荷、有机污染物降解工况等都相同。因此，完全混合活性污泥法具有以下特点：

（1）进水在水质、水量方面的变化对活性污泥产生的影响较小，也就是说，这种方法对冲击负荷适应能力较强。

（2）有可能通过对污泥负荷值的调整，将整个曝气池的工况控制在最佳条件，使活性污泥的净化功能得以良好发挥。在处理效果相同的条件下，其负荷率较高于推流式曝气池。

（3）曝气池内各个部位的需氧量相同，能最大限度地节约动力消耗。完全混合活性污泥法容易产生污泥膨胀现象，处理水质在一般情况下低于传统的活性污泥法。这种方法多用于工业废水的处理，特别是浓度较高的工业废水。

5.延时曝气活性污泥法

延时曝气活性污泥法又称完全氧化活性污泥法，20世纪50年代初期在美国得到应用。其主要特点是：有机负荷率较低，活性污泥持续处于内源呼吸阶段，不但去除了水中的有机物，而且氧化部分微生物的细胞物质，因此剩余污泥量极少，无须再进行消化处理。延时曝气活性污泥法实际上是污水好氧处理与污泥好氧处理的综合构筑物。

在处理工艺方面，这种方法不设初沉池，而且理论上二沉池也不用设，但考虑到出水中含有一些难降解的微生物内源代谢的残留物，因此实际上二沉池还是存在的。

延时曝气活性污泥法处理出水水质好，稳定性高，对冲击负荷有较强的适应能力。另外，这种方法的停留时间（20~30d）较长，可以实现氨氮的硝化过程，即达到去除氨氮的目的。

本工艺的不足是：曝气时间长，占地面积大，基建费用和运行费用都较高。另外，进入二沉池的混合液因处于过氧化状态，出水中会含有不易沉降的活性污泥碎片。

延时曝气活性污泥法只适用于对处理水质要求较高、不宜建设污泥处理设施的小型生活污水或工业废水，处理水量不宜超过1000m³/d。

延时曝气活性污泥法一般都采用完全混合式曝气池，曝气方式可以是机械曝气，也可以采用鼓风曝气。

上述都是活性污泥法的最基本运行方式，但随着对污水排放中N、P指标要求越来越严格，这些基本运行方式已很难满足要求。目前，以活性污泥法为基础，已开发很多污水处理工艺，如A/O法、A²/O法等。

第二节　城市污水处理厂水处理构筑物及其功能

城市污水二级处理是一个比较完善的处理工艺，其中水处理构筑物主要包括格栅、沉砂池、初次沉淀池、生化处理构筑物、二沉池。

一、格栅

格栅一般安装在污水处理厂污水泵站之前，用以拦截大块的悬浮物或漂浮物，以保证后续构筑物或设备的正常工作。

格栅一般由相互平行的格栅条、格栅框和清渣耙三部分组成。格栅按不同的方法可分为不同的类型。

按格栅条间距的大小不同，格栅可以分为细格栅、中格栅和粗格栅3类，其栅条间距分别为3～10mm、10～50mrn和50～100mm。

按清渣方式，格栅分为人工清渣格栅和机械清渣格栅两种。人工清渣格栅主要是粗格栅。按栅耙的位置，格栅分为前清渣式格栅和后清渣式格栅。前清渣式格栅要顺水流清渣，后清渣式格栅要逆水流清渣。

按形状，格栅分为平面格栅和曲面格栅。平面格栅在实际工程中使用较多。

按构造特点，格栅分为抓扒式格栅、循环式格栅、弧形格栅、回转式格栅、转鼓式格栅和阶梯式格栅。

格栅栅条间距与格栅的用途有关。设置在水泵前的格栅栅条间距应满足水泵的要求；设置在污水处理系统前的格栅栅条间距最大不能超过40mm，其中人工清除为25~40mm，机械清除为16~25mm。

污水处理厂也可设置两道格栅，总提升泵站前设置粗格栅（50~100mm）或中格栅（10~40mm）。处理系统前设置中格栅或细格栅（3~10mm）。若泵站前格栅栅条间距不大于25mm，污水处理系统前可不设置格栅。

栅渣清除方式与格栅拦截的栅渣量有关。当格栅拦截的栅渣量大于0.2m³/d

时，一般采用机械清渣方式；栅渣量小于$0.2m^3/d$时，可采用人工清渣方式，也可采用机械清渣方式。机械清渣不仅为了改善劳动条件，而且利于提高自动化水平。

二、沉砂池

沉砂池的作用是去除相对密度较大的无机颗粒。一般设在初沉池前，或泵站、倒虹管前。常用的沉砂池有平流式沉砂池、曝气沉砂池、多尔沉砂池和涡流式沉砂池等。平流式沉砂池构造简单，处理效果较好，工作稳定。但沉砂中夹杂一些有机物，易于腐化散发臭味，难于处置，并且对有机物包裹的砂粒去除效果不好。曝气沉砂池在曝气的作用下，颗粒之间产生摩擦，将包裹在颗粒表面的有机物摩擦去除掉，产生洁净的沉砂，同时提高颗粒的去除效率。多尔沉砂池设置了一个洗砂槽，可产生洁净的沉砂。涡流式沉砂池依靠电动机械转盘和斜坡式叶片，利用离心力将砂粒甩向池壁去除，并将有机物脱除。这三种沉砂池在一定程度上克服了平流式沉砂池的缺点，但构造比平流式沉砂池复杂。竖流式沉砂池通常用于去除较粗（粒径在0.6mm以上）的砂粒，结构也比较复杂，目前生产中采用较少。实际工程一般多采用曝气沉砂池。

（一）平流式沉砂池

平流式沉砂池实际上是一个比入流渠道和出流渠道宽而深的渠道，平面为长方形，横断面多为矩形。当污水流过时，由于过水断面增大，水流速度下降，污水中夹带的无机颗粒在重力的作用下下沉，从而达到分离水中无机颗粒的目的。

平流式沉砂池由入流渠、出流渠、闸板、水流部分及沉砂斗组成。

沉渣的排除方式有机械排砂和重力排砂两类。砂斗加底闸，进行重力排砂，排砂管直径200mm。砂斗加贮砂罐及底闸，进行重力排砂。这种排砂方法的优点是排砂的含水率低，排砂量容易计算；其缺点是沉砂池需要高架或挖小车通道。

（二）圆形涡流式沉砂池

圆形涡流式沉砂池是利用水力涡流原理除砂。圆形涡流式沉砂池水砂流线图是：污水从切线方向进入，进水渠道末端设有一跌水堰，使可能沉积在渠道底部的砂粒向下滑入沉砂池。池内设有可调速桨板，使池内水流保持螺旋形环流，较重的砂粒在靠近池心的一个环形孔口处落入底部的沉砂斗，水和较轻的有机物被引向出水渠，从而达到除砂的目的。沉砂的排除方式有三种：第一种是采用砂泵抽升；第二种是用空气提升器；第三种是在传动轴中插入砂泵，泵和电机设在沉砂池的顶部。圆形涡流式沉砂池与传统的平流式曝气沉砂池相比，具有占地面积小、土建费用低的优点，对中小型污水处理厂具有一定的适用性。

圆形涡流式沉砂池有多种池型，目前应用较多的有英国Jones&Attword公司的钟式（Jeta）沉砂池和美国Smith&Loveless公司的佩斯塔（Pista）沉砂池。

（三）多尔沉砂池

多尔沉砂池的结构上部为方形，下部为圆形，装有复耙提升坡道式筛分机。多尔沉砂池属线形沉砂池，颗粒的沉淀是通过减小池内水流速度来完成的。为了保证分离出的砂粒纯净，利用复耙提升坡道式筛分机分离沉砂中的有机颗粒，分离出来的污泥和有机物再通过回流装置回流至沉砂池中。为确保进水均匀，多尔沉砂池一般采用穿孔墙进水、固定堰出水。多尔沉砂池分离出的砂粒比较纯净，有机物含量仅10%左右，含水率也比较低。

（四）曝气沉砂池

普通沉砂池的最大缺点是在其截留的沉砂中夹杂一些有机物，这些有机物的存在，使沉砂易于腐败发臭，夏季气温较高时尤甚，因此对沉砂的后处理和周围环境会产生不利影响。普通沉砂池的另一缺点是对有机物包裹的砂粒截留效果较差。

曝气沉砂池的平面形状为长方形，横断面多为梯形或矩形，池底设有沉砂斗或沉砂槽，一侧设有曝气管。在沉砂池进行曝气的作用是：使颗粒之间产生摩擦，将包裹在颗粒表面的有机物摩擦去除掉，产生洁净的沉砂，同时提高颗粒的去除效率。曝气沉砂池沉砂的排除一般采用提砂设备或抓砂设备。

曝气沉砂池的停留时间一般为1~3min；若兼有预曝气的作用，可延长池身，使停留时间达到15~30min。为防止水流短路，进水方向应与水在沉砂池内的旋转方向一致，出水方向与进水方向垂直，并设置挡板诱导水流。曝气沉砂池的形状以不产生偏流和死角为原则。因此，为改进除砂效果，降低曝气量，应在集砂槽附近安装纵向挡板。

三、初次沉淀池

初次沉淀池是城市污水一级处理的主体构筑物，用于去除污水中可沉悬浮物。初沉池对可沉悬浮物的去除率在90%以上，并能将约10%的胶体物质通过黏附作用而去除，总的SS去除率为50%~60%，同时能够去除20%~30%的有机物。初次沉淀池有平流式沉淀池、辐流式沉淀池和竖流式沉淀池三种类型，城市污水处理厂一般采用平流式沉淀池和辐流式沉淀池两种类型。

（一）平流式沉淀池

平流式沉淀池平面呈矩形，一般由进水装置、出水装置、沉淀区、缓冲区、污泥区及排泥装置等构成。排泥方式有机械排泥和多斗排泥两种，机械排泥多采用链带式刮泥机和桥式刮泥机。

平流式沉淀池沉淀效果好，对冲击负荷和温度变化适应性强，而且平面布置紧凑，施工方便；但配水不易均匀，采用机械排泥时设备易腐蚀。若采用多斗排泥时，排泥不易均匀，操作工作量大。

（二）辐流式沉淀池

辐流式沉淀池一般为圆形，也有正方形的。其主要由进水管、出水管、沉淀区、污泥区及排泥装置组成。按进出水的形式可分为中心进水周边出水、周边进水中心出水和周边进水周边出水三种类型。中心进水周边出水辐流式沉淀池应用最为广泛。污水经中心进水头部的出水口流入池内，在挡板的作用下，平稳均匀地流向周边出水堰。随着水流沿径向的流动，水流速度越来越小，利于悬浮颗粒的沉淀。近几年，在实际工程中也有采用周边进水中心出水或周边进水周边出水辐流式沉淀池。周边进水可以降低进水时的流速，避免进水冲击池底沉泥，提高池的容积利用系数。这类沉淀池多用于二次沉淀池。

辐流式沉淀池沉淀的污泥一般经刮泥机刮至池中心排出，二次沉淀池的污泥多采用吸泥机排出。

（三）竖流式沉淀池

竖流式沉淀池一般为圆形或方形，由中心进水管、出水装置、沉淀区、污泥区及排泥装置组成。沉淀区呈柱状，污泥斗呈截头倒锥体。污水自中心管流入后向下经反射板呈上向流，流至出水堰，污泥沉入污泥斗并在静水压力的作用下排出池外。竖流式沉淀池的直径（或正方形的一边）一般小于7.0m，澄清污水沿周边流出；当池子直径大于等于7.0m时，应增设辐射式集水支渠。由于竖流式沉淀池池体深度较大，施工困难，对冲击负荷和温度的变化适应性差，造价也相对较高。因此，城市污水处理厂的初沉池很少采用。

四、生化处理构筑物

污水生化处理方法就是利用微生物的新陈代谢功能使污水中呈溶解和胶体状态的有机污染物被降解并转化为无害物质，使污水得以净化。生化处理方法分为好氧法和厌氧法。好氧法主要有活性污泥法、生物膜法和自然生物处理法。城市污水生化处理多采用活性污泥法，小规模也可以采用生物膜法。

（一）曝气池

活性污泥法的核心处理构筑物是曝气池。曝气池是活性污泥与污水充分混合接触，将污水中有机物吸收并分解的生化场所。从曝气池中混合液的流动形态分，曝气池可以分为推流式、完全混合式和循环混合式三种方式。

1.推流式曝气池

一般采用矩形池体，经导流隔墙形成廊道布置，廊道长度以50~70m为宜，也有长达100m。污水与回流污泥从一端流入，水平推进，经另一端流出。其特点是：进入曝气池的污水及回流污泥按时间先后互不相干，污水在池内的停留时间相同，不会发生短流，出水水质较好。推流式曝气池多采用鼓风曝气系统，但也可以考虑采用表面机械曝气装置。采用表面机械曝气装置时，混合液在曝气内的流态，就每台曝气装置的服务面积来讲完全混合，但就整体廊道而言又属于推流。在这种情况下，相邻两台曝气装置的旋转方向应相反，否则两台装置之间的水流相互冲突，可能形成短路。

2.完全混合式曝气池

完全混合式曝气池混合液在池内充分混合循环流动，因而污水与回流污泥进入曝气池立即与池中所有混合液充分混合，使有机物浓度因稀释而迅速降至最低值。其特点是对入流水质水量的适应能力强，但受曝气系统混合能力的限制，池型和池容都需要符合规定，当搅拌混合效果不佳时易发生短流。

完全混合式曝气池多采用表面机械曝气装置，但也可以采用鼓风曝气系统。在完全混合曝气池中应当首推合建式完全混合曝气沉淀池，简称曝气沉淀池。其主要特点是曝气反应与沉淀固液分离在同一处理构筑物内完成。

曝气沉淀池有多种结构形式。曝气沉淀池在表面上多呈圆形，偶见方形或多边形。

由于城市污水水质水量比较均匀，可生化性好，不会对曝气池造成很大冲击，故基本上采用推流式。相比而言，完全混合式适合于处理工业废水。

3.循环混合式曝气池

循环混合式曝气池主要是指氧化沟。氧化沟是平面呈椭圆环形或环形"跑道"的封闭沟渠；混合液在闭合的环形沟道内循环流动，混合曝气。入流污水和回流污泥进入氧化沟中参与环流并得到稀释和净化，与入流污水及回流污泥总量相同的混合液从氧化沟出口流入二沉池。处理水从二沉池出水口排放，底部污泥回流至氧化沟。氧化沟不仅有外部污泥回流，而且还有极大的内回流。因此，氧化沟是一种介于推流式和完全混合式之间的曝气池形式，综合了推流式与完全混合式优点。氧化沟不仅能够用于处理生活污水和城市污水，也可用于处理机械工业废水；处理深度也在加深，不仅用于生物处理，也用于二级强化生物处理。氧化沟的类型很多，在城市污水处理中，采用较多的有卡罗塞氧化沟、T型氧化沟和DE型氧化沟。

（二）生物膜法处理构筑物

生物膜法处理构筑物使污水连续流经固体填料（碎石、炉渣或塑料蜂窝），在填料上就能够形成污泥状的生物膜。生物膜上繁殖着大量的微生物，能够起与活性污泥同样的净化作用，吸附和降解水中的有机污染物。从填料上脱落下来的衰死生物膜随污水流入沉淀池，经沉淀池被澄清净化。

生物膜法有多种处理构筑物，如生物滤池、生物转盘、生物接触氧化池以及生物流化床等。

1.生物滤池

生物滤池是以土壤自净原理为依据发展起来的，滤池内设固定填料，污水流过时与滤料相接触，微生物在滤料表面形成生物膜，净化污水。装置由提供微生物生长栖息的滤床、使污水均匀分布的布水设备及排水系统组成。生物滤池操作简单，费用低，适用于小城镇和边远地区。生物滤池分为普通生物滤池（滴滤池）、高负荷生物滤池、塔式生物滤池及活性生物滤池（ABF）等。

2.生物转盘

通过传动装置驱动生物转盘以一定的速度在接触反应塔内转动，交替地与空气和污水接触，每一周期完成吸附→吸氧→氧化分解的过程，通过不断转动，污水中的污染物不断分解氧化。生物转盘流程中除了生物转盘外，还有初次沉淀池和二次沉淀池。生物转盘的适应范围广泛，除了应用在生活污水的处理外，还用在各种行业生产污水的处理。生物转盘的动力消耗低，抗冲击负荷能力强，管理维护简单。

3.生物接触氧化池

在池内设置填料，使已经充氧的污水浸没全部填料，并以一定的速度流经填料。填料上长满生物膜，污水与生物膜相接触，水中的有机物被微生物吸附、氧化分解和转化成新的生物膜。从填料上脱落的生物膜随水流到二沉池后被去除，污水得到净化。生物接触氧化法对冲击负荷有较强的适应力，污泥生产量少，可保证出水水质。

4.生物流化床

采用相对密度大于1的细小惰性颗粒（如砂、焦炭、活性炭、陶粒等）作为载体，微生物在载体表面附着生长，形成生物膜。充氧污水自下而上流动使载体处于流化状态，生物膜与污水充分接触。生物流化床处理效率高，能适应较大冲击负荷，占地小。

五、二沉池

二沉池的作用是将活性污泥与处理水分离，并将沉泥加以浓缩。二沉池的基本功能与初沉池是基本一致的，因此前面介绍的几种沉淀池都可以作为二沉池。另外，斜板沉淀池也可以作为二沉池。但由于二沉池所分离的污泥质量轻，容易产生异重流，因此，二沉池的沉淀时间比初沉池的长，水力表面负荷比初沉池的小。另外，二沉池的排泥方式与初沉池也有所不同。初沉池常采用刮泥机刮泥，然后从池底集中排出；而二沉池通常采用刮吸泥机从池底大范围排泥。

第三节　城市污水处理厂常用的生物处理工艺及特点

一、百乐卡（BIOLAK）工艺

百乐卡（BIOLAK）工艺是由芬兰开发的专利技术，又叫悬挂链式曝气生物法。目前，世界上已有350多套BIOLAK系统在运行。百乐卡（BIOLAK）工艺实质上是延时曝气活性污泥法，特点是：生物氧化池可以采用土池或人工湖，曝气采用悬挂链式曝气系统。由于生物氧化池可以因地制宜，采用土池或人工湖，因此投资减少。悬挂链式微孔曝气装置由空气输送管做浮筒牵引，曝气器悬挂于浮链下，利用自身配重垂直于水中。在向曝气器通气时，曝气器由于受力产生不均匀摆动，不断地往复摆动形成了曝气器有规律的曝气服务区。一个污水生化反应池中有多条这样的曝气链横跨池两岸，每条曝气链在一定区域内运动，不断交替地形成好氧区和缺氧区，每组好氧–缺氧区就形成了一段A/O工艺。根据净化对象的差异，污水生化反应池中可设多段这样的好养–缺氧区域，形成多级A/O工艺。另外，回流污泥量大，剩余污泥量少，运行管理简单。因此，本工艺适用于经济不是很发达的小城镇。

二、SBR工艺的改进及新工艺

经典SBR工艺只有一个反应池，间歇进水后，再依次经历反应、沉淀、滗水、闲置四个阶段完成对污水的处理过程。因此，在处理连续来水时，一个SBR系统就无法应对。工程上采用多池系统，使进水在各个池子之间循环切换，每个池子在进水后按上述程序对污水进行处理，因此使得SBR系统的管理操作难度和占地都会加大。

为克服SBR法固有的一些不足（比如不能连续进水等），人们在使用过程中不断改进，发展出了许多新型和改良的SBR工艺，比如ICEAS系统、CASS系统、DAT-IAT系统、UNITANK系统、MSBR系统等。这些新型SBR工艺仍然拥有经典SBR工艺的部分主要特点，同时还具有自己独特的优势；但因为经过了改良，经典SBR法所拥有的部分显著特点又会不可避免地被舍弃掉。

（一）间歇式循环延时曝气活性污泥法（ICEAS工艺）

间歇式循环延时曝气活性污泥法是20世纪80年代初在澳大利亚发展起来的，1976年建成世界上第一座ICEAS污水处理厂，随后在日本、美国、加拿大、澳大利亚等地得到推广应用。1986年美国国家环保局正式批准ICEAS工艺为革新代用技术（I/A）。

ICEAS反应器由预反应区（生物选择器）和主反应区两部分组成，预反应区容积约占整个池子的10%。预反应区一般处于厌氧或缺氧状态，设置预反应区的主要目的是使系统选择出适应废水中有机物降解、絮凝能力更强的微生物。预反应区的设置，可以使污水在高负荷运行，保证军菌胶团细菌的生长，抑制丝状菌生长，控制污泥膨胀。运行方式采用连续进水、间歇曝气、周期排水的形式。预反应区和主反应区可以合建，也可以分建。

ICEAS最大的特点是在SBR反应器前部增加了一个预反应区（生物选择器），实现了连续进水（沉淀期、排水期间仍保持进水）、间歇排水。但由于连续进水，沉淀期也进水，在主反应池（区）底部会造成搅动而影响泥水分离，因此进水量受到一定的限制。另外，该工艺强调延时曝气，污泥负荷很低。

ICEAS工艺在处理城市污水和工业废水方面比传统的SBR法费用更省、管理更方便。

（二）循环式活性污泥法（CAST工艺）

CAST工艺是在ICEAS工艺的基础上发展而来的。但CAST工艺沉淀阶段不进水，并增加了污泥回流，而且预反应区容积所占的比例比ICEAS工艺小。通行的CAST反应池一般分为三个反应区：生物选择器、缺氧区和好氧区。这三个部分的容积比通常为1：5：30。CAST反应池的每个工作周期可分为充水-曝气期、沉淀期、滗水期和充水-闲置期。

CAST工艺的最大特点是将主反应区中的部分剩余污泥回流到选择器中，沉淀阶段不进水，使排水的稳定性得到保证。缺氧区的设置使CAST工艺具有较好的脱氮除磷效果。

CAST工艺周期工作时间一般为4h，其中充水-曝气2h，沉淀1h，滗水1h。反应池最少设2座，使系统连续进水，一池充水-曝气，另一池沉淀和滗水。

（三）周期循环活性污泥法（CASS工艺）

CASS法与CAST法相同之处是系统都由选择器和反应池组成，不同之处是：CASS为连续进水，而CAST为间歇进水，而且污泥不回流，无污泥回流系统。CASS反应器内微生物处于好氧-缺氧-厌氧周期变化之中，因此CASS工艺与CAST工艺一样，它具有较好的除磷脱氮效果。CASS法处理工艺流程除无污泥回流系统外，与CAST法相同。

CASS反应池的每个工作周期可分为曝气期、沉淀期、滗水期和闲置期。

（四）连续进水、连续-间歇曝气法（DAT-IAT工艺）

DAT-IAT是SBR法的一种变型工艺。DAT-IAT由DAT和IAT池串联组成，DAT池连续进水，连续曝气（也可间歇曝气）；IAT也是连续进水，但间歇曝气。处理水和剩余污泥均由IAT池排出。

DAT池连续曝气，也可进行间歇曝气。IAT按传统SBR反应器运行方式进行周期运转，每个工作周期按曝气期、沉淀期、滗水期和闲置期四个工序运行。IAT向DAT回流比控制在100%~450%之间。DAT与IAT需氧量之比为65：35。

DAT-IAT工艺既有传统活性污泥法的连续性和高效，又有SBR法的灵活性，适用于水质水量变化大的中小城镇污水和工业废水的处理。

（五）UNITANK工艺

UNITANK工艺是比利时开发的专利。典型的UNITANK工艺系统，其主体构筑物为三格条形池结构，三池连通，每个池内均设有曝气和搅拌系统，污水可进入三池中的任意一个。外侧两池设出水堰或滗水器以及污泥排放装置。两池交替作为曝气池和沉淀池，而中间池则总是处于曝气状态。在一个周期内，原水连续不断地进入反应器，通过时间和空间的控制，分别形成好氧、缺氧和厌氧的状态。

UNITANK工艺除了保持传统SBR工艺的特征以外，还具有滗水简单、池子结构简化、出水稳定、不需回流等特点，通过改变进水点的位置可以起到回流的作用和达到脱氮、除磷的目的。

三、曝气生物滤池（BAF）

曝气生物滤池主要用于生物处理出水的进一步硝化，以提高出水水质、去除生物处理中的剩余氨氮。近几年又开发出多种形式，使此工艺适用于对原污水进行硝化与反硝化处理。它通过内设生物填料使微生物附着其上，污水从填料之间通过，达到去除有机物、氨氮和SS的目的，而除磷则主要靠投加化学药剂的方式加以解决。

曝气生物滤池充分借鉴了污水处理接触氧化法和给水快滤池的设计思路，集曝气、高滤速、截留悬浮物、定期反冲洗等特点于一体。其主要特征包括：采用粒状填料作为生物载体，如陶粒、焦炭、石英砂、活性炭等；区别于一般生物滤池及生物塔滤，在去除BOD、氨、氮时需要曝气；高水力负荷、高容积负荷及高的生物膜活性；具有生物氧化降解和截流SS的双重功能，生物处理单元之后不须再设二沉池；需要定期进行反冲洗，清除滤池中截流的SS，同时更新生物膜。

四、人工湿地

人工湿地是人工建造的、可控制的和工程化的湿地系统，其设计和建造是通过对湿地自然生态系统中的物理、化学和生物作用的优化组合来进行废水处理的。为保证污水在其中有良好的水力流态和较大体积的利用率，人工湿地的设计应采用适宜的形状和尺寸，适宜的进水、出水和布水系统，以及在其中种植抗污染和去污染能力强的沼生植物。

根据污水在湿地中水面位置的不同，人工湿地可以分为表流人工湿地和潜流人工湿地。

表流人工湿地是用人工筑成水池或沟槽状，然后种植一些水生植物，如芦苇、香蒲等。在表流人工湿地系统中，污水在湿地的表面流动，水位较浅，多在0.1~0.6m之间。这种湿地系统中水的流动更接近于天然状态。污染物的去除也主要是依靠生长在水下的植物部分的茎、杆上的生物膜完成的，处理能力较低。

同时，该系统处理效果受气候影响较大，在寒冷地区的冬天还会发生表面结冰问题。因此，表流人工湿地单独使用较少，大多和潜流人工湿地或其他处理工艺组合在一起。这种系统投资小。

潜流人工湿地的水面位于基质层以下。基质层由上下两层组成，上层为土壤，下层是由易使水流通的介质组成的根系层，如粒径较大的砾石、炉渣或砂层等；在上层土壤层中种植芦苇等耐水植物。床底铺设防渗层或防渗膜，以防止废水流出该处理系统，并具有一定的坡度。潜流人工湿地比表流人工湿地具有更高的负荷，同时占地面积小，效果可靠，耐冲击负荷，也不易滋生蚊蝇。但其构造相对复杂。

人工湿地污水处理技术是20世纪70-80年代发展起来的一种污水生态处理技术。由于它能有效地处理多种多样的废水，如生活污水、工业废水、垃圾渗滤液、地面径流雨水、合流制下水道暴雨溢流水等，且能高效地去除有机污染物，氮、磷等营养物，重金属，盐类和病原微生物等多种污染物，具有出水水质好，氮、磷去除处理效率高，运行维护管理方便，投资及运行费用低等特点，近年来获得迅速的发展和推广应用。

采用人工湿地处理污水，不仅能使污水得到净化，还能够改善周围的生态环境和景观效果。小城镇周围的坑塘、废弃地等较多，有利于建设人工湿地处理系统。

北方地区人工湿地通过增加保温措施能够解决过冬问题，只是投资要高一些，湿地结构要复杂一些。

第四节　城市污水的深度处理与再生回用

一、概述

（一）城市污水二级处理出水水质

我国现行国家标准《城镇污水处理厂污染物排放标准》（GB 18918-2002）规定城镇污水处理厂污染物排放应满足表1-1和表1-2的要求。

城市污水经过二级处理（如活性污泥法）后，处理水中在一般情况下还会含有相当数量的污染物质。如：BOD_5 20~30mg/L；CODCr 60~100mg/L；Ss^2 0~30mg/L；NH_3-N 15~25mg/L；P 6~10mg/L。此外，处理水中还可能含有细菌和重金属等有毒有害物质。含有以上污染物质的处理水，如果排放到湖泊、水库等缓流水体中，会导致水体的富营养化；排放具有较高经济价值的水体，如养鱼水体，会使其遭到破坏。这种处理水更不适于回用。

（二）深度处理的对象与目标

如欲达到以上的目的，就必须对其进行进一步的深度处理。深度处理的对象与目标如下：

（1）去除处理水中残存的悬浮物（包括活性污泥颗粒），脱色、除臭，使水进一步得到澄清。

（2）进一步降低BOD_5、COD、TOC等指标，使水进一步稳定。

（3）脱氮、除磷，消除能够导致水体富营养化的因素。

（4）消毒杀菌，去除水中的有毒有害物质。

经过深度处理后的城市污水再生利用类别，见表1-1。

表1-1 城市污水再生利用类别

序号	分类	范围	示例
1	农、林、牧、渔业用水	农田灌溉	种子与育种、粮食与饲料作物、经济作物
		造林育苗	种子、苗木、苗圃、观赏植物
		畜牧养殖	畜牧、家畜、家禽
		水产养殖	淡水养殖
2	城市杂用水	城市绿化	公共绿地、住宅小区绿化
		冲厕	厕所便器冲洗
		道路清扫	城市道路的冲洗及喷洒
		车辆冲洗	各种车辆冲洗
		建筑施工	施工场地清扫、浇洒、灰尘抑制、混凝土制备与养护、施工中的混凝土构件和建筑物冲洗
		消防	消火栓、消防水炮
3	工业用水	冷却用水	直流式、循环式
		洗涤用水	冲渣、冲灰、消烟除尘、清洗
		锅炉用水	中压、低压锅炉
		工艺用水	溶料、水浴、蒸煮、漂洗、水力开采、水力输送、增湿、稀释、搅拌、选矿、油田回注
		产品用水	浆料、化工制剂、涂料
4	环境用水	娱乐性景观环境用水	娱乐性景观河道、景观湖泊及水景
		观赏性景观环境用水	观赏性景观河道、景观湖泊及水景
		湿地环境用水	恢复自然湿地、营造人工湿地
5	补充水源水	补充地表水	河流、湖泊
		补充地下水	水源补给、防止海水入侵、防止地面沉降

二、深度处理技术与工艺

城市污水深度处理工艺方案取决于二级出水水质及再生利用水水质的要

求，其基本工艺有如下四种：

（1）二级处理—消毒。

（2）二级处理—过滤—消毒。

（3）二级处理—混凝—沉淀（澄清、气浮）—过滤—消毒。

（4）二级处理—微孔过滤—消毒。

二级处理加消毒工艺可以用于农灌用水和某些环境用水。

二级处理后增加过滤工艺是先通过过滤去除二级出水中的微细颗粒物，然后进行消毒杀菌。该工艺对有机物的去除效果较差。处理后的水可作为工业循环冷却用水、城市浇洒、绿化、景观、消防、补充河湖等市政用水和居民住宅的冲洗厕所用水等杂用水，以及不受限制的农业用水等对水质的要求不高的回用水。

二级处理加混凝、沉淀、过滤、消毒工艺是国内外许多工程常用的再生工艺。通过混凝进一步去除二级生化处理厂未能除去的胶体物质、部分重金属和有机污染物。处理后出水可以作为城镇杂用水，也可做锅炉补给水和部分工艺用水。

二级处理加微孔膜过滤工艺是用微孔膜过滤替代传统的砂滤，其出水效果比砂滤更好。

微孔过滤是一种较常规过滤更有效的过滤技术。微滤膜具有比较整齐、均匀的多孔结构。微滤的基本原理属于筛网状过滤，在静压差作用下，小于微滤膜孔径的物质通过微滤膜，而大于微滤膜孔径的物质则被截留到微滤膜上，使大小不同的组分得以分离。

上述基本工艺可满足当前大多数用户的水质要求。当用户对再生水水质有更高要求时，可增加深度处理其他单元技术中的一种或几种组合。其他单元技术有活性炭吸附、臭氧-活性炭、脱氨、离子交换、超滤、纳滤、反渗透、膜-生物反应器、曝气生物滤池、臭氧氧化、自然净化系统等。

污水处理厂二级出水经物化处理后，其出水中的某些污染物指标仍不能满足再生利用水质要求时，则应考虑在物化处理后增设粒状活性炭吸附工艺。

当再生水水质对磷的指标要求较高，采用生物除磷不能达到要求时，应考虑增加化学除磷工艺。化学除磷是指向污水中投加无机金属盐药剂，与污水中溶解性磷酸盐混合后形成颗粒状非溶解性物质，使磷从污水中去除。

第五节　污水消毒

城市污水经二级处理后，水质已经改善，细菌含量也大幅度减少，但细菌的绝对值仍较高，并存在有病原菌的可能。因此，在排放水体前或在农田灌溉时，应进行消毒处理。城市污水再生回用时应进行消毒。污水消毒应连续运行，特别是在城市水源地的上游、旅游区、夏季或流行病流行季节，应严格连续消毒。非上述地区或季节，在经过卫生防疫部门的同意后，也可考虑采用间歇消毒或酌减消毒剂的投加量。

污水消毒的主要方法是向污水投加消毒剂。目前，用于污水消毒的消毒剂有液氯、臭氧、氯酸钠、二氧化氯、紫外线等。

一、氯消毒

氯气溶解在水中后，水解为HCl和次氯酸HOCl，次氯酸再离解为H^+和OCl^-，HOCl比OCl^-的氧化能力要强得多。另外，由于HOCl是中性分子，容易接近细菌而予以氧化，而OCl^-带负电荷，难以靠近同样带负电的细菌，虽然有一定氧化作用，但在浓度较低时很难起到消毒作用。

pH影响HOCl和OCl^-的含量，因此对消毒效果影响较大。pH小于7和温度较低时，OCl^-含量高，消毒效果较好。pH小于6时，水中的氯几乎100%地以OCl^-的形式存在；pH为7.5时，HOCl和OCl^-的含量大致相等，因此氯的杀菌作用在酸性水中比在碱性水中更有效。如果污水中含有氨氮，加氯时会生成一氯氨NH_2Cl和二氯氨$NHCl_2$。此时消毒作用比较缓慢，效果较差，且需要较长的接触时间。

二、二氧化氯消毒

二氧化氯对细菌、病毒等有很强的灭活能力，消毒能力比氯强。二氧化氯一般通过发生器现场制备。发生器产生的二氧化氯定量投加到消毒池，并根据出水中的余氯量对投加量进行调整。

三、臭氧消毒

臭氧具有极强的氧化能力，氧化能力仅次于氟。臭氧消毒可以将现场制备的臭氧直接通入废水中。

四、紫外线消毒

紫外线消毒技术是利用特殊设计制造的高强度、高效率和长寿命的C波段254nm紫外线发生装置产生的强紫外线照射水流，使水中的各种病原体细胞组织中的DNA结构受到破坏而失去活性，从而达到消毒杀菌的目的。污水处理中使用较多的紫外线发生器是紫外汞灯。紫外汞灯可分为低压汞灯（汞蒸气压力为1.33~133Pa）、中压汞灯（汞蒸气压力为0.1~1MPa）和高压汞灯（汞蒸气压力达到20MPa）。

五、次氯酸钠消毒

次氯酸钠投入水中能够生成HOCl，因而具有消毒杀菌的能力。次氯酸钠可用次氯酸钠发生器，以海水或食盐水的电解液电解产生。从次氯酸钠发生器产生的次氯酸钠可直接投入水中，进行接触消毒。

上述各种消毒剂的优缺点与适用条件参见表1–2。

表1–2　消毒剂优缺点及适用条件

名称	优点	缺点	适用条件
液氯	效果可靠，投配设备简单，投量准确，价格便宜	氯化形成的余氯及某些含氯化合物低浓度时对水生物有毒害；当污水含工业废水比例大时，氯化可能生成致癌物质	适用于大、中型污水处理厂
臭氧	消毒效率高并能有效地降解污水中残留有机物、色、味等，污水pH值与温度对消毒效果影响很小，不产生难处理的或生物积累性残余物	投资大、成本高，设备管理较复杂	适用于出水水质较好、排入水体的卫生条件要求高的污水处理厂

名称	优点	缺点	适用条件
次氯酸钠	用海水或浓盐水作为原料，产生次氯酸钠。可以在污水处理厂现场产生并直接投配，使用方便，投量容易控制	需要有次氯酸钠发生器与投配设备	适用于中、小型污水处理厂
紫外线	是紫外线照射与氯化共同作用的物理化学方法，消毒效率高	紫外线照射灯具货源不足，电耗能量较多	适用于小型污水处理厂
二氧化氯	消毒效果优于液氯消毒，受pH值影响较小，消毒副产物少	二氧化氯输送和存储困难，一般采用二氧化氯发生器现场制备	适用于出水水质较好、排入水体的卫生条件要求高的污水处理厂

第二章

城市内涝

第一节　排水区与防涝片

城市内涝治理需要以排水区和防涝片为基础框架，突出绿色、生态，源头控制、污染防治、建立良性可持续的水循环系统为目标的综合治理。因此，从规划到设计都要重视"区"和"片"的基础工作。

一、排水区确定和划分

（一）排水区性质

在城市排水系统中，城市地面被建筑物、道路和河道分割为一个个排水区，或称为集水区或汇水区。排水区是城市降雨产汇流的基本单元。

排水区是进行城市水文分析的基础，排水区内的雨水在其范围内渗透、蓄存、汇流、排放。根据集水区计算降雨量，合理确定需要调蓄的雨水，再计算所需要的调蓄体。

城市按地形特征分为无调蓄区、有调蓄区两种排涝系统类型，根据各自特点确定排涝系统内的排涝设施及相应规模。

（二）排水区划分要求

排水区应结合城市规划进行合理划分。例如，对于中心城区强排水地区，将根据轨道交通、河道、道路、市政重大管线、系统面积等各种因数进行系统划分。在城市环境中，地下管网系统对雨水的收集和输送决定了实际的排水区范围，因此在实践当中，可以通过雨水管网系统的结构来划定排水区。

地面往往被水系、山体等自然要素分割成若干个排水分区，这是自然形成的状态。在城市排水系统中，城市地面被建筑物、道路和河道所分割，为了让雨水能及时排除，因此应根据各个区域的排水条件划分好排水区。

地势平坦区域，在整个城区的尺度下，地形因素对于汇水区划定影响较小；根据就近排除雨水的原则，划分排水区，一般可以按照等角线划分。在考虑到城市雨水排除系统的层次结构的基础上，可尝试利用以城市雨水管网系统为基础，依照城市范围内的单元地块到管网系统的距离最小为判别标准，以此划分排水区。

地势坡度较大区域，应根据雨水汇入低侧的原则划分排水区，即按照地面雨水径流方向划分。

（三）排水区中的排水系统

排水系统有雨水口、雨水管渠、检查井、出水口。排水系统的任务，是及时地汇集并排除暴雨形成的地面径流。排水区的排水，主要由管渠、排水泵站组成。

排水系统布置，应充分利用地形，就近排入水体。当地形坡度较大时，雨水干管应布置在地形低处或溪谷线上；当地形平坦时，雨水干管应布置在排水流域的中间，以便于支管接入，尽量扩大重力流排除雨水的范围。

设计较大的市政雨水系统时，主要管道的定线非常关键，原则上使汇水面积内的雨水尽快收集进入管道，同时能在最短时间内由管道排入河道。因此，要根据城市不同地形采用不同的管网布置形式，具体有正交式、平行式、分区式、截流式等。而排水区面积的划分需要考虑多方面因素的影响，尽可能平均划分，使面积增长速度接近于常数。

二、防涝片确定和划分

（一）防涝片类型

城市水系为了便于治理，防涝一般按照较大的区域分片，所辖区域称为防涝片，又称为水利片或排涝控制片。防涝片的确定与划分，应与水利的防洪规划协调一致，一般由水利专业承担完成。

按照防涝片与外围水体的沟通情况，防涝片可分为封闭式和开敞式两种。封闭式防涝片，一般外围均建有堤防、排涝泵闸；开敞式防涝片，片内区域与外围水体直接沟通。对于开敞式防涝片，如果需要封闭，可以采用堤防、泵闸围合，形成封闭的防涝片。

防涝片按地形特征又分为无调蓄区、有调蓄区两种排涝系统类型，根据各自特点确定排涝系统内的排涝设施及相应规模。防涝片都具有独立水系的特征，内部有河道水系，或与外部大水体沟通。

（二）划分要求和方法

城市防涝片一般以自然河道分界，且与城市防洪系统统一考虑。一般结合城市水系、地形、水文等特点，以及与外围大水体之间的关系等条件划分防涝片，即基本条件类似的地区划分为一个防涝片。根据城市发展需要，可按照分片规划和综合治理，以及确定各防涝片的治理标准、防涝工程布局和规模。其次，在划分防涝片时，尚应考虑城市发展需要。例如，中心城区或新的开发区可自成一个防涝片，以便于重点进行综合治理。总而言之，应根据城市水系、排水系统规划、地形与城市竖向规划、区域土地开发利用等情况，结合内涝风险分析，进行城市防涝片划分。

在防涝片中，河道为防涝系统提供城市排水与涝水的出路，是排水系统的下游边界条件，其功能是：在保证大区域（防涝片）、长历时、高重现期暴雨情况下，接纳并排除城市管网和陆域防涝系统排放的雨水。

（三）防涝片的防涝与防洪（防潮）

防涝是指对片内的水体调蓄和排放，防洪或防潮是针对片外的水体，防洪体系更大；其衔接体就是防涝片的围合工程，如堤防、泵闸等。因此，防涝片的围合工程，既要满足防涝设计标准，又要满足防洪设计标准；其工程等别应取两者中高的，一般由防洪标准确定。

有河道、湖泊的城市防涝片，往往存在城市总体规划和防洪规划的矛盾关系，有时候矛盾还比较突出。在城市总体规划和防洪规划中，均须正确体现法规要求。防洪规划是城市总体规划的组成部分；在城市建设上与防洪有矛盾的，应以防洪为主。

城市防洪规划是指导城市建设的重要依据，防洪保护范围应与城市总体规划范围相协调。要注意为城市发展留有空间，中心市区与城市郊区需要合理界定并采用不同防洪标准设防。随着人们生活水平的提高、城市经济的发展，人们越来越注重居住生活环境的保护和建设。例如，城市滨水地带人口密集、空气清新，是人们晨练、休闲、旅游的地方，因此城市堤防工程的建设已不再是单一的水利工程的建设。近年来的建设方向是多功能、全方位的，并注重提升城市品位，即具有防洪、交通、休闲、旅游（园林景观）、繁荣经济的功能。

一个城市如果排涝工程没有规划建设好，随着城市的快速发展、排涝调蓄区的减少，内涝就会越来越严重。因此，防涝片排涝标准的确定、调蓄区和排水管网的规划建设就显得尤为重要。

综上所述，城市防涝与防洪（防潮）综合分析详见表2-1。

表2-1 城市防涝与防洪（防潮）综合分析

项目	防控对象	灾害成因	径流量	防治措施	边界条件
城市防涝	内部	内部雨水	小	自流、抽排	排水
城市防洪（防潮）	外部	外部洪水	大	拦蓄、阻截	排涝

三、排水区和防涝片关系分析

（一）排水区和防涝片的关系

排水区范围较小，是独立的排水单元，是防涝片的子集。防涝片是区域防涝防洪体系，范围较大，是城市排水防涝系统中的母集。一个防涝片均由若干个排水区组成。

城市排水防涝系统由三个层次组成，即排水区—防涝片—排水防涝系统。排水区是系统中最小的单元，是雨水源头减排的主体，与所在区域内河道湖泊水系、泵闸排涝设施一并构成防涝片；若干个防涝片组成城市排水防涝系统。

排水区和防涝片的构成，决定了雨水排放的过程。结合排水区及周边河网条件、地面高程等因素，选择排水模式。一个个排水区的雨水汇入防涝片内的河道等水系，通过防涝片内河道，并通过防涝片河网调蓄，统一调度排出。

（二）"区"和"片"综合分析

排水区和防涝片共存于一个系统中，相互关联、相互制约、相互影响。随着城市不断进步、工程技术的不断发展，排水、防涝系统中的各个层面也会不断地发生变化，它们之间的相关关系也在随之发生变化。

（1）排水区和防涝片角色不同。排水区主要解决较小汇水面积上的排水问题，主要由管渠、泵站组成；在治理内涝的框架下，主要承担雨水的源头减排。防涝片属于城市防洪排涝系统，负责包含城市在内的更大区域的防洪排水，主要由城市河流、湖泊、堤防、涵闸和泵站组成；在治理内涝的框架下，主要承担雨水的末端调蓄。

（2）排水区和防涝片排水方式不同。排水区排水多采用封闭管渠，传统上强调快排，一旦暴雨超标，易形成积水。防涝片排涝的河道、湖泊为开敞空间，能发挥调蓄作用，排水周期较长，具有抗短历时高强度暴雨冲击的功能。

（3）排水区和防涝片雨水过程位置不同。从径流产生、汇流和排除的过程来看，排水在前，防涝在后。

综上所述，城市排水和防涝的关系，就范围而言，"区"面积小，"片"面积大，其相互联系为包含关系；两者衔接因素一致、角色要求不同，其相互关联性综合分析见表2-2。除此之外，"区"和"片"产汇流的理念和计算方法不同，此点前面已述及，这里不再重复。

表2-2　"区"和"片"相互关联性综合分析

项目内容	相互关系	衔接因素	角色要求
排水区	子集	水位、流量	源头减排
防涝片	母集	流量、水位	末端调蓄

从以上分析可以看出，城市内涝防治是一个复杂的系统工程，合理地进行排水分区、防涝分片，做好大、小排水系统之间的衔接，是城市内涝治理的基本要求。

第二节　排水、防涝标准和特征水位

城市排水标准和防涝标准分属于两个系统的不同部门、不同行业。在城市内涝治理中，对两个标准不能衔接的质疑较多，似是而非，抑或说认识上有失偏颇。对此，本节做了论述和分析。

一、相关标准系列

目前，排水标准与防涝标准都包含若干个规范，已形成标准系列；其所含规范可分为国家规范、行业规范、地方规范。所述标准系列，是指排水设计或防涝设计，都需要系统配套应用的各种规范。

由于排水和防涝所承担的角色不同，因此设计标准就不同。这些规范的制定，由不同的部门按照各自的专业编制，其中多数为专业性规范。而对于相关的计算手册或导则，各专业也不相同。例如，雨水量的计算，各省、市标准各不相同。

（一）排水标准系列

排水标准系列是指与排水相关的规范。目前已有或新编规范有：《城市排水工程规划规范》（GB50318-2017）、《室外排水设计规范》（GB50014-2006）、《建筑给水排水设计规范》（GB50015-2019）、《城市道路工程设计规范》（CJJ37-2012）、《城市道路绿化规划与设计规范》（CJJ75-97）、《镇（乡）村给水工程技术规程》（CJJ123-2008）、《镇（乡）村排水工程技术规程》（CJJ124-2008）、《城市内涝防治技术规范》、《城市用地竖向规划规范》（CJJ83-99）、《城市蓝线管理办法》（建设部令第145号）、《城市雨水调蓄工程技术规范》（GB 51174-2017）、《绿色建筑评价标准》（GB/T50378-2019）、《公园设计规范》（CJJ48-92）等，北京地方标准《城市雨水利用工程技术规程》等，上海地方标准《上海市城市雨水系统专业规划》《上海城镇雨水利用技术导则》等。

排水标准仅仅是针对排水管渠和泵站等雨水利用设施而言。对于城市内涝防治、城市排水系统应对超标雨水等，排水标准则没有明确的要求和规划标准。对城市初期雨水污染、雨水综合利用等方面也没有具体的要求和技术标准。这方面应执行其他相应的规范，如《污水综合排放标准》（GB 18918-2002）和《上海市污水综合排放标准》。简言之，排水是以执行《室外排水设计规范》（GB 50014-2016）和《城市排水工程规划规范》（GB 50318-2000）为主。

（二）防涝标准系列

防涝标准系列是指与城市防涝、防洪和工程建设相关的规范。城市防涝规范主要有《中华人民共和国防洪法》、《防洪标准》（GB 50201-2014）、《城市防洪工程设计规范》（GB/T 50805-2012）、《城市水系规划规范》（GB 50513-2016）、《城市水系规划导则》（SL 431-2008）、《河道整治设计规范》（GB 50707-2011）、《灌溉与排水工程设计规范》（GB 50288-2018）、《堤防工程设计规范》（GB 50286-2013）、《泵站设计规范》（GB 50265-2010）、《水利水电工程设计洪水计算规范》（SL 44-2006）等。

城市防涝与防洪相依相伴，因此在设计中，防涝标准离不开防洪规范。

（三）标准间的关系和性质

上述排水标准系列、防涝标准系列，各自都具有相关性、集合性和整体性，相互关联、相互补充，从而构成排水标准、防涝标准完整的统一体。

（1）相关性。标准体系内各单元（规范）相互联系而又相互作用，相互制约而又相互依赖，它们之间任何一个发生变化，其他有关单元（规范）都要做相应的调整和改变。

（2）集合性。标准体系是由两个以上的可以相互区别的单元（规范）有机地结合起来完成某一功能的综合体。随着现代社会的发展，标准体系的集合性日益明显，几乎任何一个孤立标准都很难独自发挥效应。

（3）整体性。标准体系是构建标准的一个主要出发点。在一个标准体系中，标准的效应除了直接产生于各个标准自身之外，还需要从构成该标准体系的标准集合之间的相互作用中得到。构成标准体系的各规范，并不是独立的要素，规范之间相互联系、相互作用、相互约束、相互补充，从而构成一个完整的统一体。

（四）排水、防涝相对应的标准

在排水、防涝系统的框架下，不同的城市区域内，一个防涝片只能对应一个标准，其取决于城市规模和人口数量。同一个防涝片内不同的排水区，可能存在若干个标准，其取决于城区类型。

一般城市排水标准设计重现期为1年一遇至5年一遇，重点地区为5年一遇至10年一遇，设计降雨历时一般不超过2h。城市内涝防治标准设计重现期一般城市应为20年一遇至30年一遇，重要城市内涝防治标准应为30年一遇至100年一遇。城市防涝系统汇流时间一般不会超过24h。

防涝片包含若干个排水区，防涝系统是一个综合系统，排水区只是防涝片中的一部分。显而易见，两者虽然处于一个大系统中，但是所包含的内容不同，且排水区被防涝片包含，因此其设计标准比防涝片的设计标准要低。

换句话说，排水区主要是解决城市常规的降雨问题，因此其设计标准较防涝标准低；城市防涝工程重点是应对城市暴雨，对应的范围大，因此设计标准高。

其次，两个系统的设计重现期，在实际设计过程中可根据情况调整。选择的总体目标应保证能够应对高重现期设计降雨事件的峰值流量，确保地表径流的深度、速度等在可接受的标准范围之内。

二、排水标准与防涝标准相关性分析

（一）两个标准无法直接衔接

1.背景条件

目前，排水标准与防涝标准都是自成体系，无法直接衔接。国内各城市采用的排涝标准与排水标准，在暴雨选样和设计暴雨历时等方面存在较大差异。过去在实际工程的规划设计中，未充分考虑到防涝系统和排水系统互为"边界条件"的影响，比如防涝系统中的内河水位与排水系统中的管网出流能力互为边界条件，导致两个标准之间缺乏合理衔接。两个标准无法衔接的现状，影响到城市排水工程与防涝工程的有效连接和沟通。

城市防涝与城市排水，分别遵循不同的行业规范，隶属于不同的管理部门，各成体系，从设计暴雨选择、设计暴雨历时、排涝历时、产汇流计算等各方面存在着较大差别。

2.问题原因

防涝系统及排水系统分别遵循不同的行业标准及规范，在设计暴雨选样、设计暴雨历时等方面存在很多差异，各自形成独立的方法体系，造成两者的计算结果难以协调统一。

由于城市不同区域的排水特性和下垫面特性差异性大，且防涝标准与排水标准的服务范围及应对对象不同，既有的研究成果表明，排水标准与防涝标准做到理论上的数值"相当"很困难。

城市防涝与排水设计均以一定频率的设计暴雨推求设计流量。由于暴雨选样方法、由设计暴雨推求设计流量的产汇流计算方法不同，分析所得的设计暴雨、流量也不相同，导致城市管渠排水流量与城市排涝流量不衔接。

3.排水、防涝标准比较

前已述及，排水工程主要是解决城市常规的降雨问题，因此设计标准较防涝标准低。城市防涝工程重点是应对城市暴雨，对应的范围大，因此设计标准高。

城市防涝标准的确定，一般是根据当地社会经济发展水平，充分考虑当地的自然环境和排水条件，在城市排水管网设计标准和城市防洪设计标准之间取值。

城市防涝标准的合理确定，是城市排水、防涝工程体系规划建设的关键。而城市排水防涝工程体系，是由城市排水系统（雨水管网、雨水泵站等）和城市排涝系统（含河道、蓄滞洪区等）共同组成；因此，防涝标准受排涝系统和排水系统两者共同制约。

反映在重现期上，排水区是小范围、独立的，所采用重现期应低；防涝片为大范围，所采用重现期应高。标准关系及对比分析详见表2-3。

表2-3　标准关系及对比分析

内容项目	关系	对应范围	重现期	作用
排水标准	基本单元、独立	小	低	用于排水区
防涝标准	受制于排水系统、排涝系统	大	高	用于防涝片

（二）排水标准与防涝标准相关性分析

1.排水范围不同

内河河网是解决较大汇流面积上较长历时暴雨产生的涝水排放问题，其不但含有城市建成区，还包括农田区。排涝分区一般按照下垫面条件、地势高低、河网布局、排涝设施能力、承泄区规模等因素进行划分。

市政雨水管网是解决小汇流面积上短历时暴雨产生的排水问题，一般以路网、小区大小等因素进行排水分区的划分，且仅针对城市建成区。

2.工程措施不同

城市排涝工程措施一般分为"外挡、中疏、下排"，以堤防、河道、湖泊、水闸、泵站等工程措施为主，建设规模一般较大，且强调排涝体系建设，发挥蓄水、输水、排水的综合效益，工程规模相互之间有密切关系。

城市排水工程则由地面返坡、落水井、雨水管网等排水设施组成，雨水管网一般分为总管和支管，管道规模主要以汇水范围大小而定，管道和管道之间的规模基本无联系。

3.设计标准不同

目前在应用的设计规范中，尚未有针对城市排涝设计标准的明确规定，但是《城市防洪工程设计规范》（GB/T 50805-2012）中明确了城市涝水的设计标准，其以保护对象的重要程度和保护区人口为判别标准，以暴雨的重现期表示涝水的设计标准，一般为10年一遇至20年一遇，城市治涝设计暴雨的历时和涝水排出时间，应根据地貌特征、暴雨特性、河网与湖泊的调蓄情况，经论证确定。根据《室外排水设计规范》（GB 50014-2006）规定：排水管网采用的是用暴雨强度公式计算的一定重现期的流量作为设计标准，设计标准一般采用2~3a；重要干道、重要地区或短期积水即能引起较严重后果的地区，一般采用3~5a。暴雨历时多为5~120min，其不考虑雨水的滞蓄，因此排水时间要求不积水。

4.计算方法不同

城市排涝暴雨选样是采用年最大值法，暴雨通常以24h、72h为控制时段，具体排涝计算中以控制时段为基准，进行暴雨的时程分配，分配时段多采用1~3h，方法多采用衰减指数法、典型暴雨法等。

排水管网设计暴雨强度主要采用各地区的暴雨强度公式，一般采用年多个样法，有条件的地区才采用年最大值法。

城市排水和城市防涝相关性分析，见表2-4。

综上所述，城市排涝与排水标准在计算方法上的不同，可能带来按两种方法确定的排涝、排水设施是否相适应，即能否满足排除同一场暴雨的问题。因此，有必要探讨排水和排涝各自采用设计重现期的衔接问题，以保证排水区小区域的雨水流量，能够同防涝片大区域的排涝流量相匹配，使同一场暴雨能够顺利地从城区雨水管渠进入内河，最后汇集到排水口由排涝闸自排或由排涝泵站抽排至外围承泄区。

表2-4　城市排水与城市防涝相关性分析

内容分项	所属系统	标准要素	设计作用	重现期	边界条件
城市排水	小排水系统	（1）设计暴雨重现期。（2）设计暴雨历时。（3）径流系数。	确定管道、泵站等排水设施	一般城市1年一遇~3年一遇，重点地区为3年一遇~5年一遇，设计降雨历时一般不超过2h	管道出口控制高程
城市防涝	大排水系统	（1）设计暴雨历时。（2）排涝时间。（3）设计暴雨重现期。	确定区域河道、湖泊规模，泵站、水闸规模	一般城市为20年一遇至30年一遇，重要城市为30年一遇至50年一遇，汇流时间一般不会超过24h	河道特征水位高程
分析	范围不同	标准要素不同，无关联	应用对象不同，无关联	无衔接、无关联	边界条件相关

排水设计中，由于排水管网汇水面积较小，调蓄能力较弱，基本没有滞蓄库容，涝灾多由短历时暴雨形成，其设计暴雨历时一般小于2h。排涝设计一般针对较大汇水面积，考虑河、湖、沟塘等调蓄能力，其设计暴雨历时远大于排水的管道设计，一般取2~24h的长历时暴雨作为其设计暴雨历时。

（三）排水标准与防涝标准相互转换关系

由于城市排水选样采用的是次频率，城市防涝选样采用的是年最大值法，选样方法不同，导致两者在重现期相同时，暴雨强度却不同。为了确定排水系统和防涝系统相互匹配的关系，实现城市排水标准与排涝标准的有效衔接，许多专家学者对两者之间的关系进行了研究，提出按概率计算，年最大值法与年多个样法的频率关系为：

$$P_M = 1 - e^{-P_E} \quad\quad\quad (2-1)$$

式中：P_M——年最大值法选样的概率。

P_E——年多个样法选样的概率。

按重现期 $T_M = 1/P_M$，$T_E = 1/P_E$，代入式（2-1）得：

$$\frac{1}{T_M} = 1 - e^{-\frac{1}{T_E}} \quad\quad\quad (2-2)$$

对式（2-2）两边取对数，整理得年最大值法与年多个样法的重现期关系式为：

$$T_E = \frac{1}{\ln T_M - \ln(T_M - 1)} \quad\quad\quad (2-3)$$

根据式（2-3）计算出的 T_E 与 T_M 的关系见重现期转换及分析表2-5。

表2-5 重现期转换及分析

T_E	0.25	0.33	0.50	1.0	3.0	5.0	10.0	20.0	50.0	100
T_M	1.02	1.05	1.16	1.58	3.35	5.54	10.52	20.4	50.5	100.5
相差 /%	308.0	218.2	132.0	58.0	11.6	10.8	5.2	2.0	1.0	0.5

上述概率计算表明，只有当不小于10a时，两种选样方法所得的暴雨强度相差小于等于5.2%，比较相近，其差值基本符合工程设计对允许误差的要求。

第三节 排涝设计流量

排涝设计流量，主要用于计算防涝片河道水位、河道规模、排涝泵闸规模等。所属为大系统，设计标准较高，应采用水利行业相关规范计算，与排水区的雨水设计流量相关。

城市按地形特征，防涝片可分为无调蓄区和有调蓄区两种区域调蓄类型，其排涝设计流量计算不同。应根据调蓄类型和自身特点，确定防涝系统内的内涝治理措施、排涝设施及相应规模。

前已述及排水区和防涝片，有了排水区和防涝片的划分，给排涝设计流量的计算带来了便捷；"区"和"片"都是相对独立的排水、防涝系统。因此，排涝设计流量同样需要分"区"、分"片"计算。排水区一般面积较小，"区"的排涝设计流量，可以采用区域雨水设计流量公式计算；防涝片通常由若干个"区"组成，因此防涝片的排涝设计流量，一般也可以由排水区的排涝设计流量叠加。

一、排涝设计要求

防涝片内的河道需保证高重现期、长历时降雨排水系统下泄水量的接纳与排除。河道的排涝问题，除了涝水排除时间外，更关注河道最高水位，与短历时暴雨强度有一定关系，但由于河湖水体的调蓄能力，因此主要与一定历时内的雨水量有关。

城市内涝防治设计重现期，应根据城市类型、积水影响程度和内河水位变化等因素，经技术经济比较后确定。经济条件较好，且人口密集、内涝易发的城市，宜采用规定的上限；目前不具备条件的地区可分期达到标准。

城市内涝防治的主要目的是将降雨期间的地面积水控制在可接受的范围。当地面积水不满足要求时，应采取渗透、调蓄、设置雨洪行泄通道和内河整治等措施。

二、无调蓄区排涝设计流量计算

（一）无调蓄区情况

无调蓄区是指在防涝片内无河道、湖泊、沟塘等调蓄水面，比如人口密集的老城区因房屋集聚，多属此种类型。其排涝方式主要为管道汇流直接排至外围水体。外围水体高水位时，由管道汇流后由排水泵站排至外围水体；由于片内基本无调蓄，降下来的暴雨需在短时间内抢排，以使路面积水迅速排除。

这种情况的排涝与排水无大的差异，管道排水流量与泵站排涝流量计算均可按城市暴雨强度公式计算。按排涝标准，采用长历时（24h雨量）水文计算复核。工程实践表明，两种方法计算的排涝设计流量基本一致。

有必要指出，防涝片无调蓄区，对雨水调蓄极为不利，应积极增设绿地地下调蓄、透水路面等措施进行源头减排；增设下沉式广场、水塘等进行末端调蓄，以改善雨水径流过程，有效缓解城市内涝。

（二）计算方法

（1）按区域雨水设计流量计算。当排水区采用缓冲式排水模式，多头就近自流就近排入外围河道，此时排涝设计流量可以按照区域雨水流量计算，即：

$$Q_{pl} = Q_{qys} = 2.78 \times 10^{-3} \times i_p \times \psi \times F \tag{2-4}$$

式中：Q_{pl}——计算范围排涝设计流量，m^3/s。

Q_{qys}——区域雨水设计流量，m^3/s。

Ψ——综合径流系数，按表2-6的要求采用。

F——汇水面积，hm^2。

i_p——雨水设计标准值，即设计重现期的暴雨强度，mm/h；查表2-7。

表2-6 区域综合径流系数Ψ

区域情况	区域综合径流系数值
城市市区	0.5~0.8
城市郊区	0.4~0.6

表2-7 部分城市雨水设计标准值i_p

城市	暴雨强度（mm/h）								
	排涝设计/a				排涝设计/a				
	1	2	3	5	10	20	30	50	100
北京	36	44.6	50	56	65	73.6	78.7	85.1	93.4
上海	36	44.3	49.6	56.3	65.8	75.6	81.7	89.6	100.8
天津	34.3	43.1	48.2	54.7	63.5	72.3	77.4	83.9	92.7
重庆	37.3	45.7	50.5	56.6	64.6	72.5	77.0	82.6	90.1

城市	暴雨强度（mm/h）								
	排涝设计/a				排涝设计/a				
	1	2	3	5	10	20	30	50	100
合肥	34.8	42.8	47.7	53.3	61.2	69.2	73.9	79.7	87.8
福州	44.2	52.3	57.5	63.6	72.0	80.4	85.3	91.4	99.78
兰州	14.0	18.1	20.4	23.4	27.5	31.5	33.9	36.9	40.9
广州	50	58.7	63.0	69.0	78.0	91.4	96.3	102.5	110.9
桂林	40.9	45.9	48.8	52.5	57.4	62.4	65.3	68.9	73.9
石家庄	28.3	36.0	40.4	46.1	53.7	61.3	65.8	71.5	79.1
郑州	31.4	39.9	44.8	51.0	59.5	67.9	72.9	79.1	87.5
哈尔滨	25.1	32.6	37.0	42.6	50.1	57.7	62.1	67.6	75.2
武汉	34.4	41.1	45.1	50.0	56.8	63.5	67.4	72.4	79.1
长沙	33.6	40.5	44.5	49.6	56.4	63.3	67.3	72.4	79.3
长春	24.1	29.9	33.3	37.6	43.4	49.2	52.5	56.8	62.6
沈阳	27.4	33.7	37.4	42.1	48.4	54.8	58.5	63.1	69.5
济南	34.0	41.7	46.2	51.8	59.5	67.2	71.7	77.4	85.1

（2）通过降雨和排出平衡计算。对于采用强排模式的排水区，当瞬时降雨强度 i_p 不小于 i_m 时，各排水区的瞬时涝水量 Q_{pl} 为零；瞬时降雨强度 i 逐渐增大至 i_p，当按雨水设计标准值时（$i_p > i_m$），各排水区的排涝设计流量按下式简化计算：

$$Q_{pl} = 2.78 \times 10^{-3} \times \psi \times F \times (i_p - i_m) \tag{2-5}$$

式中：Q_{pl}——排涝设计流量，m^3/s。

Ψ——综合径流系数，按表2-6的要求采用。

F——汇水区面积，hm^2。

i_p——雨水设计标准值，即设计重现期的暴雨强度，mm/h。

i_m——排水区管网排水能力对应的设计暴雨强度，mm/h。

根据暴雨强度过程线，将超过管网排水能力的涝水量进行积分，可计算整个降雨过程中排水区总的涝水量，将各排水区涝水量汇总求和即为降雨过程中该区域总的排涝设计流量。显然，式（2-5）以i_p代替瞬时降雨强度i，是雨水设计标准下的简化计算。

三、有调蓄区排涝设计流量计算

有调蓄区是指在防涝片内有河道、湖泊、沟塘等调蓄水面。有调蓄水面的排涝设计流量的推求，与管道汇流直排的排涝设计流量的计算有所不同。根据上述分析，管道汇流直排（无调蓄区）排涝流量按暴雨强度公式计算，即按短历时暴雨可控制排涝设施规模，而有调蓄区因河湖、沟塘的调蓄作用，决定排涝设施规模大小的降雨多为长历时暴雨。从理论上说，此时暴雨强度公式不再适用于计算有调蓄区排涝设计流量。

对于有调蓄区的排涝设计流量计算方法，《城市排水工程规划规范》（GB 50318-2017明确指出，城市排涝应采用的控制性降雨历时为24h，其排涝标准按"城市排涝与排水标准的确定"的原则合理选用。排涝流量采用排涝模数法计算，径流系数宜根据地面不同附着物的特性合理选用。

排涝设计流量在工程上常称为排涝流量。排涝流量计算，可以采用对防涝片河网水动力进行模拟计算，对河道水闸的规模与布局和不同水面率条件下的排水除涝方案分别进行论证。最后，提出经过优化比选的河网水系和泵闸等控制工程布局及其规模。

影响防涝片排涝的因素主要有地势及地面高程、土地利用规划及其下垫面组成（即城市化程度）、降雨、河湖水面率（即河湖规模和布局）、外围水体的水位及排涝泵闸规模。

（一）自排和抽排工况下的排涝流量

在有调蓄区的防涝片，其排涝可分为自排和抽排。自排是防涝片外围水体水位低于防涝片内水位时，防涝片在设计标准下的涝水，能及时通过排涝闸自流排进防涝片外围水体；抽排则是防涝片（堤防）外围水体水位高于片内水位，排涝闸不能自排，须关闸防洪；防涝片内在设计标准下，暴雨涝水能及时通过排涝泵站抽排出防涝片外。

1.自排排涝流量

河道设计应采用防涝片内各排水区的水力计算成果作为上游边界条件。当河道调蓄能力较小时，河道设计就应尽可能与上游排水系统的排水标准相一致。在河道有一定调蓄能力情况下，河道排水能力可小于上游排水系统最大排水流量，但应满足一定标准某种历时（如4h）暴雨所形成涝水的要求，并使河道水位控制在允许的高程下。

对于自排标准，虽然城市防涝片各区域支流的地形及出口高程不一样，但是自排主要在堤防与支流出口处设闸，其孔口尺寸的大小对工程量及投资影响不大；按照《堤防工程设计规范》（GB 50286–2013）要求，建在堤防上的挡水建筑物，一般自排标准取不低于堤防标准，即雨洪不遭遇情况下，年最大4~6h的设计暴雨量，根据防涝片内不允许淹没的范围、调蓄区调蓄容积及防涝片内地面硬化情况，经计算确定自排设计流量，从而计算排涝闸孔尺寸。

2.抽排排涝流量

防涝片需要设置泵站抽排时，对于抽排标准，标准定得越高，抽排流量就越大，相应泵站装机容量就越多，投资也就越大。

确定各个排涝泵站的排涝流量，应根据各防涝片内泵站所在河道的地形、出水口高程和关闸后外围水体由涨水到退水的时间，可按雨洪同期遭遇的排涝标准计算选取。

对于防涝片内河道较多时，为了减少工作量，一般可取某一河道的排水口关闸水位，按关闸后防涝片外围水体涨水到退水的时间，计算雨洪同期遭遇不同频率不同时间组合的设计暴雨量；再根据这一设计暴雨量和各防涝片不允许淹没的范围、调蓄区调蓄容积及片内地面硬化情况，计算确定该河道所承担的排涝设计流量。

有必要指出，设置排涝泵站的河道，其泵站排涝流量与入河的排水流量应匹配。一般泵站的排涝流量宜大于入河排水泵站的总流量，以便于涝水能够尽快排出，避免出现承泄河道水位过高，沿河两岸产生局部积水。

（二）计算公式和计算方法

排涝设计流量计算应根据城市自然状况选择计算方法，常用方法有以下两种：

第一，根据推理公式来推求排涝设计流量。

第二，通过区域雨水设计流量叠加计算得出排涝设计流量。

采用的暴雨历时长短，应根据防涝片（流域）面积大小、地形及植被等条件而定，城区一般选取设计暴雨历时为4~6h。

1.推理公式法

有调蓄区的防涝片，防涝主要由河道、湖泊承担，涝水峰值流量可根据涝水径流的汇流时间，通过推理公式法推求。由上游转输涝水及本段新产生涝水计算涝水总流量，根据涝水泄流通道的断面形式选择相应的水力计算公式，计算其水深、水面宽度、流速与流行时间。从而可自上至下，根据汇流面积、汇流时间与暴雨强度，逐段计算出泄流通道各段的流量及水力参数。

河道排水主要有马斯京根法、调蓄演算法、曼宁公式法、水面曲线法、非恒定流法、推理公式法等。对调蓄能力较弱的城市防涝片，排涝设计流量计算通常采用推理公式法。

$$Q_{pl} = 0.278 \frac{h_\tau}{\tau} F \qquad (2\text{-}6)$$

$$\tau = 0.278 \frac{L}{v_\tau} \qquad (2\text{-}7)$$

$$v_\tau = mJ^{1/3}Q_m^{1/4} \qquad (2\text{-}8)$$

式中：Q_{pl}——排涝设计流量（洪峰流量），m³/s。

h_τ——相应于τ时段的最大净雨量，mm。

τ——汇流时间，h。

F——流域面积，km²。

L——沿主河道从出口断面至分水岭的最长距离，km。

v_τ——汇流速度，m/s。

J——沿流程L的平均比降。

m——经验性汇流参数。

上述推理公式法是基于天然河流的降雨与径流关系推求的，比较适用于城市郊区的排涝设计流量计算；而城区受到人为措施影响严重，改变了自然状态下的产流规律，该公式已不再适用。目前，城市水利正处在发展和探索中，排涝设计流量计算更为合理的方法，有待于进一步深入研究。

2.按区域雨水设计流量计算

城市化对城市水文特性产生了重大影响，对流域产汇流条件的影响，主要表现在不透水面积和河道特征两个方面：由于不透水面积的增加，势必造成径流量增加、河道调蓄量减少；城市热岛效应，造成降雨量增大；城市化区域内不透水面积增加，径流系数明显增大，汇流速度加快。正是由于这些原因，区域内排涝设计流量具有雨水设计流量的特征。换句话说，城市化后排涝流量远大于之前的。因此，水利行业常用的排涝流量计算公式，已难以适用。

一般排水区面积较小，其排涝设计流量可直接采用雨水设计流量。防涝片的排涝设计流量，可将片内划分成较小的单元按雨水设计流量计算公式分块计算，各排水区可作为计算单元，最后将雨水设计流量进行叠加。这种叠加不是单一的峰值叠加，而是根据各个计算单元考虑汇流时间不同，采用错峰叠加。

内涝治理不同于单一的排水管道设计，所要计算的是区域面积上的雨水量，根据径流总量平衡，提出末端调蓄措施，确定排涝泵闸规模。

重现期10a以上，排水和排涝两种选样方法所得的暴雨强度比较相近，而排涝设计标准一般都要求20a以上。因此，排涝设计流量可以按照雨水设计标准计算，即：

$$Q_{pl} = \sum Q_{qys} \qquad (2-9)$$

其中：$Q_{qys}=2.78 \times 10^{-3} \times i_p \times \Psi \times F$

式中：Q_{pl}——排涝设计流量，m^3/s。

Q_{qys}——区域（单元）雨水设计流量，m^3/s。

Ψ——综合径流系数，按表2-7的要求采用。

F——汇水面积，hm^2。

i_p——雨水设计标准，即设计重现期的暴雨强度，mm/h。

在初步规划阶段可以直接应用式（2-9）的简化计算结果；对于较大流域，宜采用数学模型法计算排涝设计流量。

有必要指出：区域雨水设计流量计算式（2-9），是按照雨水设计标准下，历时60min的雨水；对于城市郊区，采用此公式计算排涝设计流量，暴雨重现期偏大；设计降雨强度偏大，导致设计洪峰流量偏大。降雨强度在设计暴雨时段内是变化的，降雨强度偏大使设计洪峰流量偏大。汇水面积随集流时间的增长速度可能不确定，对设计洪峰流量的影响也不确定。因此，该计算结果不宜直接用于城区排洪河道设计洪峰流量计算。

第四节　调蓄量计算

调蓄量主要用于规划阶段目标控制和设计阶段设施规模计算。调蓄量有以下两种：

（1）源头减排所需要的调蓄量。

（2）末端调蓄所需要的调蓄量。

两者计算方法不同，设置的位置也不同；前者可采用容积法和渗透法计算，后者需要根据防涝片内雨水量、河道调蓄量、泵站排涝量，进行协调、平衡计算，具体可采用水量平衡法计算。

调蓄量是设计调蓄量的简称，也称为设计调蓄容积。

一、源头减排的调蓄量计算

源头减排的调蓄量有以下两种：

（1）按照控制目标计算的调蓄量，主要用于规划阶段的计算。

（2）按照措施类型计算的调蓄量，主要用于设计阶段设施规模的计算。

（一）按照控制目标计算调蓄量

控制目标计算的调蓄量主要用于规划，用于规划范围内确定源头减排的措施，控制指标的分解。其步骤是按照规划条件，先确定年径流总量控制率，再计算低影响开发设施应具有的设计调蓄量。

1.年径流总量控制率与设计降雨量

根据《海绵城市建设技术指南——低影响开发雨水系统构建》，城市年径流总量控制率是对应的设计降雨量值确定，设计降雨量是各城市实施年径流总量控制的专有量值。考虑我国不同城市的降雨分布特征不同，各城市的设计降雨量值应单独推求。我国部分城市年径流总量控制率对应的设计降雨量值，详见表2-8；其他城市的设计降雨量值可根据以上方法获得。资料缺乏时，可根据当地长期降雨规律和近年气候的变化，参照与其长期降雨规律相近的城市的设计降雨量值。

表2-8　部分城市年径流总量控制率对应的设计降雨量值（单位：mm）

城市	不同年径流总量控制率对应的设计降雨量值				
	60%	70%	75%	80%	85%
酒泉	4.1	5.4	6.3	7.4	8.9
拉萨	6.2	8.1	9.2	10.6	12.3
西宁	6.1	8.0	9.2	10.7	12.7
乌鲁木齐	5.8	7.8	9.1	10.8	13.0
银川	7.5	10.3	12.1	14.4	17.7
呼和浩特	9.5	13.0	15.2	18.2	22.0
哈尔滨	9.1	12.7	15.1	18.2	22.2
太原	9.7	13.5	16.1	19.4	23.6
长春	10.6	14.9	17.8	21.4	26.6
昆明	11.5	15.7	18.5	22.0	26.8
汉中	11.7	16.0	18.8	22.3	27.0
石家庄	12.3	17.1	20.3	24.1	28.9
沈阳	12.8	17.5	20.8	25.0	30.3
杭州	13.1	17.8	21.0	24.9	30.3
合肥	13.1	18.0	21.3	25.6	31.3
长沙	13.7	18.5	21.8	26.0	31.6
重庆	12.2	17.4	20.9	25.5	31.9
贵阳	13.2	18.4	21.9	26.3	32.0

城市	不同年径流总量控制率对应的设计降雨量值				
	60%	70%	75%	80%	85%
上海	13.4	18.7	22.2	26.7	33.0
北京	14.0	19.4	22.8	27.3	33.6
郑州	14.0	19.5	23.1	27.8	34.3
福州	14.8	20.4	24.1	28.9	35.7
南京	14.7	20.5	24.6	29.7	36.6
宜宾	12.9	19.0	23.4	29.1	36.7
天津	14.9	20.9	25.0	30.4	37.8
南昌	16.7	22.8	26.8	32.0	38.9
南宁	17.0	23.5	27.9	33.4	40.4
济南	16.7	23.2	27.7	33.5	41.3
武汉	17.6	24.5	29.2	35.2	43.3
广州	18.4	25.2	29.7	35.5	43.4
海口	23.5	33.1	40.0	49.5	63.4

2.容积法计算设计调蓄量

以径流总量为控制目标进行规划、设计时，计算范围内设施具有的设计调蓄量一般可采用容积法按照下式进行计算：

$$123V_{mb} = 10H\varphi F \qquad (2-10)$$

式中：V_{mb}——设计目标调蓄容积，m^3。

H——设计降雨量，mm，参照表2-8。

φ——雨量径流系数，可参照表2-9进行加权平均计算。

F——汇水面积，hm^2；$1km^2 = 100hm^2$。

用于合流制排水系统的径流污染控制时，雨水调蓄池的有效容积可参照室外排水设计规范》（GB50014-2006）进行计算。

表2-9　径流系数

汇水面种类	雨量径流系数φ	综合径流系数Ψ
绿化屋面（绿色屋顶，基质层厚度＞300mm）	0.30~0.40	0.40
硬屋面、未铺石子的平屋面、沥青屋面	0.80~0.90	0.85~0.95
铺石子的平屋面	0.60~0.70	0.80
混凝土或沥青路面及广场	0.80~0.90	0.85~0.95
大块石等铺砌路面及广场	0.50~0.60	0.55~0.65
沥青表面处理的碎石路面及广场	0.45~0.55	0.55~0.65
级配碎石路面及广场	0.40	0.40~0.50
干砌砖石或碎石路面及广场	0.40	0.35~0.40
非铺砌的土路面	0.30	0.25~0.35
绿地	0.15	0.10~0.20
水面	1.00	1.00
地下建筑覆土绿地（覆土厚度＞500mm）	0.15	0.25
地下建筑覆土绿地（覆土厚度＜500mm）	0.30~0.40	0.40
透水铺装地面	0.08~0.45	0.08~0.45
下沉广场（50年及以上一遇）	—	0.85~1.00

注：以上数据参照室外排水设计规范（GB50014-2006）和DB11/685《雨水控制与利用工程设计规范》。

（二）按照设施类型计算调蓄量

按照设施类型计算的调蓄量，主要用于设计阶段低影响开发设施的规模计算，常用的方法有渗透法。

对于生物滞留设施、渗透塘、渗井等顶部或结构内部有蓄水空间的渗透设施，可采用渗透法计算设计调蓄量。当源头减排采用绿地或人行道地下调蓄时，设施规模应按照以下方法进行计算。

1.渗透设施有效调蓄容积按下式进行计算：

$$V_{qt} = V - W_p \qquad (2-11)$$

式中：V_{qt}——渗透设施的有效调蓄容积，包括设施顶部和结构内部蓄水空间的容积，m^3。

V——渗透设施进水量，m^3，参照容积法计算。

W_p——渗透量，m^3。

2.渗透设施渗透量按下式进行计算：

$$W_p = KJA_s t_s \qquad (2-12)$$

式中：W_p——渗透量，m^3。

K——土壤（原土）渗透系数，m/s。

J——水力坡降，一般可取$J=1$。

A_s——有效渗透面积，m^2。

t_s——渗透时间，s，指降雨过程中设施的渗透历时，一般可取2h。

渗透设施的有效渗透面积 A_s 应按下列要求确定：

（1）水平渗透面按投影面积计算。

（2）竖直渗透面按有效水位高度的1/2计算。

（3）斜渗透面按有效水位高度的1/2所对应的斜面实际面积计算。

（4）地下渗透设施的顶面积不计。

二、末端调蓄的调蓄量计算

末端调蓄的调蓄量，是用于确定末端调蓄所需要的调蓄设施，或增设一些能承担调蓄的措施，如增设水塘、下沉式广场、排涝泵站等。末端调蓄一般是在源头减排难于承担的情况下设置的调蓄措施，或者作为提高防涝标准的一项措施；末端调蓄可以减少排涝泵站的排涝流量，可以减小河道规模，控制防涝最高水位，无须抬高地面高程。

（一）调蓄量需求分析和要求

1.末端调蓄的应用

末端调蓄量为雨水经过源头减排和河道调蓄所剩下的雨水量。对此多余的雨水量处理，有以下两种情况：

（1）排涝泵站增加排涝流量不能发挥作用，即在外围水体高水位时，往往泵站不能外排，此时需要有足够的调蓄设施进行调蓄。

（2）增加泵站排涝流量不经济，可以考虑增加河道调蓄量。

2.相关影响分析和调蓄量要求

（1）调蓄量越大，泵闸排涝流量越小，排涝系统安全度越高。

（2）总调蓄量宜大于2.5~4.0倍8h内泵排流量。

（3）总调蓄量包括河道等水系已有的调蓄量。

（二）调蓄量计算

本书所述创新技术增大河道调蓄量装置，是以储存和调蓄为主要功能的设施，其储存容积即调蓄量；设计时可采用积分法或总量平衡法计算，并通过技术经济分析综合确定。

1.积分法计算调蓄量

当调蓄装置与河道一并以径流峰值调节为目标时，两者的调蓄量应根据排水系统设计标准、排涝泵闸设计流量及入流、出流流量过程线，经技术经济分析合理确定。调蓄设施容积按下式进行计算：

$$V_{md} = Max\left[\int_0^T (Q_{in} - Q_{out})dt\right] \qquad （2-13）$$

式中：V_{md}——调节设施容积（总调蓄量），m^3。

Q_{in}——调节设施的入流流量，m^3/s。

Q_{out}——调节设施的出流流量，m^3/s。

t——计算步长，s。

T——计算降雨历时，s。

2.总量平衡法计算调蓄量

在计算调蓄量之前已完成排涝流量计算。利用排涝流量的计算成果，进行总量平衡，确定需要增加末端调蓄设施的规模。

排涝设计流量V_{pl}为入河总水量。假设现状河道、湖泊等水系调蓄量为则需要增加的调蓄量为：

$$V_{tx} = V_{pl} - V_{htx} \qquad (2\text{-}14)$$

$$V_{tx} = (2.5 \sim 4.0)V_{bpl} \qquad (2\text{-}15)$$

式中：V_{tx}——需增加的调蓄量，m^3。

V_{pl}——排涝设计流量，m^3。

V_{htx}——河道已有调蓄量，m^3。

V_{bpl}——泵站8h内的排涝量，m^3。

由前述可知，排涝设计流量包括峰值流量。因此，需要增加的调蓄量也包括用于削减峰值流量的调节容积。

防涝片需要增加的调蓄量按式（2-14）和式（2-15）计算。为保证河道调蓄与泵排流量的匹配，两式计算结果取大值。

入河的雨水流量，都需要通过水系调蓄或外排。但在外围水体水位较高时，不可能通过闸自排，只能由泵强排。为保证泵排的有效性，如在感潮河道中，一天内有2~4h高潮位不能泵排或者泵排效率极低；在泵站排涝流量、排涝时间已大致确定的情况下，根据工程实践经验，防涝片需要增加调蓄量宜大于2.5~4.0倍泵排8h的排涝流量。

第五节　地下调蓄装置计算

一、蓄水层填充材料与参数

（一）材料选择

蓄水层材料首选煤渣。其结构膨大，有蜂窝状细孔，不溶于水，经筛选洗净后可用作过滤材料，可以滤除肉眼可见的颗粒材料。它对水中臭气、悬浮物和显色物质的吸附作用良好，是一种廉价的过滤、吸附材料。

用于雨水调蓄，煤渣的综合利用大大地减少了固体废物的产生量，节约了固废的占地面积，避免其造成的许多污染问题。大量地利用煤渣，既节约了资源、能源，又创造了经济价值。

吸水层是绿地削减雨水方案的关键，其作用是增大绿地地下的蓄水能力和吸附污染物能力，但同时要兼顾经济适用的原则。因此，建筑垃圾中的红砖、粉煤灰等多孔材料均可成为选择的对象。这些材料的优势是：

（1）多孔材料吸水能力强，可以在短时间内涵蓄大量的雨水，达到削峰减排的作用。

（2）多孔材料基本无污染且具有吸附氮磷等污染物的功能，避免地面雨水直接排入地下，污染地下水。

（3）材料来源广泛且廉价。例如：城市建设中产生的大量建筑废弃物中黏土砖约占70%。而我国对建筑垃圾的处理大多采用填埋的方式，不仅占用大量的土地，而且还污染环境。合理地利用建筑垃圾可以达到节能减排、变废为宝的社会效益。

（二）设计参数确定

1.种植层厚度

种植层厚度首先要满足植被生长的最小厚度，其大小跟植被的种类和植被层土壤的种类有关，一般宜大于30cm；一般植被层厚度需依据种植的植物种类而定。

2.材料参数

种植层、吸附层和基层材料计算参数，一般可按表2-10选取。

表2-10　部分材料计算参数

材料	单位体积饱和含水量/%	单位体积残余含水量/%	饱和渗透系数/（cm·s^{-1}）
根植土	0.35	0.15	4×10^{-6}
吸附层	0.45	0.08	9×10^{-5}
底基层	0.30	0.10	2×10^{-7}

3.蓄水层厚度计算

蓄水层厚度（h_s）以及吸附材料的单位体积饱和吸附量（q_{max}）共同决定了绿化区削减内涝的能力，则：

$$h_s = \frac{V'}{q_{max}B} \qquad (2-16)$$

式中：h_s——蓄水层厚度，m。

V'——单位长度内设计调蓄容积，m^3/m；$V'=V/L$，V为设计调蓄容积，m^3；L为蓄水层长度，m。

q_{max}——吸附材料单位体积饱和含水量，m^3/m^3，可根据试验确定，煤渣一般为0.15~0.2。

B——蓄水层的宽度，m。

（三）填充材料要求

对蓄水层设计时要计算沉降和渗透，提出填筑材料要求。

煤渣等填充材料的压缩性指标主要用于沉降计算，因此有必要掌握煤渣的压缩性。根据煤渣层的厚度、物理力学性质和上部荷载，计算蓄水层的变形值。

在无侧向约束条件下，压缩时垂直压力增量与垂直应变增量的比值，称为压缩模量。通常采用压缩模量来判定土的压缩性。压缩模量越大，则煤渣的压缩性越低。参照土力学，煤渣的压缩模量按下式计算：

$$E_s = \frac{p_{i+1} - p_i}{1000(s_{i+1} - s_i)} = \frac{1-e}{a} \qquad (2-17)$$

式中：E_s——压缩模量，MPa。

p_i、p_{i+1}——与e_i、e_{i+1}相对应的压力，kPa。

s_i、s_{i+1}——p_i、p_{i+1}压力下固结稳定后的单位沉降量，即应变值。

a——压缩系数，MPa^{-1}。

e——天然孔隙比，即煤渣的初始孔隙比。

压缩变形实际上是孔隙体积压缩，孔隙比减小所致。压缩模量（E_s）随初始孔隙比（M）的增大而减小；渗透系数（K）随初始孔隙比增大而增大。蓄水层的压缩沉降量越小、渗透系数越大，达到削减内涝的效果越佳。因此，可通过压缩模量和渗透系数两个指标随初始孔隙比的变化规律联合确定。二者交叉点对应的孔隙比可作为初始填筑孔隙比的参考值，称之为最优孔隙比。

在实际工程中，填充材料很少做试验。此时，可根据各地经验确定，设计应要求回填煤渣的干重度不小于8.0kN/m³。蓄水层的沉降改变了原有的顶面高程，根据预估的沉降量预留蓄水层的沉降厚度，一般可以按照蓄水层厚度的10%预留沉降量，即填充煤渣时提高顶面高程。

二、蓄水层蓄水量计算

绿化带地下的涵水能力，主要由蓄水层吸附能力决定。因此，选择高吸水能力材料组成蓄水层，才能达到削减城市内涝的目的。

蓄水层的尺寸、填充材料的单位体积饱和吸附量共同决定了蓄水层的蓄水量，在工程应用中可按下式简化计算：

$$V_{dx} = KLBh_s q_{max} \qquad (2\text{-}18)$$

式中：V_{dx}——单个地下调蓄装置调蓄量，m³。

K——折减系数，一般取0.8~0.9。

L——蓄水层长度，m。

B——蓄水层的宽度，m。

h_s——蓄水层厚度，m。

q_{max}——吸附材料单位体积饱和含水量，m³/m³；可根据试验确定，煤渣一般为0.15~0.2。

第六节 多功能雨水调蓄区的运用

多功能雨水调蓄区，可结合景观水体、湿地公园、休闲广场、停车场等设置，构建具有雨水调蓄功能，平时发挥正常的景观及休闲、娱乐、停车功能，暴雨发生时发挥调蓄功能，实现土地资源的多功能利用。其总体布局、规模、竖向设计应与城市排水防涝相结合。以下结合某一个商业广场项目的排水防涝设计方案，对多功能雨水调蓄区的应用予以论述。

实例：上海市嘉定新城某商业广场排水防涝设计方案。

一、项目概况及治理目标

（一）项目概况

本项目地块位于嘉定新城的核心区域，远香湖、保利大剧院、200m超高层保利酒店均环绕于此，其重要的标识性、形象的重要性和高品质的完成度自是不言而喻。地块中部城市河道作为未来的景观河道，也为基地带来了有力的景观要素。位置的优越、业主的能级、政府的冀望，这些既是项目的机遇，更是挑战。

项目基地四面临路：北临高台路，东临沪宜公路，南临白银路，西临规划道路。项目地理位置优越。南北流向之城市景观河将地块一分为二。西侧地块较为方整，拟设置商业、酒店等规模较大的公建，地块用地面积为41610.9m²；东侧地块较为狭长，拟设置尺度较小的办公、精品低层商业与城市展厅，地块用地面积为12168m²；合计53778.9m²，河滨景观区域面积为14240.9m²。

（二）治理目标

总体要求为项目区域范围内雨水就地消除。具体如下：

（1）工程实施后不增加外排雨水量，不减少入渗雨水量。

（2）调蓄超重现期雨水，减少对市政雨水管网的冲击。

在城市建设中，如果每个工程都合理解决了工程范围内排水防涝问题，所有的排水问题都能以源头减排的方式就地解决，不给城市增添新的问题，这无疑是对整个城市的贡献。

（三）项目区排水防涝设计

1.防涝设计

该项目区所属防涝片为嘉宝北片，为封闭型防涝片，其外围为长江、黄浦江、蕴藻浜、苏州河、沪苏边界线、浏河，由54座泵闸控制。片内河道密度大，并形成网格，水面率为9.69%；地形高差小，因此比降很小，流速很低。河道受潮汐影响，但区域内水闸较多，水系整体受水闸控制为主，片区具备了"外挡、内控、引清、调活"的能力。

2.排水设计

根据防涝片内最高水位4.2m，项目范围内地面高程定为5.0m，高于最高水位0.8m。该项目区四周为道路，中间有河道穿过，雨水干管最远点至河道的距离约为300m。如果雨水排放的平均水力坡降为0.1%，雨水干管入河处的管口底标高约为2.7m，高于河道高程0.5m，因此适宜采用缓冲式排水模式，雨水多头就近自流排水入河。这种排水模式较强，投资较省、抗风险能力强。

二、多功能调蓄区设计

（一）平面布置和方案构思

1.平面布置

多功能雨水调蓄区的应用，有利于提高整个小的防涝能力和土地的有效利用率，同时可以为小区创造更多亲水、自然优美的环境和休闲活动场所。但位置要合适，涝水要能够进得来、出得去，不需要人工控制，能自动蓄水、自动排放。为此，结合小区东地块景观用地，沿河道岸线设置一个下沉式广场，作为临时雨水调蓄区，不仅不影响使用，而且增加了使用功能，使原设计平坦的休闲式广场，变为下沉式，地面错落，形成了一个较安静的空间，可进行舞台演出、产品推演等。环绕周边的台阶，可作为观看演出的坐凳。

2.方案构思

多功能雨水调蓄区在商业小区应用，可以兼作洪峰时期的雨水滞留调蓄区，可以有效地削减区域涝水，减少雨水的外排水，有效缓解小区的防洪压力。

有利于提高整个小区的防洪能力和土地的有效利用率，同时可以为小区创造更多亲水、自然优美的环境和休闲活动场所。打破原本单一的线性河道岸线，结合商业需求设置地上地下空间，通过阶梯式台阶等手法使人们得以靠近水体，增加区域活力。

在下沉式空间里设置不同活动场所，包括舞台、艺术广场等多元化的项目，满足商业活动、商务人群及滨江休闲人群的多样功能需求。

结合建筑阶梯看台布置文艺演出活动，特殊商品宣传、展示、展销活动，企业发布会等。溢流墙将河道与下沉式广场分隔，溢流墙顶设置游览平台，将活动场地与水体联系到一起，把人们带到水边。滨水区域的打造提升整个地块的品质；拥有良好的观景视野、多层次的景观体验；商业空间与水岸空间被巧妙地联系起来。

下沉式广场形状采用月牙形，外侧与河道呼应，内侧与用地红线大致平行；外侧为钢筋混凝土挡墙围封，两端与护岸顺接；外侧墙体分为三段，中间为非溢流段，墙顶高程为4.30m，河道来水不大时，不做溢流；两端为各30.0m长的溢流段，顶部设计为锯齿状，溢流时能将水流破碎；墙顶外侧全线设置拦污栅，与栏杆同一位置。混凝土墙墙顶设置两端悬挑的板，作为观景平台，宽度为2.0m，两侧设栏杆。

3.竖向设计

下沉式广场地面高程为2.10m，沿红线一侧中间部位设置弧形台阶，作为上下通道；台阶两端设置挡土墙，墙顶分别带花槽，利用固定花坛代替栏杆功能。

下沉式广场沿河一侧设置4个集水井，广场内地面设置1%坡排水至集水井。井内设置排水管，穿墙后连接于水工逆止阀。

（二）蓄水和排放

多功能雨水调蓄区只有在多年一遇的暴雨水位时才发挥短时间的蓄水功能，待河道水位下降后，通过排水构件自动将雨水排入河道内。

1.蓄水

下沉式广场如同一个蓄水池，当河道水位高于下沉式广场地面时，连通集水井与河道的水工逆止阀，反向不能进水；当暴雨来袭，河道水位不断上涨且接近高水位时，预示着河道可能将无法贮存多余的涝水；当河道水位超过溢流墙顶的进水口时，涝水将不断流进，直至广场内蓄满，为河道容纳了多余的、装不下的涝水；显而易见，在景观用地不变的情况下，下沉式广场为河道提供了滞洪的空间，从而提高了河道的防洪能力。

2.排放

暴雨过后，河道水位可以降至最低水位；在河道水位不断降低的过程中，当广场内的水位高于河道水位时，水工逆止阀的球芯在内水压力作用下而打开，广场内的水沿着排水口不断流出，直至放空，从而为下次调蓄腾空空间。同时，下沉式广场稍做清扫后，又恢复往日的繁荣景象。

无须动力，无须人工操作，自动蓄水、自动放空，如此循环；一举两得，既能承担分蓄涝水，又不影响广场的使用功能。

（三）调蓄量计算

下沉式广场地面高程为2.10m，有效蓄水面积为3070m²，最高水位4.20m时，最大蓄水量为：

$$V_{qtx}=（4.2-2.1）\times 3270=6867m^3 \qquad （2-19）$$

三、设计流量计算

（一）区域雨水设计流量计算

项目范围内雨水就近排入河道，因此需要计算范围内面上的雨水量，根据雨水量提出截流、排放措施；按照《室外排水设计规范》，重要地区或短期积水即能引起较严重后果的地区，应采用3~5a。

设计参数选取：

（1）设计重现期：P=5a。

（2）汇水面积：东地块F=1.2168hm²，西地块F=4.1460hm²。

（3）地面综合径流系数取0.7。

（4）雨水设计标准（上海5年一遇暴雨强度）i_p=56.3mm/h。

按照式（2-20）计算各地块雨水设计流量：

$$Q_{qys} = 2.78\times10^{-3}\times i_p\times\psi\times F \qquad （2-20）$$

经计算，东地块雨水设计流量为0.13m³/s，西地块雨水设计流量为0.45m³/s，区域雨水设计流量为0.58m³/s。可按此进行排水管渠计算，设计过程省略。

（二）排涝设计流量计算

项目区域内，河道于中间南北向穿过。对于有调蓄区的排涝设计流量计算方法，《城市排水工程规划规范》明确指出，采用的控制性降雨历时为24h，其排涝标准按"城市排涝与排水标准的确定"的原则合理选用。

（1）河道设计参数

最高水位：4.2m。

常水位：2.5m。

最低水位：2.0m。

河口宽20~36m，河底高程0.5m。

暴雨前河道预降到最低水位2.0m，为河道腾出调蓄容积。最高水位与最低水位之间为调蓄空间。

（2）设计标准

根据《室外排水设计规范》（GB50014-2006）规定，查表2-6，内涝防治系统设计重现期为50a。

查表2-7可知，重现期为50a，排水和排涝的暴雨强度相差1.0%，相差较小。因此，可以采用雨水设计流量公式计算排涝设计流量。根据设计重现期50a，查表2-4得：i_p=89.60mm/h。

（3）排涝设计流量

项目范围内两个地块排水面积较小，且地形较平坦，采用缓冲式排水模式。因此，排涝设计流量可直接采用两个地块雨水设计流量叠加，即：

$$Q_{pl} = \sum Q_{qys} = \sum 2.78 \times 10^{-3} \times i_p \times \psi \times F$$

$$=2.78 \times 10^{-3} \times 89.6 \times 0.7 \times （1.2168+4.1460）$$

$$=0.935（m^3/s） \tag{2-21}$$

四、排水防涝设计方案

按照内涝治理就地削减原则，项目范围内所有雨水应就地消除，在控制性降雨历时内，需要就地消除的雨水总量为5.0万m³；实施源头减排，优先使用绿地、人行道等地下调蓄；配套使用末端调蓄，采用增大河道调蓄量装置。

（一）源头减排目标要求

上海市年径流总量控制率大于85%的控制目标，设计降雨量为33.0mm；综合雨量径流系数，加权平均计算为φ=0.70；汇水面积，F=5.38hm²。区域范围内需要进行源头减排的目标调蓄量为：

$$V_{mb} = 10H\phi F = 10 \times 33.0 \times 0.70 \times 5.38 = 1242.8（m^3）\qquad（2-22）$$

在排水方案设计中，源头减排的调蓄量应大于需要减排的目标调蓄量。

（二）源头减排设计方案

1.方案设计

采用新技术实施源头减排，绿地地下均设置调蓄装置，蓄水层厚度区1.2m，吸附材料采用煤渣；雨水由地面、路面有组织地通过雨水口，就近排入地下调蓄装置。调蓄装置由排水构件就近与排水管网连通。地下调蓄装置先存储雨水，在排水管道低水位时，相机自动排放。

2.源头减排调蓄量计算

本项目用地面积为53778.9m²，绿化率为20%，绿地地下全部设置调蓄装置，计算调蓄量折减系数取0.9，煤渣单位体积饱和含水量取20%，调蓄量为：

$$V_{dx} = 0.9 \times 53778.9 \times 20\% \times 1.2 \times 0.2 = 2323.2（m^3）\qquad（2-23）$$

绿地地下调蓄量为2323.2m³，大于需要进行源头减排的目标调蓄量1242.8m³，满足《海绵城市建设技术指南》要求。

（三）末端调蓄设计方案

1.方案设计

采用新技术实施末端调蓄。为增大河道调蓄量，河道两岸部分设置调蓄装置；两岸6m范围内地下空间可以使用，两岸可用长度为400m的护岸设置为分节空箱式岸墙作为调蓄装置。调蓄装置与护岸相结合，节省投资。

护岸调蓄装置进水口底高程为3.7m，空箱底部设置水工逆止阀与河道连通，排水高程为2.0m。该装置无须人工操作，无须动力，当雨水不断排入河道，水位超过控制水位3.7m时，河道内水位不断上涨，同时不断流进空箱式调蓄装置，直至蓄满。先存储雨水，在河道低水位时，相机自动排放。

2.末端调蓄调蓄量计算

（1）下沉式广场调蓄量。下沉式广场调蓄量为6867m³。

（2）河道调蓄量。河道调蓄量为：

$$V_{htx}=32 \times （4.2-2.0）\times 320=22528（m^3） \tag{2-24}$$

（3）两岸调蓄装置调蓄量。河道两岸6m范围内均可以使用，岸线一半设置空箱式岸墙作为调蓄装置。调蓄量为：

$$V_{ztx}=5 \times （4.2-2.0）\times 200=2200（m^3） \tag{2-25}$$

（4）末端调蓄调蓄量合计：

$$V_{md} = 6867 + 22528 + 2200 = 31595（m^3） \tag{2-26}$$

（四）总量平衡计算

下沉式广场调蓄量、河道现有调蓄量、河道增大调蓄量、绿地地下调蓄量之和为总调蓄量。总调蓄量为：

$$V_{ztx} = 6867 + 22528 + 2200 + 2323.2 = 33918.2（m^3） \tag{2-27}$$

排涝标准为50年一遇，按照内涝治理目标要求，采用的控制性降雨历时为4h；在控制性降雨历时内，项目范围内的雨水要就地消除。因此，在4h内的总径流量为：

$$V_{yx}=0.935 \times 4 \times 3600=13464（m^3） \tag{2-28}$$

项目范围内总调蓄量为33918.2m³，大于项目范围内需要就地消除的雨水径流总量13464m³。源头减排和末端调蓄所安排的设施合理，满足设计要求。

第三章

城市雨水水量计算与设计

第一节　雨量分析及雨水管渠设计流量的确定

一、雨量分析

（一）雨量分析中的几个要素

1.降雨量

降雨量是指降雨的绝对量，即降雨深度，用H表示，单位以mm计，也可用单位面积上的降雨体积（L/hm^2）表示。在研究降雨量时，很少以一场降雨为对象，而常以单位时间表示。如：

（1）年平均降雨量。它是指多年观测所得各年降雨量的平均值。

（2）月平均降雨量。它是指多年观测所得各月降雨量的平均值。

（3）年最大日降雨量。它是指多年观测所得一年中降雨量最大一日的绝对量。

2.降雨历时

降雨历时是指连续降雨时段内的平均降雨量，可以指全部降雨时间，也可以指其中个别的连续时段，用£表示。在城市暴雨强度公式推求中的降雨历时指的是后者，即5min、10min、15min、20min、30min、45min、60min、90min、120min9个不同的历时，特大城市可以达到180min。

3.暴雨强度

暴雨强度是指某一时段内的平均降雨量，用i（mm/h）表示，即：

$$i=H/t \qquad (3-1)$$

暴雨强度是描述暴雨的重要指标；强度越大，降雨越猛烈。

在工程上，常用单位时间内单位面积上的降雨体积[L/（s·hm^2）]表示。q与i之间的换算关系是将每分钟的降雨深度换算成每公顷面积上每秒钟的降雨体积，即：

$$q = \frac{10000 \times 1000i}{1000 \times 60} = 167i \qquad (3-2)$$

式中：q——暴雨强度[L/（s·hm^2）]。

167——换算系数。

4.暴雨强度的频率

某一暴雨强度出现的可能性和水文现象中的其他特征值一样，一般是不可预知的。因此，需通过对以往大量观测资料的统计分析，计算其发生的频率，推论今后发生的可能性。某特定值暴雨强度的频率是指等于或大于该值的暴雨强度出现的次数与观测资料总项数之比。

该定义的基础是假定降雨观测资料年限非常长，可代表降雨的整个历史过程。但实际上只能取得一定年限内有限的暴雨强度值。因此，在水文统计中，计算得到的暴雨强度频率又称作经验频率。一般观测资料的年限越长，则经验频率出现的误差就越小。

假定等于或大于某指定暴雨强度值的次数为m，观测资料总项数为n（为降雨观测资料的年数N与每年选入的平均雨样数M的乘积）。当每年只选一个雨样（年最大值法选样），则$n=N$，$P_n = \frac{m}{N+1} \times 100\%$，称为年频率式。若平均每年选入$M$个雨样数（一年多次法选样），则$n=NM$，$P_n = \frac{m}{NM} \times 100\%$，称为次频率式。从公式可知，频率小的暴雨强度出现的可能性小，反之则大。

5.暴雨强度的重现期

重现期是指等于或超过它的暴雨强度出现一次的平均间隔时间，单位以年（a）表示。重现期P与频率P_n互为倒数，即$P=\dfrac{1}{P_n}$。若按年最大值法选样时，第m项暴雨强度组的重现期为其经验频率的倒数，即重现期$p=\dfrac{1}{P_n}=\dfrac{N+1}{m}$。若按一年多次法选择时，第m项暴雨强度组的重现期$p=\dfrac{NM+1}{mM}$。

（二）取样方法

雨量分析所用的资料是具有自记雨量记录的气象站所积累的资料。雨量资料的选取必须符合规范的有关规定。

1.取样的有关规定

根据《室外排水设计规范》（GB 50014−2006），主要有以下规定：

（1）资料年数应大于10年。各地降雨丰水年和枯水年的一个循环平均约是10年。雨量分析要求自记雨量资料能够反映当地的暴雨强度规律，10年记录是最低要求，并且必须是连续10年。统计资料年限越长，雨量分析结果越能反映当地的暴雨强度规律。

（2）选取站点的条件。记录最长的一个固定观测点，其位置接近城镇地理中心或略偏上游。

（3）选取降雨子样的个数应根据计算重现期确定。最低计算重现期为0.25年时，则平均每年每个历时选取4个最大值。最低计算重现期为0.33年时，则平均每年每个历时选取3个最大值。由于任何一场被选取的降雨不一定是9个历时的强度值都被选取，因而实际选取的降雨场数总要多于平均每年3~4场。

（4）取样方法的有关规定。为了能够选得较多的雨样，又能体现一定的独立性以便于统计，规定采用多个子样法，每年每个历时选取6~8个最大值，每场雨取9个历时：5min、10min、15min、20min、30min、45min、60min、90min和120min。然后不论年次将每个历时的子样按大小次序排列，再从中选出资料的3~4倍的最大值，作为统计的基础资料。

2.选样方法

自记雨量资料统计降雨强度的选样，在实用水文中常有以下三种方法：

（1）年最大值法。从每年各历时的暴雨强度资料中选用最大的一组雨量，在N年资料中选用N组最大值。用这样的选样方法不论大雨年或小雨年，每年都有一组资料被选入，它意味着一年发生一次的年频率。按极值理论，当资料年份很长时，它近似于全部资料系列，按此选出的资料独立性最强，资料的收集也较其他方法容易，对于推定高重现期的强度优点较多。

（2）年超大值法。将全部资料（N年）的降雨分别不同历时按大小顺序排列，选出最大的S组雨量。平均每年可选用多组，但是大雨年选入资料较多，小雨年往往没有选入。该选样方法是从大量资料中考虑它的发生次数，它发生的机会是平均期望值。

（3）超定量法。选取观测年限（N）中特定值以上的所有资料，资料个数与记录年数无关，它的资料序列前面最大的（3~4）×N个观测值，组成超定量法的样本。它适合于年资料不太长的情况，但统计工作量也较大。

综合比较传统的三种选样方法，年最大值是从每年实测最大雨量资料中取一个最大值组成样本序列。N年实测资料可得N个最大值。而年超大值法是将N年实测最大值按大到小排列，从首项开始取S个最大降雨量组成样本序列。若平均每年选m个子样，则样本总数S=mN个。此法所取样本总数S视需要而定，一般取S=（3~5）N，即m=3~5。超定量法是先规定一个"标准值"，凡是实测降雨量超过标准值的实测资料都选入组成样本。选择标准值各地不同，这样N年实测降雨资料也可选S个；若平均每年选得m个，则N年中的样本容量有S=mN个。

显然，超定量法所得样本不会和年超大值法完全相同。同时，由于定量标准值影响，每年可能取得一定数量的样本也可能有些年份的最大降雨量因小于定量标准而未被选入。但是超定量法和超大值法的共同点是取多个样本，独立性较差，所得累计频率为次频率。年最大值法选样资料独立性强，有条件时应推广使用。

二、雨水管渠设计流量的确定

雨水设计流量是确定雨水管渠断面尺寸的重要依据。城镇和工厂中排除雨水的管渠，由于汇集雨水径流的面积较小，所以可采用小汇水面积上的推理公式计算雨水管渠的设计流量。

雨水设计流量按下式计算：

$$Q = \psi qF \qquad\qquad （3-3）$$

式中：Q为雨水设计流量，L/s；ψ为径流系数，其数值小于1；F为汇水面积，hm^2；q为设计暴雨强度，$L/（s \cdot hm^2）$。

这一公式是根据一定的假设条件，由雨水径流成因加以推导得出的半经验半理论公式，通常称为推理公式。该公式用于小流域面积计算暴雨设计流量，当应用于较大规模排水系统的计算时会产生较大误差。目前，我国《室外排水设计规范》（GB 50014-2006）（2014年版）规定中明确指出：当汇水面积超过$2km^2$时，宜考虑降雨在时空分布的不均匀性和管网汇流过程，采用数学模型法计算雨水设计流量。

（一）径流系数的确定

降落在地面上的雨水，一部分被植物和地面的洼地截留，一部分渗入土壤，余下的一部分沿地面流入雨水管渠，这部分进入雨水管渠的雨水量称为径流量。径流量与降雨量的比值称为径流系数，其值常小于1。径流系数的值因汇水面积的地面覆盖情况、地面坡度、地貌、建筑密度的分布、路面铺砌等情况的不同而异。例如：屋面为不透水材料覆盖的平值大，而非铺砌的土路面平值较小；地形坡度大，雨水流动较快，其平值也大；等等。但影响径流系数值的主要因素则为地面覆盖种类的透水性；此外，还与降雨历时、暴雨强度及暴雨雨型有关。例如：降雨历时较长，地面已经湿透，地面进一步渗透减少，径流系数值就大些；暴雨强度大，其径流系数值也大。

目前，在雨水管渠设计中，径流系数通常采用按地面覆盖种类确定的经验数值。径流系数值如表3-1所示。

表3-1 地面种类及对应的径流系数值

地面种类	径流系数值	地面种类	径流系数值
各种屋面、混凝土和沥青路面	0.85~0.95	干砌砖石和碎石路面	0.35~0.40
大块石铺砌路面和沥青表面处理的碎石路面	0.55~0.65	非铺砌土路面	0.25~0.35
级配碎石路面	0.40~0.50	公园和绿地	0.10~0.20

通常汇水面积是由各种性质的地面覆盖组成，随着它们占有的面积比例变化，ψ 值也各异，所以整个汇水面积上的平均径流系数 ψ_{av} 值是按各类地面面积用加权平均法计算而得到，即：

$$\psi_{av} = \sum F_i \psi_i / F \qquad (3\text{-}4)$$

式中：F_i 为汇水面积上各类地面的面积，hm^2；ψ_i 为相应于各类地面的径流系数；F 为全部汇水面积，hm^2。

在设计中，也可采用综合径流系数，城镇建筑密集区的综合径流系数 $\psi = 0.60~0.85$，城镇建筑较密集区 $\psi = 0.45~0.60$，城镇建筑稀疏区 $\psi = 0.20~0.45$。随着城镇化进程的加快，不透水面积相应增加。为适应这种变化对径流系数产生的影响，设计时径流系数 ψ 值适当增加。当然，一些新建城区由于绿化面积增加，或者综合考虑雨水收集利用时，综合径流系数有所降低，应根据具体情况做相应调整。

（二）设计暴雨强度的确定

1.雨量分析要素与暴雨强度公式

（1）雨量分析要素

对某场降雨而言，用于描述降雨特征的指标主要有降雨量、降雨历时、暴雨强度、重现期等。

①降雨量。降雨量是指降雨的绝对量，即降雨深度，用H表示，单位为mm；也可用单位面积上的降雨体积表示，单位为L/hm²。

②降雨历时。降雨历时是指连续降雨的时段，可以指一场雨全部降雨的时间，也可以指其中任一连续降雨时段，用t表示，单位为min或h。

③暴雨强度。暴雨强度是指某一连续降雨时段内的平均降雨量，即单位时间的平均降雨深度，用i表示，单位为mm/min。

在工程上，暴雨强度常用单位时间内单位面积上的降雨体积q表示，单位为L/（s·hm²）。两种表示形式的换算关系为：

$$q = 167i \qquad\qquad （3-5）$$

暴雨强度是描述暴雨特征的重要指标，也是决定雨水设计流量的主要因素。

④重现期。对每场降雨而言，暴雨强度随降雨历时而变化。但对某一地区的多年降雨规律而言，其暴雨强度也随该强度的雨重复出现一次平均间隔时间发生变化。这一平均间隔时间称为该暴雨强度的重现期，用P表示，单位为年。

⑤降雨频率。降雨频率是指等于或大于某一特定值的暴雨强度出现的次数与多年观测资料总项数之比。它与重现期互为倒数。

⑥汇水面积。汇水面积是指雨水管渠汇集和排除雨水的地面面积，用F表示，单位常用km²或hm²。一场暴雨在其整个降雨所笼罩的面积上雨量分布并不均匀。但是，对于城市雨水排水系统，汇水面积一般较小，通常小于100km²，其最远点的集水时间往往不超过3～5h，多数情况下集水时间不超过60～120min。因此，可假定降雨量在小汇水面积上是均匀的。

（2）暴雨强度公式。描述某一地区降雨规律，必须根据其多年降雨观测资料，用统计方法归纳出分析曲线或数学公式，推求出反映暴雨强度i（q）、降雨历时t、重现期P三者间关系的暴雨强度曲线和数学表达式。

我国常用的暴雨强度公式形式为：

$$q = [167A_1（1 + c\lg P）]/（t + b）^n \qquad\qquad （3-6）$$

式中：q为设计暴雨强度，L/（s·hm²）；P为设计重现期，a；t为降雨历时，min；A_1、c、b、n为地方参数，根据统计方法进行计算确定。

从暴雨强度公式可以看出，要确定雨水管渠的设计暴雨强度，必须首先确定相应的设计降雨历时和重现期。

2.设计降雨历时

如前所述，对每场降雨而言，有无数个降雨历时。但设计降雨历时是指管段设计断面发生最大流量时对应的降雨历时。

（1）流域上汇流过程及极限强度理论

①汇流过程分析。流域中各地面点上产生的径流沿着坡面汇流至低处，通过沟、溪汇入江河。在城市中，雨水径流由地面流至雨水口，经雨水管渠最后排入江河。从流域中最远一点的雨水径流流到出口断面的时间称为流域的集流时间。

②极限强度理论。极限强度理论，即承认降雨强度随降雨历时的增长而减小的规律性；同时，认为汇水面积的增长与降雨历时成正比，而且汇水面积随降雨历时的增长较降雨强度随降雨历时增长而减小的速度更快。因此，如果降雨历时 t 小于流域的集流时间 τ_0 时，显然仅只有一部分面积参与径流。根据面积增长较降雨强度减小的速度更快，因而得出的雨水径流量小于最大径流量。如果降雨历时 t 大于集流时间 τ_0，流域全部面积已参与汇流，面积不能再增大，而降雨强度则随降雨历时的增长而减小，径流量也随之由最大逐渐减小。因此，只有当降雨历时等于集流时间时，全部面积参与径流，产生最大径流量。所以，雨水管渠的设计流量可用全部汇水面积 F 乘以流域的集流时间 τ_0 时的暴雨强度 q 及地面平均径流系数 ψ（假定全流域汇水面积采用同一径流系数）得到。因此，雨水管道设计的极限强度理论包括两部分内容：

A.汇水面积上最远点的雨水流到集流点时，全部面积产生汇流，雨水管道的设计流量最大。

B.降雨历时等于汇水面积上最远点的雨水流到集流点的集水时间时，雨水管道发生最大流量。

（2）集水时间（设计降雨历时）的确定

如前所述，当时，雨水管道相应的全部汇水面积参与径流，并发生最大流量。因此，设计中通常用汇水面积最远点雨水流到设计断面时的集水时间作为设计降雨历时。

对雨水管道某一设计断面来说，集水时间由两部分组成，并可用下式表达：

$$t = t_1 + mt_2 \tag{3-7}$$

式中：t_1 为从汇水面积最远点流到第一个雨水口的地面集水时间，min；t_2 为雨水在管道内流到设计断面所需的流动时间，min；m 为折减系数。

①地面集水时间t_1的确定。地面集水时间是指雨水从汇水面积上最远点流到第一个雨水口的时间。它受到地形坡度、地面铺砌、地面种植情况、道路纵坡和宽度等因素的影响，此外也与暴雨强度有关。但在上述各因素中，地面集水时间的长短主要取决于水流距离的长短和地面坡度。实际应用时，要准确地计算t_1是困难的，一般采用经验数值。根据《室外排水设计规范》（GB 50014-2006）（2014年版）规定：地面集水时间视距离长短、地形坡度及地面覆盖情况而定，一般采用t_1=5～15min。

按照经验，一般在建筑密度较大、地形较陡、雨水口分布较密的地区，或街坊内设置有雨水暗管，宜采用较小的t_1值，可取t_1=5～8min。而在建筑密度较小、汇水面积较大、地形较平坦、雨水口布置较稀疏的地区，宜采用较大值，一般可取t_1=10～15min。在地面平坦、地面覆盖情况相近且降雨强度相差不大的情况下，地面集水距离是决定集水时间长短的主要因素。地面集水距离的合理范围是50～150m。

如果t_1选用过大，将会造成排水不畅，致使管道上游地面经常积水；如果t_1选用过小，又将使雨水管渠尺寸加大而增加工程造价。在设计中应结合具体条件恰当地确定。

②管渠内雨水流行时间t_2的确定。管渠内雨水流行时间是指雨水在管渠内的流行时间，即：

$$t_2 = \sum \frac{L}{60v} \qquad (3-8)$$

式中：L为各管段的长度，m；v为各管段满流时的水流速度，m/s；60为单位换算系数，1min =60s。

③折减系数m值的确定。雨水管道按满流设计，但计算雨水设计流量公式的极限强度法原理指出，当降雨历时等于集水时间时，设计断面的雨水流量才达到最大值。因此，雨水管渠中的水流并非一开始就达到设计状况，而是随着降雨历时的增长逐渐形成满流，其流速也是逐渐增大到设计流速的。这样就出现了按满流时的设计流速计算所得的雨水流行时间小于管渠内实际的雨水流行时间的情况。

此外，雨水管渠各管段的设计流量是按照相应于该管段的集水时间的设计暴雨强度来计算的，所以各管段的最大流量不大可能在同一时间内发生。当任一管段发生设计流量时，其他管段都不是满流（特别是上游管段）而形成一定的空隙空间。这部分空间对水流可起到缓冲和调蓄作用，并使发生洪峰流量的管道断面上的水流由于水位升高而产生回水。由于这种回水造成的滞流状态，使管道内实际流速低于设计流速，因此管内的实际水流时间比按满流计算的时间大得多。为此，引入折减系数m加以修正。早期我国折减系数的一般原则是：暗管$m=2$，明渠$m=1.2$；对陡坡地区，$m=1.2\sim2$。但《室外排水设计规范》（GB50014-2006）（2014年版）中，为有效应对极端气候引发的城镇暴雨内涝灾害，提高我国城镇排水安全性，取消折减系数m或者理解为折减系数$m=1$。

3.设计重现期P

从暴雨强度公式可知，暴雨强度随着重现期的不同而不同。在雨水管渠设计中，若选用较高的设计重现期，计算所得设计暴雨强度大，管渠的断面相应也大。这对防止地面积水是有利的，安全性高，但经济上则因管渠设计断面的增大而增加了工程造价。若选用较低的设计重现期，管渠断面可相应减小。这样投资小，但安全性差，可能发生排水不畅、地面积水等情况。

因此，雨水管渠设计重现期的选用，应根据汇水地区性质、城镇类型、气候状况和地形特点等因素确定。《室外排水设计规范》（GB 50014-2006）（2014年版）根据城镇规模和区域性质对重现期取值进行了更为细致的划分（见表3-2）。同时也提出：对经济条件较好且人口密集、内涝易发的城镇，宜采取规定的上限；建议采取必要措施，防止洪水对城镇排水系统的影响，并给出防治内涝的设计重现期（见表3-3）。

表3-2 雨水管渠设计重现期   单位：a

城区类型	中心城区	非中心城区	中心城区的重要地区	中心城区地下通道和下沉式广场等
特大城市	3～5	2～3	5～10	30～50
大城市	2～5	2～3	5～10	20～30
中等城市和小城市	2～3	2～3	3～5	10～20

注：1.表中所列设计重现期，均为年最大值法。

2.雨水管渠应按重力流、满管流计算。

3.特大城市指市区人口在500万以上的城市；大城市指市区人口在100万～500万的城市；中等城市和小城市指市区人口在100万以下的城市。

此外，在同一排水系统中（如立交道路）也可采用同一设计重现期或不同的设计重现期。

对雨水管渠设计重现期规范规定的选用范围，是根据我国各地目前实际采用的数据，经归纳综合后确定的。我国地域辽阔，各地气候、地形条件及排水设施差异较大。因此，在选用雨水管渠的设计重现期时，必须根据当地的具体条件合理选用。

表3-3　内涝防治设计重现期

城镇类型	重现期/a	地面积水设计标准
特大城市	50～100	1.居民住宅和工商业建筑物的底层不进水；2.道路中的一条车道的积水深度不宜超过15cm
大城市	30～50	
中等城市和小城市	20～30	

注：1.表中所列设计重现期，均为年最大值法。

2.特大城市指市区人口在500万以上的城市；大城市指市区人口在100万～500万的城市；中等城市和小城市指市区人口在100万以下的城市。

综上所述，在得知确定设计重现期P、设计降雨历时t的方法后，计算雨水管渠设计流量所用的设计暴雨强度公式及流量公式可以写成如下形式：

$$q=167A_1(1+c\lg P)/(t_1+mt_2+b)^n \tag{3-9}$$

$$Q=\psi F[167A_1(1+c\lg P)]/(t_1+mt_2+b)^n \tag{3-10}$$

式中：Q为雨水设计流量，L/s；167为径流系数；F为汇水面积，hm^2；q为设计暴雨强度，L/（s·hm^2）；P为重现期，a；t_1为地面集水时间，min；t_2为管渠内雨水流行时间，min；m为折减系数；A_1、b、n为地方参数。

4.特殊情况下雨水设计流量的确定

前述雨水管渠设计流量计算公式是基于极限强度理论推求而得，在全部面积参与径流时发生最大流量。但在实际工程中径流面积的增长未必是均匀的，且面积随降雨历时增长不一定比降雨强度减小的速度快，这种情况主要表现为以下两种形式：

（1）汇水面积呈畸形增长。

（2）汇水面积内地面坡度变化较大，或各部分径流系数显著不同。

在上述特殊情况下，排水流域最大流量可能不是发生在全部汇水面积参与径流，而是发生在部分面积参与径流。应根据具体情况分析最大流量可能发生的情况，并比较、选择其中的最大流量作为相应管段的设计流量。

第二节　雨水管渠系统的设计与计算

一、雨水管渠系统及其布置原则

（一）概述

降落在地面上的雨水，只有一部分沿地面流入雨水管渠和水体，这部分雨水称为地面径流。雨水径流的总量并不大，但是全年雨水的绝大部分常在极短的时间内降下。这种短时间内强度猛烈的暴雨，往往在瞬间形成数十倍、上百倍于生活污水流量的雨水径流量；若不及时疏导，将造成巨大的危害。

为防止暴雨径流的危害，避免城市居住区与工业企业被洪水淹没，保证生产、生活和人民生命财产安全，需要修建雨水排除系统，以便有组织地及时将暴雨径流排入水体。当然，这种雨水排除的指导思想是降低雨洪可能造成的危害，保障城市居民生活、生产的安全。但随着城市化进程加快，水体污染日益严重，这种雨水直接排除体制带来了新的问题，如水体污染加剧、洪峰流量对水体下游的威胁、土壤涵养水量的减少以及水资源的日益紧张等。如果将雨水作为水资源加以合理利用，可能是雨水更好的出路。可以利用城市建筑的屋顶、道路、庭院等收集雨水，用于冲厕、洗车、浇绿地或回补地下水。

在降雨量充沛的地区，新建管网要采取雨污分流。对已建的合流制排水系统，要结合当地条件，加快实施雨污分流改造。难以实施分流制改造的，要采取截流、调蓄和处理措施。在有条件的地区，逐步推进初期雨水的收集与处理。分流制雨水管道泵站或出口附近可设置初期雨水贮存池；合流制管网系统应合理确定截流倍数，将截流的初期雨水送入污水处理厂处理，或在污水处理厂内及附近设置贮存池。

（二）雨水管渠系统及其布置原则

雨水管渠系统是由雨水口、雨水管渠、检查井、出水口等构筑物组成的一整套工程设施。按我国目前的雨水排除方式，雨水管渠系统布置的主要任务是要：使雨水顺利地从建筑物、车间、工厂区或居住区内排泄出去，既不影响生产，又不影响人民生活，达到既合理又经济的要求。雨水管渠布置应遵循下列原则：

1.充分利用地形，就近排入水体

为尽可能地收集雨水，在规划雨水管线时，首先按地形划分排水区域，再进行管线布置。为减少雨水干管的管径和长度、降低造价，雨水管应本着分散和就近排放的原则布置。雨水管渠布置一般都采用正交式布置，保证雨水管渠以最短的路线、较小的管径把雨水就近排入水体。当然，根据地形和河水水位的情况，有时也需适当集中排放。例如：当河流的水位变化很大、管道出口离常水位较远时，出水口的构造比较复杂，造价较高，就不宜采用较多的出水口，这时宜采用集中出水口式的管道布置形式；当地形平坦，且地面平均标高低于河流常年的洪水位标高时，需将管道出口适当集中，在出水口前设雨水泵站，暴雨期间雨水经抽升后排入水体。

2.尽量避免设置雨水泵站

由于暴雨形成的径流量大，雨水泵站的投资也很大，而且雨水泵站一年中运转时间短，利用率很低，因此应尽可能利用地形，使雨水靠重力流入水体，而不设置泵站。但某些地势平坦、区域较大或受潮汐影响的城市，在不得不设置雨水泵站的情况下，要把经过泵站排泄的雨水径流量减少到最小限度。

3.结合街区及道路规划布置雨水管渠

街区内部的地形、道路布置和建筑物的布置是确定街区内部雨水地面径流分配的主要因素。街区内的地面径流可沿街两侧的边沟、绿地或渗水设施等排除。雨水管渠常常是沿街道敷设，但是干管（渠）不宜设在交通量大的干道下，以免积水时影响交通。雨水干管（渠）应设在排水区的低处道路下。干管（渠）在道路横断面上的位置最好位于人行道下或慢车道下，以便检修。就排除地面径流的要求而言，道路纵坡最好在0.3%～6%范围内。

4.结合城镇总体规划

根据城镇总体规划，合理地利用自然地形，使整个流域内的地面径流能在最短时间内沿最短距离流到街道，并沿街道边沟排入最近的雨水管渠或天然水体。

5.利用水体调蓄雨水

充分利用城镇中的水体调蓄雨水，或有计划地修建人工调蓄设施，以削减洪峰流量，减轻或消除内涝影响。必要时，可建初期雨水处理设施，对雨水径流造成的面源污染进行有效的控制，减轻水体环境的污染负荷。

6.雨水口的设置

在街道两侧设置雨水口，是为了使街道边沟的雨水通畅地排入雨水管渠，而不致漫过路面。雨水口的形式、数量和布置，应按汇水面积所产生的流量、雨水口的泄水能力和道路形式确定。街道两旁雨水口的间距，主要取决于街道纵坡、路面积水情况以及雨水口的进水量，一般为25～50m。雨水口要考虑污物截流设施，以保障其有效的泄水能力。

位于山坡下或山脚下的城镇，应在城郊设置截洪沟，以拦集坡上径流，保护市区。

二、雨水管渠系统设计

（一）雨水管渠设计参数规定

雨水管渠水力计算公式与污水管道一样，采用均匀流公式。同样，在实际工程中，为简化计算，可直接查水力计算图表。

为使雨水管渠正常工作，对雨水管渠水力计算基本参数做如下技术规定。

（1）设计充满度。雨水管渠的充满度按满流考虑，即h/D=1。在地形平坦地区、埋深或出水口深度受限制的地区，可采用渠道（明渠或盖板渠）排除雨水。明渠超高等于或大于0.20m，明渠或盖板渠底宽不宜小于0.3m。无铺砌的明渠边坡应根据不同地质按表3-4取值；用砖石或混凝土块的明渠可采用1：0.75～1：1的边坡。

表3-4　明渠边坡值

地质	边坡值	地质	边坡值
粉砂	1∶3~1∶3.5	半岩性土	1∶0.5~1∶1
松散的细砂、中砂和粗砂	1∶2~1∶2.5	风化岩石	1∶0.25~1∶0.5
密实的细砂、中砂、粗砂或粉土黏质	1∶1.5~1∶2	岩石	1∶0.1~1∶0.25
粉质黏土或黏土砾石或卵石	1∶1.25~1∶1.5		

（2）设计流速

①为避免雨水所挟带的泥沙等无机物质在管渠内沉淀下来而堵塞管道，雨水管道的最小设计流速为0.75m/s；明渠内最小设计流速为0.4m/s。

②为防止管壁受到冲刷而损坏，雨水管道的最大设计流速：金属管道为10m/s，非金属管道为5m/s；明渠内水流深度为0.4~1.0m，最大设计流速按表3-5选择。

表3-5　明渠最大设计流速

明渠类别	最大设计流速 /（m/s）	明渠类别	最大设计流速 /（m/s）
粗砂或低塑性粉质黏土	0.8	干砌块石	2.0
粉质黏土	1.0	浆砌块石或浆砌砖	3.0
黏土	1.2	石灰岩和中砂岩	4.0
草皮护面	1.6	混凝土	4.0

注：当水流深度h<0.4m时，1.0<h<2.0m时；当h≥2.0m时，明渠最大设计流速宜将表3-5所列数值分别乘以0.85、1.25、1.40。

（3）最小管径和最小设计坡度。雨水管道最小管径为300mm，相应的最小坡度为0.003；雨水口连接管最小管径为200mm，最小坡度为0.01。

（4）最小埋深与最大埋深。最小埋深与最大埋深具体规定同污水管道。

（二）雨水管渠设计计算步骤

雨水管渠设计计算步骤如下：

（1）划分排水流域，管渠定线。根据地形以及道路、河流的分布状况，结合城市总体规划图，划分排水流域，进行管渠定线，确定雨水管渠位置和走向。

（2）划分设计管段及沿线汇水面积。雨水管渠设计管段的划分应使设计管段服务范围内地形变化不大，没有大流量的交汇，一般应控制在200m以内。如果管段划得较短，则计算工作量增大；如果设计管段划得太长，则设计方案不经济。

各设计管段汇水面积的划分应结合地面坡度、汇水面积的大小、雨水管渠布置以及雨水径流的方向等情况进行，并将每块面积进行编号，列表计算其面积。

根据管道的具体位置，在管道转弯处、管径或坡度改变处、有支管接入处或两条以上管道交汇处以及超过一定距离的直线管段上，都应设置检查井。

（3）确定设计计算基本数据，计算设计流量。根据各流域的实际情况，确定设计重现期、地面集流时间及径流系数等，列表计算各设计管段的设计流量。

（4）水力计算。在确定设计流量后，便可以从上游管段开始依次进行各设计管段的水力计算，确定出各设计管段的管径、坡度、流速；根据各管段坡度，并按管顶平接的形式，确定各点的管内底高程及埋深。

（5）绘制管道平面图和纵剖面图。

第三节　城市雨水水质特征

雨水中的杂质是由在降水过程中从大气中裹挟的污染物和所流经的表面而携带的杂质组成，主要有悬浮物、枯枝、树叶、碎屑和氯根、硫酸根、硝酸根、钠、铵、钙、镁、铁等离子（浓度大多在10mg/L以下）及一些有机物质（主要是挥发性化合物），同时还存在少量的重金属（如镉、铜、铬、镍、铅、锌）。雨水中杂质的浓度与降雨地区的污染程度有着密切的关系。

泰国的有关研究表明，雨水可能是最安全和最经济的饮用水源，虽然雨水集流系统提供的水源仅有40%符合世界卫生组织饮用水水质的标准，但调查水样中细菌、病毒和重金属等污染物质很少，不仅可以作为喷洒路面、工业冷却、绿地浇灌、景观等杂用水，而且在发生水荒时，还可以进一步处理后用于生活用水补充供水。

一、城市雨水径流的特征

合流制污水溢流（CSO）和分流制污水溢流（SSO）是雨天未处理污水溢流的两种组成，CSO和SSO基本上由城市污水和雨水地表径流组成。毫无疑问，雨水径流而造成的污染已被确认为是受纳水体水质恶化的原因之一。街道上的各种污染物质和下水道的沉积物及污水是城市径流的主要污染物质，而且城市径流及下水道的溢流水，因其流量大、成分复杂和浓度变化大等特点，比其他污水更难处理；致使大雨时，合流制和分流制溢流将使受纳水体受到比平时流量大许多倍的流量冲击。因此，对于城市水体的水质监控计划而言，了解雨水径流污染的特点十分必要。

二、城市屋顶集水系统雨水水质特征

城市建筑物屋顶雨水因便于收集，水质相对较好，在我国广大的缺水城市和地区具有很大的开发利用潜力。与城市路面雨水径流相比，屋顶雨水更易于处理，同时具有投资少、设备简单、见效快、便于管理和较高的生态环境效益等突出优点。

根据实验研究表明，屋顶雨水水质的可生化性较差，一般BOD_5/COD的值为0.1~0.15。

从不同来源的雨水物理化学性质的测试结果表明，水质的化学需氧量较低，溶解氧浓度接近饱和溶解氧浓度，几乎没有有机物污染，或者较少，可生化性较差。其他指标也优于可回用的生活污水的水质，可经简单的处理后进行利用。

第四节　雨水综合利用

一、城镇雨水利用规划

在我国现行的城镇规划文件中没有城镇雨水利用专项规划，有关雨水排放内容分别包括在城镇防洪专项规划和城镇排水专项规划中，但城镇防洪专项规划和城镇排水专项规划的主要目的和宗旨是排除雨水，没有雨水利用的概念和雨水管理的措施。为了保证在法制条件下推广雨洪利用技术，在编制城镇总体规划的同时编制城镇雨水利用专项规划很有必要。

城镇雨洪利用是采取工程性和非工程性措施人为干扰城镇区域的降雨径流循环过程，达到开发新的水资源、保护城镇水环境和减少城镇洪涝灾害等目的的系统工程。城镇雨水利用是解决城镇水问题的重要途径，但在现有的社会经济条件下，如何实现雨水资源的合理开发和综合效益最优化，将雨水利用思想纳入城镇规划，在城镇建设时提供相应指导是非常重要的。

城镇雨水利用规划是对雨水利用策略及城镇雨水利用设施的空间布局的综合规划，对促进城镇雨水利用技术的推广和雨水资源的合理开发起着重要作用。

一般建设项目占地面积越大，涉及的内容也越多、越复杂，对区域水文条件影响越大。因此，对于占地面积较大的项目，宜通过编制城镇雨水利用规划来落实雨水利用设施，明确雨水利用设施与其他专业的衔接关系。对占地面积较小的建设项目可按规划指标要求直接进行设计。

城镇雨水利用规划应与总体规划、控制性详细规划、修建性详细规划及相关专项规划等其他相关规划，以及景观、建筑、道路等设计相协调，以使城镇雨水利用的低影响开发理念能成功地融入各相关规划、设计中，避免其与各相关规划、项目各专业设计之间的矛盾，保证城镇雨水利用措施在各个环节的顺利实施。

（一）城镇雨水利用规划总体目标与基本思路

1.总体目标

雨水利用规划应与城镇建设、城镇绿化和生态建设、雨水渗蓄工程、城镇防洪工程等有机结合，既要控制面源污染、确保城镇不受洪涝灾害的影响，又要充分利用雨水资源实现区域内雨水的生态循环、综合利用及水资源在本区域内的动态平衡。

2.基本思路

雨水利用规划应在综合评价城镇雨水利用潜力的基础上，依据综合效益最优的原则，确定雨水利用的规划分区和重点区域，进行区域水量平衡计算和综合效益分析，制定相应的雨水利用策略，并对其他相关规划提出修改建议。

（二）城镇雨水控制与利用规划主要原则

（1）雨水利用规划应首先在水文循环环境受损较为突出或具有经济实力的城镇或区域开展，如水资源缺乏特别是水量缺乏的城镇、地下水位呈现下降趋势的城镇、洪涝和排洪负担加剧的城镇、新建经济开发区或厂区。

（2）雨水利用规划应与城镇总体规划、生态与景观规划、水污染控制规划、防洪规划、建筑和小区规划、给水排水规划等密切配合，相互协调，兼顾面源污染控制、城镇防洪、生态环境改善与保护等内容。

（3）工程规模与分布的数量、类型应根据规划区的气候及降雨、水文地质、水环境、水资源、雨水水质、给水排水系统、建筑、园林道路、地形地貌、高程、水景、地下构筑物和总体规划等各种条件，结合当地的经济发展规划，尽可能采用生态化和自然化的措施，力求做到因地制宜、合理布局。

（4）城镇雨水利用应兼顾近期目标和长远目标，既要照顾当前的利益，又要考虑长远的发展，要统一规划、分期实施。

（三）城镇雨水利用规划主要内容

城镇雨水利用规划是城镇水资源规划的重要组成部分，其主要内容包括：城镇降雨特性分析；雨水利用的规划分区，不同分区的雨水利用方式和策略的制定；雨水管理政策法规建议；城镇雨水可开发量计算，雨水开发前后水量平衡分析；雨水利用成本计算，经济、社会、环境、防洪综合效益分析；对其他规划的修改建议；等等。

雨水利用具有明显的地域性，不同城镇雨水利用规划的侧重点也不相同，基本资料的收集与整理是进行科学规划的基础。在城镇雨水利用规划中需收集整理的资料主要包括以下几方面：

（1）城镇自然地理资料，包括城镇测绘地形图、卫星影像图等。

（2）相关规划资料，包括城镇总体规划、水资源规划、防洪规划、供水系统规划、排水系统规划和国土规划等。

（3）城镇气象资料，包括降雨的时间和空间分布规律、气温、风向等。

（4）城镇水文及地质资料，包括城镇河流水系资料、闸坝、水库、地下水开采情况、地质资料、土壤入渗能力、水文地质分区等。

（5）城镇排水系统现状资料，包括污水管网、雨水管网、合流管网现状、污水处理厂现状、污水处理能力分析和再生水利用规划资料等。

（6）其他资料，包括城镇汇水面现状、可利用水资源状况、用水状况、现有雨水利用设施规模、当地社会经济状况、交通设施以及建筑材料等。

（四）城镇雨水利用规划概念模型

1.城镇道路广场雨水利用

（1）建成区。由于用地紧张、用地边界限定等原因，采取以渗透回补地下水为主的形式。也就是说，利用道路广场正常的翻修和改扩建，铺设透水性地面，扩大绿化面积，增加雨水的下渗，减少地表径流。

（2）新区。利用绿地、透水性地面使雨水下渗；结合道路广场的规划建设，将人工水景与天然水体贯通，使之作为区域内的调蓄池，雨季集蓄雨水、削减洪峰，旱季补充大气水分、回补地下水，同时可兼作消防应急水源，或将集蓄的雨水经处理后用作市政杂用水水源。

2.居住区和企事业单位雨水利用

（1）已建居住区和企事业单位。应尽可能增加绿化面积，将不透水的铺装路面改为可渗水的多孔砖，停车场等宜改为多孔砖或草皮砖，以增加雨水下渗，减少地面雨水径流。

（2）新建居住区和企事业单位。尽可能进行综合利用，小区甬道上的雨水采用透水型路面渗入地下；绿地内雨水就地入渗；屋面和道路上的径流雨水经初期径流弃流后，收集入集蓄池，经水质处理后下渗或回用。

3.城镇绿地、河流、公园及风景旅游区规划

城镇绿地、河流、公园及风景旅游区雨水利用系统的建设，应结合城镇雨水系统、自然和人工水体及雨水集蓄池的空间布局进行合理规划，通过设置人工湖、集蓄池、人工湿地并结合天然洼地、坑塘、河流、沟渠等雨水调蓄设施，一方面在雨季削减洪峰流量，另一方面蓄积的雨水经有效处理后可以加以利用。

4.综合利用

结合城镇污水处理厂的布局和建设，在城镇规划区内呈梯级布设几处较大面积和容积的人工湖泊，同时结合河流等地表水体的整治和建设，以人工湖或人工湿地来调蓄这些河流、沟渠的汛期水位，实现雨水的综合利用。

二、城镇雨水利用设施

根据使用方式和目的不同，城镇雨水利用可以分为雨水直接利用（回用）、雨水间接利用（渗透回灌）、雨水调蓄排放、雨水综合利用几类。

（一）雨水直接利用（回用）设施

城镇雨水直接利用就是雨水收集利用，指利用工程手段，尽量减少土壤入渗，增加地表径流，并且将这部分径流按照人们所设计的方式收集起来。利用雨水径流收集利用技术是自屋面、道路等的降水径流收集后，稍加处理或不经处理用于冲洗厕所、浇洒绿地等。来自屋面上和较清洁路面上的降水径流除初期受到轻度污染外，后期径流一般水质良好，收集后经简单处理后即可利用。由于地区降雨分布极不均匀，比如北京市约80%以上降雨量集中于6-9月，在考虑雨水直接回收使用时需设置较大的调蓄构筑物，而在旱季时，处理和调蓄构筑物却又多处于闲置状态，故经济性略差。对于年降雨量小于300mm的城镇，一般不提倡采用雨水收集回用系统。

雨水收集的核心问题是根据不同的材料确定集水效率，从而确定集流面积、集流量和成本。集水效率与集雨面材料、坡度、降雨雨量、雨强有关。集雨面一般分为自然集雨面和人工集雨面两种。在运用上应根据利用的目的和具体条件来选择。城镇雨水利用目前成熟的技术和成功经验主要有两种：屋顶集流和马

路分流。屋顶集流，就是利用建筑物屋顶拦蓄雨水，地面或地下储存，过滤和反渗透过滤，利用原有水管输送，供用户就地使用。马路分流，即分设城市排污管道和雨水集流管道，雨水集流管道分散设置，蓄水池置于绿地下，雨天集存，晴天利用。对于屋面雨水，一种方式是雨水经过雨水竖管进入初期弃流装置，初期弃流水就近排入小区污水管道，并进入城镇污水处理厂处理排放，经初期弃流后的雨水通过储水池收集，然后用泵提升至压力滤池，最后进入清水池。另一种方式是雨水从屋面收集后通过重力管道过滤或重力式土地过滤，然后流入储水池（池中部含浮游式过滤器），处理后的雨水由泵送至各用水点用于冲洗厕所、灌溉绿地或构造水景观等。这种方式可简化为屋面雨水直接通过雨落管进入雨水过滤器（过滤砂桶），然后用于冲洗厕所、灌溉绿地或构建水景观等。

对于较清洁路面雨水，宜设置蓄水池将来自不同面积上的径流汇集到一起，然后通过集中式过滤器进行集中过滤后提供家庭冲厕、洗车、浇花用水及社区和企事业单位景观用水，构建人工湖用水等。这样，一方面减轻了雨水排放和处理的压力，另一方面也可节约大量自来水。

雨水集流系统主要由集流面、导流槽、沉砂池、蓄水池等几部分组成。城镇范围内硬化面积大，如屋顶、广场、道路、停车场等，均可作为集雨面。根据城镇功能区划，因地制宜地设计不同防御标准、不同蓄水容量的蓄水池，将雨水收集、积蓄起来，处理后满足城镇功能区的需求。

（二）雨水间接利用（渗透回灌）设施

城镇雨水间接利用是使用各种措施强化雨水就地入渗，使更多雨水留在城镇境内并渗入地下以补充、涵养地下水，增加浅层土壤含水量、遏制城市热岛效应、调节气候并改善城市生态环境，还有利于减小径流洪峰流量及减轻洪涝灾害。

同时，雨水入渗能充分利用土壤的净化能力，这对城镇径流导致面源污染的控制有重要意义。虽然雨水间接利用不能直接回收雨水，但从社会、环境等广义角度看，其效应是不可忽视的。但湿陷性黄土、高含盐量土壤地区不得采取此雨水利用方式。

常用的渗透设施有城镇绿地、渗透地面（多孔沥青地面、多孔混凝土地面、嵌草砖等）、渗透管沟和渠、渗透池、渗井等，通常将多种设施组合使用。

例如，小区的雨水渗透系统实际是将经过计算的渗透管、沟、渠、池、井等替代部分传统的雨水管道，雨水径流进入系统后既能渗透又能流动，对于不大于设计重现期的降雨，全部径流均能渗入地下。

利用城镇绿（草）地、透水路面的铺装、建筑屋面集水等手段增加雨水入渗或进行人工回灌，补充日益匮乏的地下水资源，同时减轻城镇排水工程的负担。

一些国家的雨水设计体系已把渗透和回灌列入雨水系统设计的考虑因素，即雨水渗透和排放系统。日本自20世纪80年代以来，做了大量研究和应用，并将其纳入国家排水道推进计划。

雨水回灌设施种类很多，大致可分为集中回灌和分散回灌两大类，或分为散水法和深井法。

深井回灌容量大，可直接向地下深层灌水，但对地下水位、雨水水质应有更高的要求，尤其对用地下水做饮用水源的城市应慎重，适用于汇水面积大、径流量大而集中、水质好的条件，比如雨季水库、河流中多余水量的处置。散水法可以在城区因地制宜地就地选用，这类设施简单易行，可减轻对雨水收集、输送系统的压力，还可以充分利用表层植被和土壤的净化功能，但渗透量受土壤渗透能力的限制。

（三）雨水调蓄排放设施

调蓄排放是指在雨水排放系统下游的适当位置设置调蓄设施，使区域内的雨水暂时滞留在调蓄设施内，待洪峰径流量下降后，再从调蓄设施中将水慢慢排出，进入河道。通过调蓄可以降低下游排水管道的管径，同时提高系统排水的可靠性。

雨水调蓄分为管道调蓄和调蓄池调蓄两种方式。管道调蓄是利用管道本身的空隙容积调蓄流量，简单实用，但调蓄空间有限，且在管道底部可能产生淤泥。调蓄池调蓄可利用天然洼地、池塘、景观水体等进行，也可采用人工修建的调蓄池进行调蓄。常用的人工调蓄池有溢流堰式和底部流槽式。

溢流堰式调蓄池通常设置在干管一侧，有进水管和出水管。进水较高，其管顶一般与池内最高水位持平；出水管较低，其管底一般与池内最低水位持平。底部流槽式调蓄池，雨水从池上游干管进入调蓄池，当进水量小于出水量时，雨水经设在池最底部的渐缩断面流槽全部流入下游干管而排走。池内流槽深度等于池下游干管的管径。当进水量大于出水量时，池内逐渐被高峰时的多余水量充满，池内水位逐渐上升，直到进水量减至小于池下游干管的通过能力时，池内水位才逐渐下降，至排空为止。

为减少占地，并充分利用现有条件尽可能多地贮留汛期雨水，日本结合停车场、运动场、公园、绿地等修建了多功能调蓄池，雨季用来调蓄防洪，非雨季则正常发挥城镇景观和休闲娱乐功能。此外，有条件的区域也可以利用地下含水层调蓄雨水。

（四）雨水综合利用设施

雨水综合利用系统是指通过综合性的技术设施实现雨水资源的多种目标和功能。这种系统更为复杂，可能涉及包括雨水的调蓄利用、渗透、排洪减涝、水景、屋面绿化甚至太阳能等多种子系统的组合。

城镇园区的雨水综合利用系统是利用生态学、工程学、经济学原理，通过人工净化和自然净化的结合，雨水集蓄利用、渗透与园艺水景观等相结合的综合性设计，从而实现建筑、园林、景观和水系的协调统一，实现经济效益和环境效益的统一，以及人与自然的和谐共存。这种系统具有良好的可持续性，能实现效益最大化，达到意想不到的效果。但要求设计者具有多学科的知识和较高的综合能力，设计和实施的难度较大，对管理的要求也较高。具体做法和规模依据园区特点而不同，一般包括屋顶绿化、水景、渗透、雨水回用、收集与排放系统等。有些还包括太阳能、风能利用和水景于一体的花园式生态建筑。

城区雨水利用应采取因地制宜的利用方式，根据当地的条件，选择直接利用、间接利用或调蓄排放，或三种利用方式的结合，以做到经济可行，并最大限度地维持当地的水文现状，不能一味地进行雨水收集利用而造成河流的干涸、植物的缺水或者地下水补充路径中断。

利用汛期雨水增加城镇湖泊等水体面积，不仅改善了城镇景观和生态环境，还具有一定的防洪功能。将绿地（草坪）同渗井、蓄水池系统相结合，可明显减轻城镇的防洪负担，缓解城镇化对地下水补给的影响。

三、城镇雨水利用工程设计

雨水利用系统的构成型式、各个系统负担的雨水量、系统内各部分雨水量的比例，应根据降雨量、下垫面及供水用水条件、环境与卫生因素等，经技术经济比较后确定。

雨水利用系统由雨水收集、贮存、处理以及利用等各种设施及其构筑物组成。

（一）雨水收集系统

城镇雨水收集系统主要包括屋面雨水、广场雨水、绿地雨水和污染较轻的路面雨水等的收集。

1.屋面雨水收集系统

（1）分类。按雨水在管道内的流态，屋面雨水收集系统分为重力流、半有压流和压力流三类。

重力流是指雨水通过自由堰流入管道，在重力作用下附壁流动，管内压力正常，这种系统也称为堰流斗系统。半有压流是指管内气水混合，在重力和负压抽吸双重作用下流动。压力流是指管内充满雨水，主要在负压抽吸作用下流动，这种系统也称为虹吸式系统。

半有压系统设计安装简单、性能可靠，是我国目前应用最广泛、实践证明安全的雨水系统，设计中宜优先采用。虹吸式系统管道尺寸较小，各雨水斗的入流量也都能按设计值进行控制，且横管有无坡度对设计工况的水流不构成影响，适宜于大型屋面建筑；但该系统没有余量排除超设计重现期雨水，对屋面的溢流设施依赖性较强。

（2）设计。屋面雨水收集系统通常由屋面集水沟、雨水斗、管道系统及附属构筑物等组成。

①屋面集水沟。屋面集水沟是经济可靠的屋面集雨形式，具有可减少甚至不设室内雨水悬吊管的优点。屋面集水沟包括天沟、边沟和檐沟等，应优先选择天沟集水。

集水沟水力计算的主要目的是计算集水沟的泄流能力，确定集水沟的尺寸和坡度。

集水沟沟底可水平设置或具有坡度。坡度小于0.003时，其排水量应不受雨水出口的限制。在北方寒冷地区，为防止冻胀破坏沟的防水层，天沟和边沟不宜做平坡。

集水沟的排水量应按式（3-11）、式（3-12）计算。

$$Q=Av \qquad (3-11)$$

$$v=\frac{1}{n}R^{\frac{2}{3}}I^{\frac{1}{2}} \qquad (3-12)$$

式中：Q——设计流量（m^3/s）。

A——水流有效断面面积（m^2）。

v——流速（m/s）。

R——水力半径（m）。

I——水力坡度。

n——粗糙系数，可按表3-6取值。

表3-6　屋面集水沟粗糙系数

类型	水泥砂浆抹面集水沟	浆砌砖集水沟	浆砌块石集水沟	干砌块石集水沟	土明渠（包括带草皮）
粗糙系数	0.013~0.014	0.015	0.017	0.020~0.025	0.025~0.030

为避免雨水所携带的泥沙等无机物质在沟内沉淀下来，集水沟内的最小设计流速为0.4m/s。为防止沟壁受到冲刷而损坏，影响及时排水，集水沟内水流深度为0.4~1.0m时，最大设计流速宜按表3-7采用。

表3-7　屋面集水沟最大设计流速

类型	最大设计流速（m/s）	类型	最大设计流速（m/s）
粗砂或低塑性粉质黏土	0.80	草皮护面	1.60
粉质黏土	1.00	干砌块石	2.00
黏土	1.20	浆砌块石或浆砌砖	3.00
石灰岩及中砂岩	4.00	混凝土	4.00

注：当水流深度A在0.4~1.0m范围以外时，表中流速应乘以下列系数；

h<0.4m，系数0.85；h>1.0m，系数1.25；h≥2.0m，系数1.40。

当沟底平坡或坡度不大于0.003时，集水沟的排水量可按式（3-11）和式（3-12）计算。水平短沟的排水量计算见式（3-13）。

$$q_{dg} = K_{dg} K_{df} A_Z^{1.25} S_x X_x \qquad (3\text{–}13)$$

式中：q_{dg}——水平短沟的设计排水量（L/s）。

K_{dg}——安全系数，取0.9。

K_{df}——断面系数，半圆形或相似形状的檐沟取2.78×10^{-5}，矩形、梯形或相似形状的檐沟取3.48×10^{-5}，矩形、梯形或相似形状的天沟和边沟取3.89×10^{-5}。

A_Z——沟的有效断面面积（mm^2），在屋面天沟或边沟中有阻挡物时，有效断面面积应按沟的断面面积减去阻挡物断面面积进行计算。

S_x——深度系数，半圆形或相似形状的短檐沟$S_x=1.0$。

X_x——形状系数，半圆形或相似形状的短檐沟$X_x=1.0$。

水平长沟的排水量计算见式（3–14）。

$$q_{cg} = q_{dg} L_x \qquad (3\text{–}14)$$

式中：q_{cg}——水平长沟的设计排水量（L/s）。

L_x——长沟容量系数，见表3–8。

表3–8　平底或有坡度坡向出水口的长沟容量系数

L/h_d	容量系数				
	平底0~0.3%	坡度0.4%	坡度0.6%	坡度0.8%	坡度1%
50	1.00	1.00	1.00	1.00	1.00
75	0.97	1.02	1.04	1.07	1.09
100	0.93	1.03	1.08	1.13	1.18
125	0.90	1.05	1.12	1.20	1.27
150	0.86	1.07	1.17	1.27	1.37
175	0.83	1.08	1.21	1.33	1.46
200	0.80	1.10	1.25	1.40	1.55
225	0.78	1.10	1.25	1.40	1.55
250	0.77	1.10	1.25	1.40	1.55
275	0.75	1.10	1.25	1.40	1.55
300	0.73	1.10	1.25	1.40	1.55

L/h_d	容量系数				
	平底0~0.3%	坡度0.4%	坡度0.6%	坡度0.8%	坡度1%
325	0.72	1.10	1.25	1.40	1.55
350	0.70	1.10	1.25	1.40	1.55
375	0.68	1.10	1.25	1.40	1.55
400	0.67	1.10	1.25	1.40	1.55
425	0.65	1.10	1.25	1.40	1.55
450	0.63	1.10	1.25	1.40	1.55
475	0.62	1.10	1.25	1.40	1.55
500	0.60	1.10	1.25	1.40	1.55

注：L——排水长度（mm）；h_d设计水深（mm）。

当集水沟有大于10°的转角时，按式（3-11）和式（3-12）计算的排水能力应乘以折减系数0.85。雨水斗应避免布置在集水沟的转折处。天沟和边沟的坡度不大于0.003时，应按平沟设计。

集水沟的设计深度应包括设计水深和保护高度。天沟和边沟的最小保护高度不得小于表3-9中的尺寸。

表3-9　天沟和边沟的最小保护高度

含保护高度在内的沟深/h_z（mm）	最小保护高度（mm）
<85	25
85~250	0.3^{h_z}
>250	75

为保证事故时排水和超量雨水的排除，天沟和边沟应设置溢流设施。虹吸式屋面雨水收集系统的溢流能力和虹吸系统的排水能力之和应不小于50年重现期的降雨径流量。

溢流按薄壁堰计算，见式（3-15）。

$$q_e = \frac{L_e \cdot h_e^{\frac{3}{2}}}{2400}$$ （3-15）

式中：q_e——溢流堰流量（L/s）。

L_e——溢流堰锐缘堰宽度（m）。

h_e——溢流堰高度（m）。

当女儿墙上设溢流口时，溢水按宽顶堰计算，见式（3-16）。

$$B_e = \frac{g_e}{M \cdot \frac{2}{3} \cdot \sqrt{2g} \cdot h_e^{\frac{3}{2}} \cdot 1000}$$ （3-16）

式中：B_e——溢流堰宽度（m）。

g_e——溢流水量（L/s）。

M——收缩系数，取0.6。

为增加泄流量，屋面集水沟断面形式多采用水力半径大、湿周小的宽而浅的矩形或梯形，具体尺寸应由计算确定。

集水沟断面尺寸的计算步骤如下：

第一，布置雨水排水口，并确定分水线，计算每条集水沟的汇水面积。

第二，计算5min的暴雨强度，见本节相关内容。

第三，计算每条集水沟应承担的雨水设计径流量，见本节相关内容。

第四，初步确定集水沟的断面尺寸、坡度，并计算集水沟的设计排水量。

第五，比较设计排水量和雨水设计径流量。若设计排水量不小于设计径流量，则初步确定的集水沟断面尺寸符合要求；反之，则修改集水沟的断面尺寸或增加雨水排水口数量，进行重新计算。

屋面做法包括普通式和倒置式。普通屋面的面层以往多采用沥青或沥青油毡，这类防水材料暴露于最上层，风吹日晒加速其老化，污染雨水。测试表明，这类屋面初期径流雨水中的COD_{Cr}浓度可高达上千。倒置式屋面就是"将憎水性保温材料设置在防水层的上面"，与普通屋面相比，因防水层受到保护，避免了热应力、紫外线以及其他因素对防水层的破坏，故防水材料对雨水水质的影响较小。

为避免雨水水质恶化，降低雨水入渗和净化处理的难度或造价，屋面表面应采用对雨水无污染或污染较小的材料，不宜采用沥青或沥青油毡，有条件时可采用种植屋面。

②雨水斗

A.作用。雨水斗是一种雨水由屋面集水系统进入管道系统的入口装置，设在集水沟或屋面的最低处。其主要作用包括：对进入管道的雨水进行整流，避免水流因形成过大漩涡而增加屋面水深；拦截固体杂物；满足一定水深条件下的排水流量。

为阻挡固体物进入系统，雨水斗应配有格栅（滤网）；为削弱进水漩涡，雨水斗入水口的上方应设置盲板。屋面雨水管道系统的进水口应设置符合国家或行业现行相关标准的雨水斗。

B.分类。雨水斗有重力式、半有压式和虹吸式三种。半有压式包括65型、79型和87型，目前在实际工程中应用最为普遍。

C.布置与敷设。不同设计排水流态、排水特征的屋面雨水系统应选用相应的雨水斗。

布置雨水斗时，应以伸缩缝或沉降缝作为天沟排水分水线，否则应在该缝两侧各设一个雨水斗，且该两个雨水斗连接在同一根悬吊管上时，悬吊管应装伸缩接头，并保证密封。多斗雨水系统的雨水斗宜对立管做对称布置，且不得在立管顶端设置雨水斗。寒冷地区，雨水斗宜布置在受室内温度影响的屋面及雨雪易融化范围的天沟内。

在半有压式雨水系统中，同一悬吊管连接的雨水斗应在同一高度上，且不宜超过4个；一个立管所承接的多个雨水斗，其安装高度宜在同一标高层；当雨水立管的设计流量小于最大排水能力时，可将不同高度的雨水斗接入同一立管，但最低雨水斗应在立管底端与最高斗高度的2/3以上；多个立管汇集到一个横管时，所有雨水斗中最低斗的高度应大于横管与最高斗高差的2/3以上。此外，为在拦截屋面固体杂物的同时，保证雨水斗有足够的通水能力，并控制其进水孔的堵塞概率，雨水斗格栅进水孔的有效面积应等于连接管横断面积的2~2.5倍。

虹吸式雨水系统的雨水斗应水平安装，每个汇水区域的雨水斗数量不宜少于两个，两个雨水斗之间的间距不宜大于20m；不同高度、不同结构形式的屋面宜设置独立的雨水收集系统。

③管道系统布置与敷设。管道系统包括连接管、悬吊管、立管、排出管、埋

地干管等。

屋面雨水管道系统应独立设置，严禁与建筑物、废水排水管连接，阳台雨水不应接入屋面雨水立管。

雨水管道应采用钢管、不锈钢管、承压塑料管等，其管材和接口的工作压力应大于建筑高度产生的静水压，且应能承受0.09MPa负压。为便于清通，雨水立管的底部应设检查口，严禁在室内设置敞开式检查口或检查井。寒冷地区，雨水立管宜布置在室内。

对于半有压系统，雨水悬吊管长度大于15m时应设置检查口或带法兰盘的三通管，并便于维修操作，其间距不宜大于20m；为满足管道泄空要求，多斗悬吊管和横干管的敷设坡度不宜小于0.005；屋面无溢流设施时，雨水立管不应少于两根。

对于虹吸式系统，悬吊管可无坡度敷设，但不得倒坡敷设；不宜将雨水管放置在结构柱内。

④附属构筑物。附属构筑物主要有清通排气设施和弃流设施。

清通排气设施包括检查井、检查口和排气井，主要用于埋地雨水管道的检修、清扫和排气。埋地雨水管上检查口或检查井的间距宜为25~40m。屋面雨水收集系统和雨水储存设施之间的室外输水管道可按雨水储存设施的降雨重现期设计，若设计重现期比上游管道的小，应在连接点设检查井或溢流设施。

初期径流雨水污染物浓度高。为减小净化工艺的负荷，除种植屋面外，雨水收集系统应设置弃流设施。

2.硬化地面雨水收集系统

地面雨水收集主要是收集硬化地面的雨水和屋面排到地面的雨水。通常情况下，排向下凹绿地、浅沟洼地等地面雨水渗透设施和地上调蓄池的雨水，通过地面组织径流或明沟收集输送；排向渗沟管渠、浅沟渗渠组合入渗等地下渗透设施和地下调蓄池的雨水，通过雨水口收集、埋地管道输送。

雨水口的布置应根据地形及汇水面积确定，宜设在汇水面的低洼处，并宜采用具有拦污截污功能的成品雨水口。为便于收集地面径流，建筑小区雨水口的顶面标高宜低于地面10~20mm，最大间距不宜超过40m。为提高弃流效率，设有集中式弃流装置的雨水收集系统，各雨水口至弃流装置的管道长度宜相近。

硬化地面雨水收集系统的设计雨水量应按式（3-2）计算，管道水力计算和设计应符合现行国家标准《室外排水设计规范》（GB50014-2006）的相关规定。

3.绿地雨水收集系统

绿地既是一种汇水面，又是一种雨水的收集和截污措施，甚至还是一种雨水的利用单元。利用庭院绿地对雨水进行收集和渗透利用，此时它还起到一种预处理的作用。但作为雨水汇集面，其径流系数很小，在水量平衡计算时需要注意，既要考虑可能利用绿地的截污和渗透功能，又要考虑通过绿地径流量会明显减少，可能收集不到足够的雨水量。应通过综合分析与设最大限度地发挥绿地的作用，达到最佳效果。如果需要收集回用，一般可以采用浅沟、雨水管渠等方式对绿地径流进行收集。

4.弃流装置

弃流装置包括成品和非成品两类。

成品弃流装置根据安装方式不同，分为管道安装式、屋顶安装式和埋地式；根据控制方式不同，可分为自控式和非自控式。其中，管道安装式有累计雨量控制式、流量控制式；屋顶安装式有雨量计式；埋地式有弃流井、渗透弃流装置等。

屋面雨水系统适宜采用分散安装在立管或出户管上的小型弃流装置。为便于清理维护，屋面雨水系统的弃流装置宜设于室外；当不具备条件、必须设在室内时，应采用密闭装置以防止因发生堵塞而向室内灌水。虹吸式屋面雨水收集系统宜采用自动控制弃流装置，其他屋面雨水收集系统宜采用渗透弃流装置。

地面雨水收集系统的弃流设施可集中设置，也可分散设置。地面雨水收集系统宜采用渗透弃流井或弃流池。

初期径流弃流量应按下垫面实测收集雨水的COD_{Cr}、SS、色度等污染物浓度确定。当无资料时，屋面弃流可采用2~3mm径流厚度，地面弃流可采用3~5mm径流厚度。

截流的初期弃流可排入雨水排水管道或污水管道。当条件允许时，也可就地排入绿地。雨水弃流排入污水管道时应确保污水不倒灌回弃流装置内。初期雨水弃流成品装置及其设置应便于清洗和运行管理，弃流雨水的截流和排放宜自动控制。

初期径流弃流池截流的初期径流宜通过自流排除；当弃流雨水采用水泵排水

时，池内应设置将初期雨水与后期雨水隔离开的雨水分隔装置；池底应有不小于0.1的坡度；雨水进水口应设置格栅；应设有水位监测的措施。

渗透弃流井的安装位置距建筑物基础不宜小于3m，其井体和填料层有效容积之和不宜小于初期径流弃流量，渗透排空时间不宜超过24h。

（二）雨水渗透系统布置与敷设

雨水渗透设施宜优先采用绿地、透水铺装地面、渗透管沟、入渗井等入渗方式；渗透设施应保证其周围建筑物及构筑物的正常使用，不应对居民的生活造成不便；地面入渗场地上的植物配置应与入渗系统相协调。

非自重湿陷性黄土场所，渗透设施必须设置于建筑物防护距离以外，并不应影响小区道路路基。地下建筑顶面与覆土之间设有渗排设施时，地下建筑顶面覆土可作为渗透层。除地面渗透外，雨水渗透设施距建筑物基础边缘不应小于3m，并对其他构筑物、管道基础不产生影响。

雨水入渗系统宜设置溢流设施。小区内路面宜高于路边绿地50~100mm，并应确保雨水顺畅流入绿地。

1.绿地接纳客地雨水时，应满足下列要求：

（1）绿地就近接纳雨水径流，也可通过管渠输送至绿地。

（2）绿地应低于周边地面，并有保证雨水进入绿地的措施。

（3）绿地植物品种应能耐受雨水浸泡。

2.透水铺装地面应符合下列要求：

（1）透水地面应设透水面层、找平层和透水垫层。透水面层可采用透水混凝土、透水面砖、草坪砖等；透水垫层可采用无砂混凝土、砾石、砂、砂砾料或其组合。

（2）透水地面面层的渗透系数均应大于1×10^{-4}m/s，找平层和垫层的渗透系数必须大于透水面层。透水地面的设计标准不宜低于重现期为2年的60min降雨量。

（3）面层厚度不少于60mm，孔隙率不小于20%；找平层厚度宜为30mm；透水垫层厚度不小于150mm，孔隙率不小于30%。

（4）草坪砖地面的整体渗透系数应大于1×10^{-4}m/s。

（5）应满足相应的承载力、抗冻要求。

3.浅沟入渗的积水深度不宜超过300mm，积水区的进水应沿沟长多点均匀分散进入，并宜采用明沟布水。沟较长且具有坡度时应将沟分段。

4.浅沟渗渠组合入渗设施应符合下列要求：

（1）沟底的土层厚度不小于100mm，渗透系数不小于1×10^{-5}m/s。

（2）渗渠中的砂层厚度不小于100mm，渗透系数不小于1×10^{-4}m/s。

（3）渗渠中的砾石层厚度不小于100mm。

（4）设置溢流措施。

5.渗透管沟的设置应符合下列要求：

（1）渗透管宜采用穿孔塑料管、无砂混凝土管或渗水片材等透水材料。塑料管的开孔率应大于15%，无砂混凝土管的孔隙率应大于20%。渗透管的管径不应小于150mm，敷设坡度可采用0.01~0.02。

（2）渗透层宜采用砂砾石，外层应采用土工布包覆。

（3）渗透检查井的间距不应大于渗透管管径的150倍。渗透检查井的出水管标高可高于入水管内底标高，但不应高于上游相邻井的出水管口标高。渗透检查井应设沉砂室。

（4）渗透管沟设在行车路面下时覆土深度应不小于0.7m。

（5）地面雨水进入管沟前应设渗透检查井。

6.渗透—排放一体设施的设置应符合下列要求：

（1）管道整体敷设坡度不应小于0.003，井间管道坡度可采用0.01~0.02。

（2）渗透管的管径应满足溢流流量要求，且不小于200mm。

（3）检查井出水管口的标高应能确保上游管沟的有效蓄水。当设置有困难时，则无效管沟容积不计入储水容积。

7.入渗洼地和入渗池塘应符合下列要求：

（1）入渗洼地边坡坡度不宜大于0.33，表面宽度和深度的比例应大于6：1。

（2）入渗洼地的植物应在接纳径流之前成型，并且所种植物应既能抗涝又能抗旱，适应洼地内水位变化。

（3）应设溢流设施。

（4）应设有确保人身安全的措施。

8.入渗池应符合下列要求：

（1）入渗池可采用钢筋混凝土、塑料等材质。土壤渗透系数应大于5×10^{-6}m/s。

（2）塑料入渗池强度应满足相应地面承载力的要求，应设沉砂设施，方便清洗和维护管理。

（3）应设检查口，检查口采用双层井盖。

土工布宜选用无纺土工织物，单位面积质量宜为50~300g/cm²，渗透性能应大于所包覆渗透设施的最大渗水要求，应满足保土性、透水性和防堵性的要求。

（三）雨水回用系统

雨水收集回用系统应优先收集屋面雨水，不宜收集机动车道路等污染严重的下垫面的雨水。

1.储存设施

雨水收集回用系统应设置雨水储存设施，其有效容积应根据逐日降雨量和逐日用水量经模拟计算确定。资料不足时，也可根据式（3-17）进行计算。

$$V_c \geq W_d - W_i \tag{3-17}$$

式中：V_c——回用系统储存设施的储存容积（m³）。

W_d——集水面重现期1~2年的日雨水设计径流总量（m³）。

W_i——集水面设计初期径流弃流量（m³）。

当雨水回用系统设有清水池时，其有效容积应根据产水曲线、供水曲线确定，并应满足消毒的接触时间要求。在缺乏上述资料的情况下，可按雨水回用系统最高日设计用水量的25%~35%计算。当用中水清水池接纳处理后的雨水时，中水清水池应有容纳雨水的容积。

雨水储水池、储水罐宜设置在室外地下。为防止人员落入水中，室外地下蓄水池（罐）的人孔或检查口应设置双层井盖。

雨水储存设施应设有溢流排水措施，并宜采用重力溢流。室内蓄水池的重力溢流排水能力应大于进水设计流量。

当蓄水池和弃流池设在室内且溢流口低于室外地面时，应符合下列要求：

（1）当设置自动提升设备排除溢流雨水时，溢流提升设备的排水标准应按50年降雨重现期5min降雨强度设计，并不得小于集雨屋面设计重现期降雨强度。

（2）当不设溢流提升设备时，应采取防止雨水进入室内的措施。

（3）雨水蓄水池应设溢流水位报警装置。

（4）雨水收集管道上应设置能以重力流排放到室外的超越管，超越转换阀门宜能实现自动控制。

蓄水池宜采用耐腐蚀、易清洁的环保材料，可采用塑料、混凝土水池表面涂装涂料、钢板水箱表面涂装防腐涂料等多种形式。蓄水池兼作沉淀池时，应注意解决好水流短路、沉积物扰动、布水均匀以及底部排泥等问题。蓄水池上的溢流管和通气管应设防虫措施。

水面景观水体也可作为雨水储存设施。

2.水质净化

雨水处理技术由于雨水的水量和水质变化较大、用途的不同所要求的水质标准和水量也不同，所以雨水处理的工艺流程和规模，应根据收集回用的方向和水质要求以及可收集的雨水量和雨水水质特点，来确定处理工艺和规模，最后经技术经济比较后确定。

雨水的可生化性较差，且具有季节性特征，因此应尽可能简化处理工艺。雨水水质净化可采用物理法、化学法或多种工艺组合等。

根据原水水质不同，屋面雨水的水质处理可选择下列工艺流程：

（1）屋面雨水→初期径流弃流→景观水体。

（2）屋面雨水→初期径流弃流→雨水蓄水池沉淀→消毒→雨水清水池。

（3）屋面雨水→初期径流弃流→雨水蓄水池沉淀→过滤→消毒→雨水清水池。

用户对水质有较高的要求时，应增加混凝、沉淀、过滤后加活性炭过滤或膜过滤等深度处理措施。

回用雨水应消毒。若采用氯消毒，当雨水处理规模不大于100m³/d时，可采用氯片作为消毒剂；当雨水处理规模大于100m³/d时，可采用次氯酸钠或者其他氯消毒剂消毒。

雨水处理设施产生的污泥也应进行处理。

3.供水系统

雨水供水管道应与生活饮用水管道分开设置；当供应不同水质要求的用水时，是否单独处理经技术经济比较后确定。

为满足系统用水要求，雨水供水系统在净化雨水供量不足时应能够进行自动补水，补水的水质应满足雨水供水系统的水质要求。当采用生活饮用水补水时，应采取防止生活饮用水被污染的措施：清水池（箱）内的自来水补水管出水口应高于清水池（箱）内溢流水位，其间距不得小于2.5倍补水管管径，严禁采用淹没式浮球阀补水；向蓄水池（箱）补水时，补水管口应设在池外。

为保证用水安全，防止误接、误用、误饮，雨水供水管道上不得装设取水龙头，水池（箱）、阀门、水表、给水栓及管外壁等均应有明显的雨水标识。

供水系统管材可采用塑料和金属复合管、塑料给水管或其他给水管材，但不得采用非镀锌钢管。供水管道和补水管道上应设水表计量。

供水系统的供水方式、水泵的选择、管道的水力计算等应根据现行国家标准《建筑给水排水设计规范》（GB50015-2019）中的相关规定进行。

（四）调蓄排放系统

雨水调蓄是雨水调节和雨水储存的总称。传统意义上雨水调节的主要目的是削减洪峰流量。雨水储存的主要目的是为了满足雨水利用的要求而设置的雨水暂存空间，待雨停后将其中的雨水加以净化，慢慢使用。雨水储存兼有调节的作用。当雨水储存池中仍有雨水未排出或使用，则下一场雨的调节容积仅为最大储存容积和未排空水体积的差值。

在雨水利用中，调节和储存往往密不可分，两个功能兼而有之，有时还兼沉淀池之用；一些天然水体或合理设计的人造水体还具有良好的净化和生态功能。为了充分体现可持续发展的战略思想，有条件时可根据地形、地貌等，结合停车场、运动场、公园、绿地等，建设集雨水调蓄、防洪、城镇景观、休闲娱乐等于一体的多功能调蓄池。

根据雨水调节储存池与雨水管系的关系，雨水调节储存有在线式和离线式之分。常见雨水调蓄的方式、特点和适用条件见表3-10。

表3-10 雨水调蓄的方式、特点及适用条件

雨水调蓄的方式			特点	常见做法	适用条件
调节储存池	按建造位置分	地下封闭式	节省占地；雨水管渠易接入；但有时溢流困难	钢筋混凝土、砖砌、玻璃钢水池等	多用于小区或建筑群雨水利用
		地上封闭式	雨水管渠易接入，管理方便，但需占地面空间	玻璃钢、金属、塑料水箱等	多用于单体建筑雨水利用
		地上开敞式	充分利用自然条件，可与景观、净化相结合，生态效果好	天然低洼地、池塘、湿地、河湖等	多用于开阔区域
	按调节储存池与雨水管系的关系分	在线式	管道布置简单，自净能力差，池中水与后来水发生混合	可以做成地下式、地上式或地表式	根据现场条件和管道负荷大小等经过技术经济比较后确定
		离线式	管道水头损失小		
雨水管道调节			简单实用，但储存空间一般较小	在雨水管道上游或下游设置溢流口，保证上游排水安全；在下游管道上设置流量控制闸阀	多用在管道储存空间较大时
多功能调蓄（灵活多样，一般为地表式）			可以实现多种功能，如削减洪峰、减少水涝、调蓄利用雨水资源	主要利用地形、地貌等条件，常与公园、绿地、运动场等一起设计和建造	城乡接合部、卫星城镇、新开发区、生态住宅区或保护区、公园、城镇绿化带、城镇低洼地等

雨水管渠沿线附近的天然洼地、池塘、景观水体等，均可作为雨水径流高峰流量调蓄设施。天然条件不具备时，可建造室外调蓄池。调蓄设施宜布置在汇水面下游，调蓄池可采用溢流堰式和底部流槽式。

1.调蓄池容积

调蓄池容积宜根据设计降雨过程变化曲线和设计出水流量变化曲线经模拟计算确定，资料不足时可采用式（3-18）计算。

$$V = \max\left[\frac{60}{100}(Q - Q')t_m\right] \quad\quad (3-18)$$

式中：V——调蓄池容积（m^3）。

t_m——调蓄池蓄水历时（min），不大于120min。

Q——雨水设计流量（17s），按式（3-10）计算。

Q'——设计排水流量（L/s），按式（3-19）计算。

$$Q' = \frac{1000W}{t'} \quad\quad (3-19)$$

式中：W——雨水设计径流总量（m^3）。

t'——排空时间（s），宜按6~12h计。

调蓄池出水管管径应根据设计排水流量确定，也可根据调蓄池容积进行估算，见表3-11。

表3-11 调蓄池出水管管径估算表

调蓄池容积（m^3）	500~1000	1000~2000
出水管管径（mm）	200~250	200~300

2.雨水调蓄设施的泥区容积、超高与溢流

除具有高防洪能力的多功能调蓄外，雨水调蓄一般均应设计溢流设施。以雨水直接利用为主要目的的雨水调节储存池，除了按以上方法计算有效调蓄容积外，还应考虑池的超高。

（1）雨水调蓄设施的泥区容积。通常在调节储存池底部设有淤泥存放的区域（泥区）。泥区容积的大小应根据所收集雨水的水质和排泥周期来确定。对封闭式调节储存池，可以参照污水沉淀池设置专用泥斗以节省空间；对开敞式调节储存池，排泥周期相对较长，泥区深度可按200~300mm来考虑。

（2）雨水调蓄设施的超高。雨水调节储存池一般应考虑超高，封闭式不小于0.3m，开敞式不小于0.5m。当调节储存池设置在地下，有人孔或检查井与其相连时，可以将溢流管设在池顶板以上的人工或检查井侧壁上，此时调节储存池的实际调蓄容积将会加大，可以利用该部分作为削峰调节容积。当无结构、电气、设备等要求时也可不设超高。开敞式调蓄和多功能调蓄也可不受此限制，根据周边地形、景观等灵活掌握。

（3）雨水调蓄设施的溢流。为了保证系统的安全性，雨水调节储存池一般都设有溢流管（渠），在水池积满水时启用，以免造成溢流，特别是采用地下封闭式调节储存池或调节储存池与建筑物合建时更应仔细设计，确保安全溢流。调节储存池的溢流可以在池前溢流，也可在池后溢流。根据溢流口和接入下游点的高程关系，溢流可以是重力直接溢流，也可以是通过水泵提升溢流，排至下游管（渠）或河道等水体。重力溢流运行简单，安全可靠，基建投资和运行成本均较低，应优先考虑使用。重力溢流时溢流管高度在有效储存容积的上方。如果高程不允许重力溢流，则应采用自动检控阀门控制方式来实现及时自动溢流。但一般为了安全起见，应配有手动切换控制功能，以备发生机械故障时使用。

四、城镇雨水利用管理

（一）城镇雨水利用管理的内容

城镇雨水利用的管理包括城镇职能部门管理和城镇雨水利用项目管理等多层面的管理。为了更好地推动雨水利用工程的规范化建设，符合城镇水资源可持续发展规划，应建立统一协调的管理组织体系。城镇规划部门、节水部门、水利部门、市政部门等相关单位对雨水利用项目的职责应明确，对雨水利用发展规划、雨水项目的监督、论证、方案审查、设计审批、施工监督和使用管理等方面均应有分工和监督机制。

城镇雨水利用项目层面上的雨水利用管理包括方案评价、设计规定、施工及验收管理、运行维护、雨水管理等多方面的内容。

（二）城镇雨水利用项目的建设管理原则

城镇雨水利用在我国是一项新事物，刚刚起步，有些方法尚在探索之中。因此，对建设与管理必须坚持因地制宜、自力更生的原则，在政府的积极引导和支持下，按照当地的有关规定进行。首先应遵循下列基本原则：

（1）雨水利用工程设计以城镇总体规划为主要依据，从全局出发，正确处理雨水直接利用与雨水渗透补充地下水、雨水安全排放的关系，正确处理雨水资源的利用与雨水径流污染控制的关系，正确处理雨水利用与污水再生水回用、地下自备井水与市政管道自来水之间的关系，以及集中与分散、新建与扩建、近期与远期的关系。

（2）雨水利用工程应做好充分的调查和论证工作，明确雨水的水质、用水对象及其水质和水量要求。应确保雨水利用工程水质水量安全可靠，防止产生新的污染。

（3）我国城镇雨水利用工程是一项新的技术，目前正处在示范和发展阶段，相应的标准、规范还未健全，应注意引进新技术，鼓励技术创新，不断总结和推广先进经验，使这项技术不断完善和发展。

（4）建设单位在编制建设工程可行性研究报告时，应对建设工程的雨水利用进行专题研究，并在报告书中设专节说明。雨水利用工程应与主体建设工程同时设计、同时施工、同时投入使用，其建设费用可纳入基本建设投资预、决算。

（5）施工单位必须按照经有关部门审查的施工设计图建设雨水利用工程。擅自更改设计的，建设单位不得组织竣工验收，并由职能部门负责监督执行。未经验收或验收不合格的雨水利用工程，不得投入使用。

（6）建设单位要加强对已建雨水利用工程的管理，确保雨水利用工程正常运行。

（三）城镇雨水利用项目的运行维护和用水管理

1.运行维护一般要求

（1）应定期对工程运行状态进行观察，发现异常情况及时处理。

（2）在雨水利用各工艺过程（如调节沉淀池、截污挂篮等）中，会产生沉淀物和拦截的漂浮物，应及时进行清理。雨水调节沉淀池和清水池应及时清淤。

（3）人工控制滤池运行时，应注意观察清水池蓄水量，蓄水位达到设定水位时应及时停止运行。对雨水滤池还应采取反冲洗等维护措施。

（4）对汇流管（沟）、溢流管（口）等应经常观察，进行疏掏，保持畅通。

（5）地下水池埋设深度不够防冻深度或开敞式水池应采取冬季防冻措施，防止冻害。

（6）地下清水池和调节池的人孔应加盖（门）锁牢。

（7）雨水利用设施必须按照操作规程和要求使用与维护，一般设专人管理。雨水利用设施运行管理大纲见表3-12。

表3-12　雨水利用设施管理的内容大纲

雨水集蓄利用系统	雨水渗透利用系统
（1）汇水面（屋面、路面）清洁管理。 （2）格栅、滤网、截污挂篮的清理、更换。 （3）初期弃流装置（池）的及时开启与清理。 （4）调蓄（沉淀）池的排泥清理。 （5）滤池的反冲洗，滤料更换，土壤滤池、湿地等植物的种植、修剪，土壤疏松管理。 （6）消毒设备的维护。 （7）泵、管道、闸门的维护。 （8）水景观的维护。 （9）其他。	（1）汇水面（屋面、路面）清洁管理。 （2）格栅、滤网、截污挂篮的清理、更换。 （3）初期弃流装置（池）的及时开启与清理。 （4）透水地面、绿地、浅沟等渗滤设施表面污物清理、表层介质的疏松，植被管理。 （5）透水路面、渗水管渠表面介质的高压水冲洗。 （6）渗滤层的疏松、更换（较长周期）。 （7）其他。

2.雨水分项工程维护与管理

（1）雨水调蓄设施的维护与管理

①雨水调蓄池兼作沉淀池时，应定期对调蓄池的淤泥进行清理。

②雨水调蓄池主要用于蓄洪时，在雨洪期间应随时观测池中水位。当降雨量超过蓄水能力时应及时释放水量，保证足够的调蓄容积。

③当雨水蓄水池兼作景观水池时，应采取循环、净化等相应的水质保障措施，并加强维护管理，如清除落叶、修剪水生植物、清洗池底等。

（2）渗透设施的维护与管理

初期雨水径流常带有一定量的悬浮颗粒和杂质。为减少渗透装置或土壤层可能发生的堵塞，应采取相应的措施加强管理，主要包括：

①应通过预处理措施尽量去除径流中易堵塞的杂质。

②对渗透装置定期清理。例如，沥青多孔地面经吸尘器抽吸（每年2~3次）或高压水冲洗后，其孔隙率基本能完全恢复。对渗井底部的淤泥每年或每几年进行检查和清理有助于渗透顺利进行。

（3）土壤滤池的维护与管理

土壤渗滤处理系统同样需要认真地维护管理，保证系统的效果和长期的稳定性。

①土壤渗滤的连续运行最长时间一般不超过24h，再生恢复时间1~2d，也可以运行和恢复同时进行，具体可根据当地降雨频率程度、雨水的利用计划和选择

的植物特性等灵活调整。

②土壤渗滤处理系统长期灌水运行，表层土壤会板结或堵塞，导致系统的渗滤性能降低。因此，运行一段时间后，需对滤床表面土壤进行松动；也可以刮去表皮，在自然条件下风干、晒晾。

③如果滤池需要在冬季运行，系统的管道、泵、阀门等部件需要采取保温措施。由于人工土层快滤系统规模不大，冬季保温也可采用塑料大棚保温措施。

如果采取了沉淀等预处理措施，还应对预处理设施进行维护。例如，沉淀池的排泥。运行一段时间（如一个雨季）后应检查池底部的积泥，采用泥浆泵排泥或人工排泥。

④土壤渗滤系统应注意植物的修剪与管理；土壤滤池在运行工程中还应进行监测，主要内容包括：进水及渗滤出水。为了检查系统的运行效果，应定期对原水、预处理系统出水、渗滤出水进行水质监测。监测项目有COD、SS、TN、TP、pH、NH3-N、N03-N、油类、阴离子洗涤剂、酚、重金属、色度和细菌指标等。根据具体项目的水质情况和用水目的取舍，或抽样测定，减少测定工作量。

A.土壤。根据需要，土壤的监测用来评估土壤滤池的处理能力和处理效果的变化。例如：土壤的pH值低于6.5时，土壤滞留重金属元素的能力大大降低，这可能会对渗滤出水产生一定的影响。

B.地下水。如果采用土壤滤池出水回灌地下，还应定期对地下水水质进行监测。

（4）植被浅沟与缓冲带的维护与管理

在浅沟和缓冲带中，植物吸收和土壤渗滤是污染物去除的两个重要过程。应采取以下措施重点保证二者能正常完成。

①防止植物遭受破坏。浅沟和缓冲带中的沉积物过多，会使植物窒息，使土壤渗滤能力减弱。油类和脂肪也会导致植物死亡。在短时间内流入大量的这些污染物会对植物的净化作用产生影响，所以应严格控制径流中的油类和脂肪。对于沉积物等应及时进行清理，清除后要恢复原设计的坡度和高度，特别是沉积物清除后会打乱植物原有的生长状态，严重时需要修补或局部补种植被。

②保持入流均匀分散。要保持对径流的处理效率，让水流均匀分散地进入和通过浅沟与缓冲带非常关键。集中流比分散流流速更快，会使得径流的污染物在

没有被去除的情况下通过浅沟或缓冲带，尤其在茂盛的植物尚未长成之前，浅沟或缓冲带更易受径流的冲蚀。所以，应尽量保持入流均匀分散。

③植物的收割与维护。生长较密的植被会使浅沟和缓冲带对径流雨水的处理功能增强，但同时要防止植物过量生长使过水断面减小，故需要适时对植被进行收割。但收割必须操作规范，把草收割太短会破坏草类，增加径流流速，从而降低污染物去除效率。如果草长到太高，在暴雨中就会被冲倒，同样也会降低处理效率。收割时注意避免在浅沟中或缓冲带中形成沟槽而产生集中流量。

④设置滤网并及时清理。在浅沟的入湖口（或其他储存设施入口），可以设置简易的滤网，拦截树叶、杂草等较大的垃圾，并及时清理滤网附近被拦截的杂物。

（5）雨水塘的维护与管理。雨水塘的维护包括许多方面，最重要的是景观维护及功能维护，这两项同等重要且相互关联。功能维护在性能及安全上是重要的，而景观维护则对雨水利用设施能否得到居民的接受非常重要，而且因为居民的接受和爱护会减少功能维护的工作。这两方面的维护需要结合，形成雨水系统维护管理方案。

景观维护首先使人们对塘的视觉感受愉快，有良好的观瞻性；其次是使其具有良好的生态功能，并与周围景观很好地结合。

主要维护与管理包括下列内容：草的修建和控制，沉淀物去除和处置，机械设施维护，防止结垢维护，防治蚊虫滋生，等等。

（6）生物岛的维护与管理。生物岛的维护与管理主要包括：植物的种植、养护和收割；保持植物的美观和净化能力；生物岛结构或支架的维护；等等。

3.城镇雨水利用工程水质监测与用水管理要点

（1）水质监测。根据雨水利用的不同要求其水质监测指标也不尽相同，雨水利用工程在运行过程中应对进出水进行监测，有条件时可以实施在线监测和自动控制措施。

每次监测的水质指标应存档备查。

（2）安全使用。雨水处理后往往仅用于杂用水，其供配水系统应单独建造。为了防止出现误用和与饮用水混浊，应在该系统上安置特殊控制阀和相应的警示标志。

应尽量保持集水面及其四周清洁。避免采用污染材料做汇水面，不得在雨水汇集面上堆放污物或进行可能造成水污染的活动。

（3）用水管理。雨水利用工程应提倡节约用水、科学用水。在雨量丰沛时尽量优先多利用雨水，节约饮用水；在降雨较少年份，应优先保证生活等急需用水，调整和减少其他用水量。

雨水集蓄量较多，本区使用有富裕时可以对社会实行有偿供水。

第四章

排水工程设计

第一节　排水系统的规划设计

排水工程是现代化城镇和工业企业不可缺少的重要设施，是城镇和工业企业基本建设的重要组成部分，同时是控制水污染、改善和保护水环境的重要措施。

排水工程的设计对象是需要新建、改建或扩建排水工程的城镇、工业企业和工业区，它的主要任务是规划设计收集、输送、处理和利用各种污水的工程设施和构筑物，即排水管道系统和污水处理厂的规划设计。城镇排水系统规划是通过一定时期内统筹安排、综合布置和实施管理城镇排水、污水处理等子系统及其各项要素，协调各子系统的关系，以促进水系统的良性循环和城市健康持续的发展。

排水专业规划是城市总体规划或控制规划的一个重要组成部分，属于法定规划的一部分。有时为了工作需要，有些城镇会针对某一问题、对象或片区编制专项规划。在国家经济和社会快速发展的阶段，排水规划中一些重要指标的选取既要慎重，也要看得高远一些。排水规划要结合城市实际情况，充分利用地形地貌和水系特点，与城市雨水资源的利用相结合，与城市径流污染控制相结合，与城市道路建设相结合及与城市污水排放控制相结合，增加排水高效性，降低工程投资，建设一种符合可持续发展、生态型的新型排水体系。

排水工程的规划与设计是在区域规划以及城镇和工业企业的总体规划（包括用地布局和竖向规划等）基础上进行的。因此，排水系统规划与设计的有关基础资料，应以区域规划以及城镇和工业企业的规划与设计方案为依据。排水系统的设计规模、设计期限，应根据区域规划及城市和工业企业规划方案的设计规模和设计期限而定。排水区界是指排水系统设置的边界，它取决于区域、城镇和工业企业的建设界限（有时称规划用地范围）。

一、排水规划设计原则

（1）应符合区域规划以及城镇和工业企业的总体规划，并应与城市和工业企业中其他单项工程建设密切配合，相互协调。例如，总体规划中设计规模、设计期限、建筑界限、功能分区布局等是排水规划设计的依据。又如，城镇和工业企业的道路规划、地下设施规划、竖向规划、人防工程规划等单项工程规划对排水设计规划都有影响，要从全局观点出发，合理解决，构成有机整体。

（2）应与邻近区域内的污水和污泥的处理和处置相协调。一个区域的污水系统，可能影响邻近区域，特别是影响下游区域的环境质量，故在确定规划区处理水平的处置方案时，必须在较大区域内综合考虑。

根据排水规划，有几个区域同时或几乎同时修建时应考虑合并起来处理和处置的可能性，即实现区域排水系统。因为它的经济效益可能更好。但施工期较长，实现较困难。

（3）应处理好污染源治理与集中处理的关系。城镇污水应以点源治理和集中处理相结合，以城市集中处理为主的原则加以实施。

工业废水符合排入城市下水道标准的应直接排入城镇污水排水系统，与城镇污水合并处理。个别工厂和车间排放的有毒、有害物质的应进行局部除害处理，达到排入下水道标准后排入城镇污水排水系统。生产废水达到排放水体标准的可就近排入水体或雨水道。

（4）应充分考虑城镇污水再生回用的方案。城镇污水再生回用于工业是缺水城镇解决水资源短缺和水环境污染的可行之路。

（5）应与给水工程和城镇防洪相协调。雨水排水工程应与防洪工程协调，以节省总投资。

（6）应全面规划，按近期设计，考虑远期发展扩建的可能。并应根据使用要求和技术经济合理性等因素，对近期工程做出分期建设的安排。排水工程的建设费用很大，分期建设可以更好地节省初期投资，并能更快地发挥工程建设的作用。分期建设应首先建设最急需的工程设施，使它能尽早地服务于最迫切需要的地区和建筑物。

（7）应充分利用城镇和工业企业原有的排水工程。在进行改建和扩建时，应从实际出发，在满足环境保护的要求下，充分利用和发挥其效能，有计划、有步骤地加以改造，使其逐步达到完善和合理化。

（8）排水受纳水体应有足够的容量和排泄能力，其环境容量应能保证水体的环境保护要求。

二、排水规划设计内容

我国排水规划的现行相关标准是《城市排水工程规划规范》（GB50318-2017）。排水规划的具体内容如下：

（一）规划编制基本情况说明

规划编制基本情况一般指规划编制依据、规划范围和时限。

规划编制依据应包括：城镇排水工程设计方面和城镇污水污染防治方面有关规范、规定和标准，及国家有关水污染防治、城市排水的技术政策；城镇总体规划、城镇道路、给水、环保、防洪、近期建设等方面的专项规划，以及流域水污染防治规划；城区排水现状资料及已通过可行性研究即将实施的排水工程单项设计资料。它们是编制城镇排水工程专项规划必不可少的技术条件。

城镇排水工程专项规划的规划范围和时限应与城镇总体规划一致和同步，通过对城镇排水工程专业规划的深化、优化和修正，更切实有效可行地为城镇总体规划的实施提供服务。

（二）规划区域概况

一般有：城镇概况，城镇排水现状，城镇总体规划概况，城镇道路、排水、环保、给水、防洪、近期建设等专项规划概况，以及流域水污染防治规划概况，等等。

城镇概况应包含城市的自然地理及历史文化特点，城镇的地形、水系、水文、气象、地质、灾害等情况，从而获得对城镇概况的全面了解。

对于城镇排水现状资料的收集和叙述应比城镇排水工程专业规划阶段更为详尽和细致，为规划管道与现状管道的衔接或现状管道及设施的充分利用提供可用、可信、可靠的基本数据，这往往是城镇排水工程专业规划中较为薄弱的地方。值得一提的是，现已通过可行性论证的、虽尚未兴建的各单项排水工程设计应纳入现状资料之中予以采用。

上述各类规划，特别是各专项规划资料是城镇排水工程专项规划与城镇排水工程专业规划的技术基础，它们将为城镇排水工程专项规划提供全面的技术支撑。例如，道路工程专项规划可提供道路工程专业规划中所没有的道路控制高程，环保专项规划将提供纳污水体环境容量参数、水污染排放控制总量指标及水污染综合整治体系规划，城镇防洪专项规划可提供区域防洪排涝技术标准和重要的水文控制参数。需要注意和把握的是，城镇排水工程专项规划与各不同规划的规划时限与范围的对应性、运用上技术衔接及相互矛盾的协调。

（三）规划目标和原则

城镇排水设施不仅是城镇基础设施，而且是城镇水污染综合整治系统工程中的重要组成部分和基本手段。

城镇排水工程专项规划的基本目标应是，以城镇总体规划和环保规划及其他规划为基础、依据和导引，建设排水体制适当、系统布局合理、处理规模适度的城镇污水集中收集处理系统，控制水污染，保护城镇集中饮用水源，维护水生态系统的良性循环，配置适宜的雨水收集排除系统，消除洪水灾害，创造良好的人居环境，从而促进城镇的持续、健康发展。

城镇排水工程是城市基础设施的重要组成部分，它在一定程度上制约着城镇的发展和建设，同时它又受到城镇经济条件、发展水平的制约。城镇排水工程专项规划应遵循的一般原则如下：

（1）坚持保护环境和经济、社会发展相协调，坚持实事求是、经济适用的原则；既考虑保护环境，消除水害的必要性，也兼顾经济实力的可行性，实行统一规划，突出重点，分期逐步解决城镇排水和污染问题。

（2）遵循经济规律和生态规律，充分利用现有城镇排水设施和调蓄水体的功能，充分发挥大江大河及其他水体的环境自净功能，充分调动社会各方面的力量综合整治和控制水体污染，努力实现污水资源化和排水服务有偿化、商品化、产业化，推动城镇排水事业的持续发展。

（四）城镇排水量计算

城镇排水量计算包括污水量计算和雨水量计算两部分。

城镇污水量计算通常是建立在城镇用水量预测基础之上，采用排放系数计算而得。城镇污水量计算的准确性和可靠性直接受制于城镇用水量计算的准确性和可靠性。各类污水排放系数应根据城市历年供水量和污水量资料确定。当资料缺乏时，城市分类污水排放系数可根据城市居住和公共设施水平以及工业类型等，按表4-1取值。

在城镇给水工程专业规划中，城镇用水量预测应采取多种方法分析和深入论证，较准确确定城镇用水量。如果缺乏城镇给水工程专项规划，或未进行全面、深入的论证，则在城镇排水工程专项规划中就应增补城镇用水量论证内容。污水量预测的准确性和可靠性直接关系到整个排污规划的准确性和可靠性，必须给予充分的和应有的重视。

表4-1　城市分类污水排放系数

城市污水分类	污水排放系数
城市污水	0.70~0.85
城市综合生活污水	0.80~0.90
城市工业废水	0.60~0.80

注：城市工业废水排放系数的具体范围见《城市排水工程规划规范》（GB50318-2017）。

（五）排水体制与排水系统论证

排水体制与排水系统布局息息相关：不同的排水体制，污水收集处理方式不同，形成不同的排水管网系统。规划任务就是通过对不同排水体制或不同排水体制组合下不同排水系统在技术、经济、环境等方面的比较、论证，确定出规划采取的排水体制及相对应的排水系统。

（六）排水分区和系统布局规划

城镇污水分区与系统布局应根据城市的规模、用地规划布局，结合地形地势、风向、受纳水体位置与环境、再生利用需求、污泥处理处置出路及经济因素等综合确定。根据城镇规划的发展方向、水系、地形特点，可把城镇排水系统分为若干子系统。污水厂的布局，决定了排水主干管的位置和走向，各子系统的服务范围、工程规模。城镇污水处理厂可按集中分散或集中与分散相结合的方式布置，新建污水厂应预留或设置污水再生系统。独立建成的再生水利用设施布局应充分考虑再生水用户及生态用水的需要。

（七）近期建设规划

排水工程近期建设规划内容与城镇的近期建设规划密切相连，它既不能简单地把远期系统按时空分割，也不能仅考虑近远两个规划期，要有分期逐步实施的概念，尽量与工程建设的周期和程序相对接。近期建设规划中要特别注意对当前大问题和主要矛盾的优先优序解决，或提供近期过渡措施及与远期的衔接方式、途径。

（八）投资估算

投资估算是提高工程规划质量的重要内容之一，城镇排水工程专项规划中应有投资估算内容，投资估算数据应成为后续规划与设计的一个重要的控制性参数。

投资估算一般依据《城市基础设施工程投资估算指标》《给排水工程概预算与经济评价手册》及新版的给排水设计手册《工程经济分册》进行，得出的是静态的投资估算值，作为方案比较、近期控制以及后续单项工程项目建议书的参考依据。

（九）效益评价和风险评估

效益评价是对城市排水工程专项规划的一次系统全面的价值评估，也是方案比较及后续单项工程项目建议书的重要依据。效益评价主要是对社会效益、环境效益、经济效益三大项的综合分析，应由通常定性泛泛的评述向定量评价方向发展，推动排水系统的价值实现。

风险评估主要是分析技术、行政、经济甚至道德的风险时，排水系统整体或其某个局部未能按时或保质保量建设完成发挥效用所带来的负面环境影响、社会影响及财务影响，提出须采取的最低限的保障措施，从而有力地推进排水工程规划的施行。

（十）规划实施

城镇排水规划是建立在城市总体规划基础之上的对城镇排水设施建设的一种宏观的指导。其具体实施和实现，还有赖于相关专业部门的配合和协调，还有待于下一阶段设计工作的深化和完善。为实现规划所提出的各项目标，要研究和提出一系列推动规划实施的对策和措施。

规划实施的研究和提出应注意以下几点原则要求：

（1）严格执行排水设施建设的审批程序，维护规划的严肃性和权威性。

（2）与环保部门紧密配合和协调，协同一致、分工合作地开展城市水污染综合防治工作，保障规划目标的全面实现。

（3）制定持续实施的分年度计划，为城镇排水事业有序、稳步发展奠定基础。

（4）建立实施过程中排水系统地理信息库，为下一阶段规划或设计提供技术基础。

（5）适时推出排水服务有偿化、商品化的政策，积极推行投资与资本多元化，为城市排水事业的永续发展提供政策支持。

（6）深入探讨污水资源化的途径，一方面发掘固有的资源价值，另一方面为污水产业化和生态建设做出应有的贡献。

三、排水规划的技术衔接

（一）加强排水规划与环保规划的技术衔接

水环境问题的解决既是城市排水规划的任务之一，也是城市环保规划的一项职责。研究水环境问题，进行排水工程规划时必须与环保规划紧密联系、互相协调。

加强排水规划与环保规划的技术衔接，需要注意五个关系：一是环保规划所确定的水体环境功能类型和混合区的划分。它将决定污水处理的等级和排放标准。二是环保规划所确定的纳污水体环境容量与污染物排放总量控制指标。它将定量地决定城市排污口污染排放负荷，进而决定污水处理的处理率和处理程度。三是环保规划确定的城市水污染综合防治政策和措施，其中主要是工业污染防治政策和措施。四是环保规划所提出的污水处理率。它为排水规划中污水集中处理率的确定提供了重要的参考，需要相互沟通和配合。五是环保规划所采纳、推荐或强制推行的适用污水处理技术，特别是小型分散的污水处理技术，为进行排水体制和排水系统的选择与组合提供了技术支撑和灵活性。它对于一定规划时期难以纳入城市污水集中处理系统的地区的污水处理和水污染控制意义重大。

（二）加强排水系统方案的环境评价和风险评估

传统的排水系统方案论证主要集中在技术与经济方面。环境方面虽有考虑，但较肤浅。环保专项规划提供技术支持，应提升环境影响分析与评价的深度，以增强规划方案选择的有效性和说服力。长期以来，排水设施建设滞后于规划和计划的大量事实表明，必须充分注意到规划方案的可行性、实施的风险性，以及建设中的不可预见性。因此，在排水系统方案论证和排水系统规划措施中应增加对规划方案的风险评估。此外，在经济分析中，还应积极关注在新的市场经济形势下排水设施投资开放与资本多元化的影响。

排水系统规划方案环境评价要从定性走向定量，用数据说话，要认真测算各不同排水系统方案的污染负荷，分析它们在区域环境容量总量和目标总量控制中的结构比例水平、弹性和裕度，对国家和区域环境建设目标的满足程度；对于重点地域，如采取分散就地处理的地区，还要进行环境敏感性评价；要努力使规划所提出的水污染控制方案更科学。

风险评估方面，要充分考虑到各方面、各层次的不利情况，及其可能造成的各种影响，分析来自自然的、技术的、管理的、财务的、政策的甚至道德的各类风险和干扰，特别是风险的最不利组合，分析其对排水系统整体或某个局部、对排水系统实施的进程和时效所产生的不同程度的影响，这里主要是指对社会的、环境的、功能的和效益的、财务的影响。在此基础上，一方面设计和制定风险防范的政策和措施，另一方面对排水规划方案进行反思和调整，最终选取风险和阻力最小的方案和方向，确保规划的排水系统方案能真实、有效、稳妥地逐步形成、实现规划目标。

第二节 排水泵站及其设计

一、概述

（一）排水泵站组成与分类

排水泵站的工作特点是所抽升的水一般含有大量的杂质，且来水的流量逐日逐时都在变化。排水泵站的基本组成包括机器间、集水池、格栅、辅助间，有时还附设有变电所。机器间内设置水泵机组和有关的附属设备。格栅和吸水管安装在集水池内，集水池还可以在一定程度上调节来水的不均匀性，以使泵能较均匀工作。格栅的作用是阻拦水中粗大的固体杂质，以防止杂物阻塞和损坏泵。辅助间一般包括贮藏室、修理间、休息室和厕所等。

排水泵站可以按以下方式分类：

（1）按排水的性质，一般可分为污水泵站、雨水泵站、合流泵站和污泥泵站。

（2）按其在排水系统中的作用，可分为中途泵站（或称区域泵站）和终点泵站（又称总泵站）。中途泵站通常是为了避免排水干管埋设太深而设置的。终点泵站是将整个城镇的污水或工业企业的污水抽送到污水处理厂或将处理后的污水提升排放。

（3）按泵启动前能否自流充水，可分为自灌式泵站和非自灌式泵站。

（4）按泵站的平面形状，可以分为圆形泵站和矩形泵站。

（5）按集水池与机器间的组合情况，可分为合建式泵站和分建式泵站。

（6）按照控制的方式，可分为人工控制、自动控制和遥控三类。

排水泵站占地面积与泵站性质、规模大小以及泵站所处的位置有关，见表

4-2。

表4-2　不同规模各种泵站的占地面积

设计规模（m³/s）	泵站性质	占地面积（m²）	
		城、近郊区	远郊区
<1	雨水	400~600	500~700
	污水	900~1200	1000~1500
	合流	700~1000	800~1200
	立交	500~700	600~800
	中途加压	300~600	400~600
1~3	雨水	600~1000	700~1200
	污水	1200~1800	1500~2000
	合流	1000~1300	1200~1500
	中途加压	500~700	600~800
3~5	雨水	1000~1500	1200~1800
	污水	1800~2500	2000~2700
	合流	1300~2000	1500~2000
5~30	雨水	1500~8000	1800~10000
	合流	2000~8000	2200~10000

注：（1）表中占地面积主要指泵站围墙以内的面积，从进水井到出水，包括整个流程中的构筑物和附属构筑物以及生活用地、内部道路及庭院绿化等面积。

（2）表内占地面积系指有集水池的情况，对于中途加压泵站，若吸水管直接与上游出水管连接，则占地面积可相应减少。

（3）污水处理厂内的泵站占地面积，由污水处理厂平面布置决定。

（二）排水泵站的形式及特点

排水泵站的形式主要取决于水力条件、工程造价，以及泵站的规模、泵站的性质、水文地质条件、地形地物、挖深及施工方法、管理水平、环境要求、选用泵的形式等因素。下面就几种典型的排水泵站说明其优缺点及适用条件。

1.干式泵站和湿式泵站

雨水泵站的特点是流量大、扬程小，因此大都采用轴流泵；有时也用混流泵。其基本形式有干式泵站与湿式泵站。

（1）干式泵站。集水池和机器间由隔墙分开，只有吸水管和叶轮淹没在水中；机器间可经常保持干燥，有利于对泵的检修和维护。泵站共分三层：上层是电动机间，安装立式电动机和其他电气设备；中层为机器间，安装泵的轴和压水管；下层是集水池。机器间与集水池用不透水的隔墙分开；集水池的雨水，除了进入水泵间以外，不允许进入机器间，因而电动机运行条件好，检修方便，卫生条件也好。其缺点是：结构复杂，造价较高。

（2）湿式泵站。电动机层下面是集水池，泵浸于集水池内。其结构虽比干式泵站简单，造价较少，但泵的检修不方便。泵站内比较潮湿，且有臭味，不利于电气设备的维护和管理工人的健康。

2.圆形泵站和矩形泵站

合建式圆形排水泵站，装设卧式泵，自灌式工作。它适合于中、小型排水量，水泵不超过四台。圆形结构受力条件好，便于采用沉井法施工，可降低工程造价，泵启动方便，易于根据吸水井中水位实现自动操作。其缺点是：机器间内机组与附属设备布置较困难，当泵站很深时，工人上下不便，且电动机容易受潮。由于电动机深入地下，需考虑通风设施，以降低机器间的温度。

合建式矩形排水泵站是将合建式圆形排水泵站中的卧式泵改为立式离心泵（也可用轴流泵），以避免合建式圆形排水泵站的上述缺点。但是，立式离心泵安装技术要求较高，特别是泵站较深、传动轴较长时，须设中间轴承及固定支架，以免泵运行时传动轴产生振荡。这类泵站能减少占地面积，降低工程造价，并使电气设备运行条件和工人操作条件得到改善。合建式矩形排水泵站装设立式泵，自灌式工作。大型泵站用此种类型较合适。泵台数为四台或更多时，采用矩形机器间，机组、管道和附属设备的布置较方便，启动操作简单，易于实现自动化。电气设备置于上层，不易受潮，工人操作条件良好。缺点是建造费用高。当土质差、地下水位高时，因施工困难，不宜采用。

3.自灌式泵站和非自灌式泵站

水泵及吸水管的充水有自灌式（包括半自灌式）和非自灌式两种方式，故泵站也可分为自灌式泵站和非自灌式泵站。

（1）自灌式泵站。水泵叶轮或泵轴低于集水池的最低水位，在最高、中间和最低水位三种情况下都能直接启动。半自灌式泵站是指泵轴仅低于集水池的最高水位，当集水池达到最高水位时方可启动。自灌式泵站的优点是：启动及时可靠，不需要引水辅助设备，操作简单。其缺点是：泵站较深，增加地下工程造价，有些管理单位反映吊装维修不便，噪声较大，甚至会妨碍管理人员利用听觉判断水泵是否正常运转。采用卧式泵时电动机容易受潮。在自动化程度较高的泵站，较重要的雨水泵站、立交排水泵站，开启频繁的污水泵站中，宜尽量采用自灌式泵站。

（2）非自灌式泵站。泵轴高于集水池的最高水位，不能直接启动。由于污水泵吸水管不得设底阀，故须采用引水设备。这种泵站深度较浅，室内干燥，卫生条件较好，利于采光和自然通风，值班人员管理维修方便，但管理人员必须能熟练地掌握水泵启动工序。在来水量较稳定，水泵开启并不频繁，或在场地狭窄，或水文地质条件不好，施工有一定困难的条件下，采用非自灌式泵站。常用的引水设备及方式有真空泵引水、真空罐引水、密闭水箱引水和鸭管式无底阀引水。

4.分建式泵站和合建式泵站

（1）分建式排水泵站。当土质差、地下水位高时，为了减少施工困难和降低工程造价，将集水池与机器间分开修建是合理的。将一定深度的集水池单独修建，施工上相对容易些。为了减小机器间的地下部分深度，应尽量利用泵的吸水能力，以提高机器间标高。但是，应注意不要将泵的允许吸上真空高度利用到极限，以免泵站投入运行后吸水发生困难。因为在设计时对施工可能发生的种种与设计不符的情况和运行后管道积垢、泵磨损、电源频率降低等情况都无法事先准确估计，所以适当留有余地是必要的。分建式泵站的主要优点是：结构简单，施工较方便，机器间没有污水渗透和被污水淹没的危险。它的缺点是：泵的启动较频繁，给运行操作带来困难。

（2）合建式排水泵站。当机器间泵中轴线标高高于水池中水位时（即机器间与集水池的底板不在同一标高时），泵也要采用抽真空启动。这种类型适应于土质坚硬、施工困难的条件，为了减少挖方量而不得不将机器间抬高。在运行方面，它的缺点同分建式排水泵站。实际工程中采用较少。

5.半地下式泵站和全地下式泵站

（1）半地下式泵站有两种情况：一种是自灌式。机器间位于地面以下以满足自灌式水泵启动的要求，将卧式水泵底座与集水池底设在一个水平面上。另一种是非自灌式。机器间高程取决于吸水管的最大吸程，或吸水管上的最小覆土。半地下式泵站地面以上建筑物的空间要能满足吊装、运输、采光、通风等机器间的操作要求，并能设置管理人员的值班室和配电室。一般排水泵站应采用半地下式泵站。

（2）全地下式泵站。在某些特定条件下，泵站的全部构筑物都设在地面以下，地面以上没有任何建筑物，只留有供人出入的门（或人孔）和通气孔、吊装孔。全地下式泵站的缺点是：通风条件差，容易引起中毒事故，在污水泵站中还可能有沼气积累甚至会发生爆炸；潮湿现象严重，会因电机受潮而影响正常运转；管理人员出入不方便，携带物件上下更加困难；为满足防渗防潮要求，需要全部采用钢筋混凝土结构，工程造价较高。因此，应尽量避免采用全地下式泵站。当受周围建筑物局限，或该地区有特殊要求不允许有地面建筑，不得不设置全地下式泵站时，应采取以下措施：必须有良好的机械通风设备，保证室内空气流通；电机间、水泵间、集水池都应设直接通向室外的吊装孔；门或人孔的尺寸应能满足两人同时进出的要求。人孔最好用矩形，宽度不小于1.2m；上下楼梯踏步应采用钢筋混凝土结构，不允许采用钢筋或角钢焊接；尽可能采用自动化遥控。

6.其他泵站形式

（1）螺旋泵站。污水由来水管进入螺旋泵的水槽内，螺旋泵的电动机及有关的电气设备设于机器间内，污水经螺旋泵提升进入出水渠，出水渠起端设置格栅。采用螺旋泵抽水可以不设集水池，不建地下式或半地下式泵站，节约土建投资。螺旋泵抽水不需要封闭的管道，因此水头损失较小，电耗较省。由于螺旋泵螺旋部分是敞开的，维护与检修方便，运行时不需看管，所以便于实行遥控和在无人看管的泵站中使用，还可以直接安装在下水道内提升污水。

螺旋泵可以提升破布、石头、杂草、罐头盒、塑料袋以及废瓶子等任何能进入泵叶片之间的固体。因此，泵前可不必设置格栅。格栅设于泵后，在地面以上，便于安装、检修与清除。使用螺旋泵时，可完全取消通常其他类型污水泵配用的吸水喇叭管、底阀、进水和出水闸阀等配件和设备。

螺旋泵还有一些其他泵所没有的特殊功能。例如，用在提升活性污泥和含油污水时，由于其转速慢，不会打碎污泥颗粒和矾花。用于沉淀池排泥，能对沉淀污泥起一定的浓缩作用。

但是，螺旋泵也有缺点：受机械加工条件的限制，泵轴不能太粗太长，所以扬程较低，一般为3~6m，不适用于高扬程、出水水位变化大或出水为压力管的场合。在需要较大扬程的地方，往往采用二级或多级抽升的布置方式。由于螺旋泵是斜装的，体积大，占地也大，耗钢材较多。此外，螺旋泵是开敞式布置，运行时有臭气逸出。

（2）潜水泵站。随着各种国产潜水泵质量的不断提高，越来越多的新建或改建的排水泵站都采用了各种形式的潜水泵，包括排水用潜水轴流泵、潜水混流泵、潜水离心泵等。其最大的优点是：不需要专门的机器间，将潜水泵直接置于集水井中。但对潜水泵尤其是潜水电机的质量要求较高。

在工程实践中，排水泵站的类型是多种多样的。究竟采取何种类型，应根据具体情况，经多方案技术经济比较后决定。根据我国设计和运行经验，凡泵台数不多于四台的污水泵站和三台或三台以下的雨水泵站，其地下部分结构采用圆形最为经济，其地面以上构筑物的形式必须与周围建筑物相适应。当泵台数超过上述数量时，地下及地上部分都可采用矩形或由矩形组合成的多边形或椭圆形；地下部分有时为了发挥圆形结构比较经济和便于沉井施工的优点，可以将集水池和机器间分开为两个构筑物，或者将泵分设在两个地下的圆形构筑物内。这种布置适用于流量较大的雨水泵站或合流泵站。对于抽送会产生易燃易爆和有毒气体的污水泵站，必须设计为单独的建筑物，并应采用相应的防护措施。

二、排水泵站工艺设计要求

排水泵站设计的一般要求如下：

（一）设计流量和设计扬程

1.设计流量

排水泵站设计流量宜按远期规模设计，水泵机组可按近期配置。

（1）污水泵站的设计流量应按泵站进水总管的最高日最高时流量计算。

（2）雨水泵站的设计流量应按泵站进水总管的设计流量计算。但当立交道路设有盲沟时，其渗流水量应单独计算。

（3）合流污水泵站的设计流量按下列公式确定：泵站后设污水截流装置时，按式（4-1）计算；泵站前设污水截流装置时，按下式分别计算：

①雨水部分 $\qquad Q_p = Q_s - n_0 Q_{dr}$

②污水部分 $\qquad Q_p = (n_0 + 1) Q_{dr}$ $\qquad$ （4-1）

式中：Q_p——泵站设计流量（m^3/s）。

Q_s——雨水设计流量（m^3/s）。

Q_{dr}——旱流污水设计流量（m^3/s）。

n_0——截流倍数。

雨污分流不彻底、短时间难以改建的地区，雨水泵站可设置混接污水截流设施，并应采取措施排入污水处理系统。

目前，我国许多地区都采用合流制和分流制并存的排水制度；还有一些地区雨污分流不彻底，短期内又难以完成改建。市政排水管网雨污水管道混接一方面降低了现有污水系统设施的收集处理率，另一方面又造成了对周围水体环境的污染。雨污混接方式主要有建筑物内部洗涤水接入雨水管、建筑物污废水出户管接入雨水管、化粪池出水管接入雨水管、市政污水管接入雨水管等。

2.设计扬程

（1）污水泵和合流污水泵的设计扬程。出水管渠水位以及集水池水位的不同组合，可组成不同的扬程。在设计流量时，出水管渠水位与集水池设计水位之差加上管路系统水头损失和安全水头为设计扬程；在设计最小流量时，出水管渠水位与集水池设计最高水位之差加上管路系统水头损失和安全水头为最低工作扬程；在设计最大流量时，出水管渠水位与集水池设计最低水位之差加上管路系统水头损失和安全水头为最高工作扬程。安全水头一般为0.3~0.5m。

（2）雨水泵站的设计扬程。受纳水体水位以及集水池水位的不同组合，可组成不同的扬程。受纳水体水位的常水位或平均潮位与设计流量下集水池设计最高水位之差加上管路系统水头损失为设计扬程；受纳水体平均水位与集水池设计最高水位之差加上管路系统水头损失为最高工作扬程；受纳水体水位的高水位或防汛潮位与集水池设计最低水位之差加上管路系统水头损失为最低工作扬程。

（二）泵站设计

1.水泵配置

水泵选择应根据设计流量和所需的扬程等因素确定，且应符合以下要求：

（1）水泵宜选同一型号，台数不应少于2台，不宜大于8台。当流量变化很大时，可配置不同规格的水泵，但不宜超过两种，或采用变频调速装置，或采用叶片可调试水泵。

（2）污水泵站和合流泵站应设备用泵。当工作泵台数少于4台时，备用泵宜为1台。当工作泵台数多于5台时，备用泵宜为2台；当潜水泵站备用泵为2台时，可现场备用1台，库存备用1台；雨水泵站可不设备用泵；立交道路的雨水泵站可视泵站重要性设置备用泵。

（3）选用的水泵宜在满足设计扬程时在高效区运行；在最高工作扬程与最低工作扬程的整个工作，当两台以上水泵并联运行合用一根出水管时，应根据水泵特性曲线和管路工作特性曲线验算单台泵的工况，使之符合设计要求。

（4）多级串联的污水泵站和合流污水泵站，应考虑级间调整的影响。

（5）水泵吸水管设计流速宜为0.7~1.5m/s，出水管流速宜为0.8~2.5m/s。

（6）非自灌式水泵应设引水设备，小型水泵可设底阀或真空引水设备。

（7）雨水泵站应采用自灌式泵站，污水泵站和合流污水泵站宜采用自灌式泵站。

2.水泵站布置

水泵站布置宜符合以下要求：

（1）水泵站的平面布置。水泵布置宜采用单行布置，主要机组的布置和通道宽度应满足机电设备安装、运行和操作的要求：即水泵机组基础间的净距不宜小于1.0m，机组突出部分与墙壁的净距不宜小于1.2m，主要通道宽度不宜小于1.5m；配电箱前面的通道宽度，低压配电时不宜小于1.5m，高压配电时不宜小于2.0m；当采用在配电箱后检修时，配电箱后距墙的净距不宜小于1.0m；有电动起重机的泵站内，应有吊装设备的通道。

（2）水泵站的高程布置。泵站各层层高应根据水泵机组、电气设备、起吊装置、安装、运行和检修等因素确定。水泵机组基座应按水泵的要求设置，并应高出地坪0.1m以上；泵站内地面敷设管道时，应根据需要设置跨越设施，若架空敷设时，不得跨越电气设备和阻碍通道，通行处的管底距地面不宜小于2.0m；当泵站为多层时，楼板应设置吊物孔，其位置应在起吊设备的工作范围内，吊物孔尺寸应按所需吊装的最大部件外形尺寸每边放大0.2m以上。

泵站室外地坪标高应按城镇防洪标准确定，并符合规划部门要求。泵站室内地坪应比室外地坪高0.2~0.3m。易受洪水淹没地区的泵站，其入口处设计地面标高应比设计洪水位高0.5m以上。当不能满足上述要求时，可采取在入口处设置闸槽墩的临时性防洪措施。

3.集水池

（1）集水池容积。为了泵站正常运行，集水池的贮水部分必须有适当的有效容积。集水池的设计最高水位与设计最低水位之间的容积为有效容积。集水池有效容积应根据设计流量、水泵能力和水泵工作情况等因素确定；计算范围，除集水池本身外，可以向上游推算到格栅部位。若容积过小，水泵开停频繁；若容积过大，则增加工程造价。污水泵站集水池容积应符合下列要求：污水泵站集水池的容积不应小于最大一台水泵5min的出水量；若水泵机组为自动控制时，每小时开动水泵不得超过6次；对于污水中途泵站，其下游泵站集水池容积应与上游泵站工作相匹配，防止集水池壅水和开空车。

雨水泵站和合流污水泵站集水池的容积，由于雨水进水管部分可作为贮水容积考虑，仅规定不应小于最大一台水泵30s的出水量。

对于间歇使用的泵站集水池，应按一次排入的水量、泥量和水泵抽送能力计算。

（2）集水池设计水位。污水泵站集水池设计最高水位应按进水管充满度计算；雨水泵站和合流污水泵站集水池设计最高水位应与进水管管顶相平；当设计进水管道为压力管时，集水池设计最高水位可高于进水管管顶，但不得使管道有地面冒水。对于大型合流污水输送泵站集水池的容积，应按管网系统中调压塔原理复核。

集水池设计的最低水位应满足所选水泵吸升水头的要求，自灌式泵站尚应满足水泵叶轮浸没深度的要求。

（3）集水池的构造要求。泵站应采取正向进水，应考虑改善水泵吸水管的水力条件、减少滞流或涡流，以使水流顺畅、流速均匀。侧向进水易形成集水池下游端的水泵吸水管处于水流不稳、流量不均的状态，对水泵运行不利。由于进水条件对泵站运行极为重要，必要时，流量在15m³/s以上的泵站宜通过水力模型试验确定进水布置方式，5~15m³/s的泵站宜通过数学模型计算确定进水布置方式。

在集水池前应设置闸门或闸槽。泵站应设置事故排出口，污水泵站和合流污水泵站设置事故排出口应报有关部门批准。集水池的布置会直接影响水泵吸水的水流条件。水流条件差，会出现滞留或涡流，不利于水泵运行，会引起气蚀，效率下降，出水量减少，电动机超载，水泵运行不稳定、产生噪声和振动、增加能耗。集水池底部应设集水坑，倾向坑的坡度不宜小于10%；集水坑应设冲洗装置，宜设清泥设施。

对于雨水进水管沉砂量较多的地区，宜在雨水泵站前设置沉砂设施和清砂设备。

4.出水设施

（1）当两台或两台以上水泵合用一根出水管时，每台水泵的出水管均应设置闸阀，并在闸阀和水泵之间设置止回阀。当污水泵出水管与压力管或压力井相连时，出水管上必须安装止回阀和闸阀的防倒流装置，雨水泵的出水管末端宜设置防倒流装置，其上方宜考虑设置起吊设施。

（2）合流污水泵站宜设试车水回流管。出水并通向河道一侧应安装出水闸门或采取临时性的防堵措施；雨水泵站出水口位置选择应避免桥梁等水中构筑物；出水口和护坡结构不得影响航道；水流不得冲刷河道或影响航运安全；出口流速宜小于0.5m/s，并取得航运、水利部门的同意。泵站出水口处应设置警示标志。

（三）排水泵站的其他要求

（1）排水泵站宜设计为单独的建筑物，泵站与居住房屋和公共建筑物的距离应满足规划、消防和环保部门的要求。对于抽送产生易燃易爆和有毒有害气体的污水泵站，应采取相应的防护措施。

（2）排水泵站的建筑物和附属设施宜采取防腐蚀措施。

（3）排水泵站供电应按二级负荷设计，特别重要地区的泵站应按一级负荷设计。当不满足上述要求时，应设置备用动力设施。

（4）水泵站宜按集水池的液位变化自动控制运行，宜建立遥测、遥信和遥控系统。排水管网关键节点流量的监控宜采用自动控制系统。

（5）排水管网关键节点应设置流量监测装置。排水管网关键节点指排水泵站、主要污水和雨水排放口、管网中流量可能发生剧烈变化的位置等。

（6）对于位于居民区和重要地段的污水、合流污水泵站，应设置除臭装置；自然通风条件差的地下式水泵间应设机械送排风综合系统。

三、污水泵站的工艺设计

（一）泵的选择

1.泵站设计流量的确定

城市污水的排水量是不均匀的。要合理地确定泵的流量及其台数以及决定集水池的容积，必须了解最高日中每小时污水流量的变化情况。而在设计排水泵站时，这种资料往往难于获得。因此，排水泵站的设计流量一般均按最高日最高时污水流量决定。小型排水泵站（最高日污水量在5000m³/d以下），一般设1~2台机组；大型排水泵站（最高日污水量超过15000m³/d），设3~4台机组。

污水泵站的流量随着排水系统的分期建设而逐渐增大，在设计时必须考虑这一因素。

2.泵站的扬程

泵站扬程可按下式计算：

$$H=H_{ss}+H_{ss1}+\sum h_s+\sum h_d \tag{4-2}$$

式中：H_{ss}——吸水高度，为集水池内最低水位与水泵轴线之高差，m。

H_{ss1}——压水高度，为泵轴线与输水最高点（即压水管出口处）之高差，m。

$\sum h_s$和$\sum h_d$——污水通过吸水管路和压水管路中的水头损失（包括沿程损失和局部损失），m。

应该指出，由于污水泵站一般扬程较低，局部损失占总损失的比重较大，所以不可忽略。考虑到污水泵在使用过程中因效率下降和管道中阻力增加而增加的能量损失，在确定泵扬程时，可增大1~2m安全扬程。

泵在运行过程中集水池的水位是变化的，所选泵应在这个变化范围内处于高效段。当泵站内的泵超过两台时，所选的泵在并联运行和在单泵运行时都应在高效段内。

3.泵的选择

选用工作泵的要求是在满足最大排水量的条件下，投资低，电耗省，运行安全可靠，维护管理方便。在可能的条件下，每台泵的流量最好相当于1/2~1/3的设计流量，并且以采用同型号泵为好。这样对设备的购置、设备与配件的备用、安装施工、维护检修都有利。但从适应流量的变化和节约电耗考虑，采用大小搭配较为合适。如果选用不同型号的两台泵时，则小泵的出水量应不小于大泵出水量的1/2；如果设一大两小共三台泵时，则小泵的出水量不小于大泵出水量的1/3。在污水泵站中，一般选择立式离心污水泵。当流量大时，可选择轴流泵；当泵站不太深时，也可选用卧式离心泵。排除含有酸性或其他腐蚀性工业废水时，应选择耐腐蚀的泵。排除污泥时，应尽可能选用污泥泵。

为了保证泵站的正常工作，需要有备用机组和配件。如果泵站经常工作的泵不多于四台，且为同一型号，则可只设一套备用机组；当超过四台时，除安设一套备用机组外，在仓库中还应存放一套。

污水泵站集水池的容积与进入泵站的流量变化情况、泵的型号、台数及其工作制度、泵站操作性质、启动时间等有关。

集水池的容积在满足安装格栅和吸水管的要求、保证泵工作时的水力条件以及能够及时将流入的污水抽走的条件下，应尽量小些。因为缩小集水池的容积，不仅能降低泵站的造价，还可减轻集水池污水中大量杂物的沉积和腐化。

全日运行的大型污水泵站的集水池容积是根据工作泵机组停车时启动备用机组所需的时间来计算的，一般可采用不小于泵站中最大一台泵5min出水量的体积。

对于小型污水泵站，由于夜间的流入量不大，通常在夜间停止运行。在这种情况下，必须使集水池容积能够满足储存夜间流入量的要求。

对于工厂污水泵站的集水池，还应根据短时间内淋浴排水量来复核它的容积，以便均匀地将污水抽送出去。

抽升新鲜污泥、消化污泥、活性污泥泵站的集泥池容积，应根据从沉淀池、消化池一次排出的污泥量或回流和剩余的活性污泥量计算确定。

（二）机组与管道的布置特点

1.机组的布置特点

污水泵站中机组台数一般不超过4台，而且污水泵都是从轴向进水，一侧出水，所以常采取并列的布置形式。

机组间距及通道大小，可参考给水泵站的要求。

为了减小集水池的容积，污水泵机组的"开""停"比较频繁。为此，污水泵常采取自灌式工作。这时，吸水管上必须装设闸门，以便检修泵。但是，采取自灌式工作会使泵站埋深加大，增加造价。

2.管道的布置与设计特点

每台泵应设置一条单独的吸水管，这不仅改善了水力条件，而且可减少杂质堵塞管道的可能性。

吸水管的设计流速一般采用1.0~1.5m/s，最低不得小于0.7m/s，以免管内产生沉淀。吸水管很短时，流速可提高到2.0~2.5m/s。

如果泵是非自灌式工作的，应利用真空泵或水射器引水启动；不允许在吸水管进口处装设底阀，因底阀在污水中易被堵塞，影响泵的启动，且增加水头损失和电耗。吸水管进口应装设喇叭口，其直径为吸水管直径的1.3~1.5倍。喇叭口安设在集水池的集水坑内。

压水管的流速一般不小于1.5m/s。当两台或两台以上的泵合用一条压水管而仅一台泵工作时，其流速也不得小于0.7m/s，以免管内产生沉淀。各泵的出水管接入压水干管（连接管）时，不得自干管底部接入，以免泵停止运行时该泵的压水管形成杂质淤积。每台泵的压水管上均应装设闸门。污水泵出口一般不装设止回阀。

泵站内管道一般采用明装敷设。吸水管道常置于地面上，压水管由于泵站较深，多采用架空安装，通常沿墙架设在托架上。所有管道应注意稳定。管道的布置不得妨碍泵站内的交通和检修工作。不允许把管道装设在电气设备的上空。

污水泵站的管道易受腐蚀。钢管抗腐蚀性较差，因此一般应避免使用钢管。

（三）泵站内标高的确定

泵站内标高主要根据进水管渠底标高或管中水位确定。自灌式泵站集水池底板与机器间底板标高基本一致，而非自灌式（吸入式）泵站由于利用了泵的真空吸上高度，机器间底板标高较集水池底板高。

集水池中最高水位，对于小型泵站即取进水管渠渠底标高；对于大、中型的泵站可取进水管渠计算水位标高。而集水池的有效水深，从最高水位到最低水位，一般取1.5~2.0m，池底坡度i＝0.1~0.2倾向集水坑。集水坑的大小应保证泵有良好的吸水条件，吸水管的喇叭口放在集水坑内一般朝下安设，其下缘在集水池中最低水位以下0.4m，离坑底的距离不小于喇叭进口1.5~2.0m直径的0.8倍。清理格栅工作平台应比最高水位高出0.5m以上。平台宽度应不小于0.8m。沿工作平台边缘应有高1.0m的栏杆。为了便于下到池底进行检修和清洗，从工作平台到池底应设有爬梯，方便上下。

对于非自灌式泵站，泵轴线标高可根据泵允许吸上真空高度和当地条件确定。泵基础标高则由泵轴线标高推算，进而可以确定机器间地坪标高。机器间上层平台标高一般应比室外地坪高出0.5m。

对于自灌式泵站，泵轴线标高可由喇叭口标高及吸水管上管配件尺寸推算确定。

（四）污水泵站中的辅助设备

1.格栅

格栅是污水泵站中最主要的辅助设备。格栅一般由一组平行的栅条组成，斜置于泵站集水池的进口处。其倾斜角度为60°~80°，栅条间隙根据泵的性能按表4-3选用。

格栅后应设置工作台，工作台一般应高出格栅上游最高水位0.5m。

对于人工清渣的格栅，其工作平台沿水流方向的长度不小于1.2m；机械清渣的格栅，其长度不小于1.5m；两侧过道宽度不小于0.7m。工作平台上应有栏杆和冲洗设施。人工清渣，不但劳动强度大，而且有些泵站的格栅深达6~7m，污水中蒸发的有毒气体往往对清渣工人的健康有很大的危害。机械格栅（机耙）能自动清除截留在格栅上的栅渣，将栅渣倾倒在翻斗车或其他集污设备内，减轻了工人的劳动强度，保护了工人身体健康，同时可降低格栅的水头损失。

表4-3 污水泵前格栅的栅条间隙

水泵型号		栅条间隙（mm）
离心泵	$2\frac{1}{2}$PWA	≤20
	4PWA	≤40
	6PWA	≤70
	8PWA	≤90
轴流泵	20ZLB-70	≤60
	28ZLB-70	≤90

国外有的地方已经使用机械手来清洗格栅。随着我国给水排水事业机械化自动化程度的提高，机械格栅也将不断完善、不断提高。有关部门正在探索其定型化、标准化，使之既能在新建工程中推广使用，又能适用于老泵站的改造。

2.水位控制器

为适应污水泵站开停频繁的特点，往往采用自动控制机组运行。自动控制机组启动停车的信号，通常是由水位继电器发出的。污水泵站中常用的浮球液位控制器工作原理是：浮子置于集水池中，通过滑轮，用绳与重锤相连，浮子略重于重锤。浮子随着池中水位上升与下落，带动重锤下降与上升。在绳上有夹头，水位变动时，夹头能将杠杆拨到上面或下面的极限位置，使触点接通、或切断线路，从而发出信号。当继电器接收信号后，即能按事先规定的程序开车或停车。国内使用较多的有UQK-12型浮球液位控制器、浮球行程式水位开关、浮球拉线式水位开关。

除浮球液位控制器外，尚有电极液位控制器。其原理是利用污水具有导电性，由液位电极配合继电器实现液位控制。与浮球液位控制器相比，由于电极液位控制器没有机械传动部分，从而具有故障少、灵敏度高的优点。按电极配用的继电器类型不同，分为晶体管水位继电器、三极管水位继电器、干簧继电器等。

3.计量设备

由于污水中含有杂质，其计量设备应考虑被堵塞的问题。设在污水处理厂内的泵站，可不考虑计量问题，因为污水处理厂常在污水处理后的总出口明渠上设置计量槽。单独设立的污水泵站可采用电磁流量计，也可以采用弯头水表或文氏管水表计量，但应注意防止传压细管被污物堵塞。为此，应有引高压清水冲洗传压细管的措施。

4.引水装置

污水泵站一般设计成自灌式，无须引水装置。当泵为非自灌工作时，可采用真空泵或水射器抽气引水，也可以采用密闭水箱注水。当采用真空泵引水时，在真空泵与污水泵之间应设置气水分离箱，以免污水和杂质进入真空泵内。

5.反冲洗设备

污水中所含杂质往往部分地沉积在集水坑内，时间长了，腐化发臭，甚至填塞集水坑，影响泵的正常吸水。为了松动集水坑内的沉渣，应在坑内设置压力冲洗管。一般从泵压水管上接出一根直径为50~100mm的支管伸入集水坑中，定期将沉渣冲起，由泵抽走。也可在集水池间设一自来水龙头，作为冲洗水源。

6.排水设备

当泵为非自灌式时，机器间高于集水池。机器间的污水能自流泄入集水池，可用管道把机器间集水坑的集水排至集水池，但其上应装设闸门，以防集水池中的臭气逸入机器间。当水泵吸水管能形成真空时，也可在泵吸水口附近（管径最小处）接出一根小管伸入集水坑，泵在低水位工作时，将坑中污水抽走。如果机器间污水不能自行流入集水池时，则应设排水泵（或手摇泵）将坑中污水抽到集水池。

7.供暖与通风设施

排水泵站一般不需供暖设备，如果必须供暖时，一般采用火炉，或采用暖气设施。

排水泵站一般利用通风管自然通风，在屋顶设置风帽。只有在炎热地区，机组台数较多或功率很大，自然通风不能满足要求时，才采用机械通风。

8.起重设备

起重量在0.5t以内时，设置移动三脚架或手动单梁吊车，也可在集水池和机器间的顶板上预留吊钩；起重量在0.5~2.0t时，设置手动单梁吊车；起重量超过2.0t时，设置手动桥式吊车。深入地下的泵站或吊运距离较长时，可适当提高起吊机械水平。

（五）排水泵站的构造特点

由于排水泵站的泵大多数为自灌式工作，所以泵站往往设计成半地下式或地下式。其深入地下的深度取决于来水管渠的埋深。又因为排水泵站总是建在地势低洼处，所以它们常位于地下水位以下，其地下部分一般采用钢筋混凝土结构，并应采取必要的防水措施。应根据土压和水压来设计地下部分的墙壁（井筒），其底板应按承受地下水浮力进行计算。泵站地上部分的墙壁一般用砖砌筑。

一般来说，泵站集水池应尽可能和机器间合建，使吸水管路长度缩短。只有当泵台数很多，且泵站进水管渠埋设又很深时，两者才分开修建，以减少机器间的埋深。机器间的埋深取决于泵的允许吸上真空高度。分建式的缺点是泵不能自灌充水。当集水池和机器间合建时，应当用无门窗的不透水隔墙分开。集水池和机器间各设有单独的进口。非自动化泵站的集水池应设水位指示器，使值班人员能随时了解池中水位变化情况，以便控制泵的开、停。集水池间的通风管必须伸入工作平台以下，以免抽风时臭气从室内通过。集水池一般应设事故排水管。机器间地坪应设排水沟和集水坑。排水沟一般沿墙设置，坡度i＝0.01，集水坑平面尺寸一般为0.4m×0.4m，深为0.5~0.6m。

地下式排水泵站的扶梯通常沿房屋内周边布置。例如，地下部分深度超过3m，扶梯应设中间平台。当泵站有被洪水淹没的可能时，应有必要的防洪措施，比如用土堤将整个泵站围起来，或提高泵站机器间进口门槛的标高。防洪设施的标高应比当地洪水水位高0.5m以上。

辅助间（包括休息室）由于它与集水池和机器间设计标高相差很大，往往分建。

设卧式泵（6PWA型）的圆形污水泵站。泵房地下部分为钢筋混凝土结构，地上部分用砖砌筑。用钢筋混凝土隔墙将集水池与机器间分开。内设三台6PWA型污水泵（两台工作用一台备用）。每台泵出水量为110L/s，扬程H＝23m。各泵有单独的吸水管，管径为350mm。由于泵为自灌式，故每条吸水管上均设闸门，三台泵共用一条压水管。

利用压水管上的弯头作为计量设备。机器间内的污水，在吸水管上接出管径为25mm的小管伸到集水坑内；当泵工作时，把坑内积水抽走。从压水管上接出一条直径为50mm的冲洗管（在坑内部分为穿孔管），通到集水坑内。

集水池容积按一台泵5min的出水量计算为33m³，有效水深为2m，内设一个宽1.5m、斜长1.8m的格栅。格栅渣用人工清除。

机器间起重设备采用单梁吊车，集水池间设置固定吊钩。

四、雨水泵站的工艺设计

当雨水管道出口处水体水位较高，雨水不能自流排泄，或者水体最高水位高出排水区域地面时，都应在雨水管道出口前设置雨水泵站。

雨水泵站基本上与污水泵站相同，下面仅就其特点予以说明。

（一）泵的选择

雨水泵站的特点是大雨和小雨时设计流量的差别很大。泵的选型首先应满足最大设计流量的要求，但也必须考虑到雨水径流量的变化。只顾大流量而忽视小流量是不全面的，会给泵站的工作带来困难。雨水泵的台数一般不宜少于2台，以便适应来水流量的变化。大型雨水泵站按流入泵站的雨水道设计流量选泵；小型雨水泵站（流量在 2.5m³/s 以下）泵的总抽水能力可略大于雨水道设计流量。

泵的型号不宜太多，最好选用同一型号。如果必须大小泵搭配时，其型号也不宜超过两种。例如，采用一大二小三台泵时，小泵出水量不小于大泵的1/3。

雨水泵可以在旱季检修，因此通常不设备用泵。

泵的扬程必须满足从集水池平均水位到出水最高水位所需扬程的要求。

（二）集水池的设计

雨水管道设计流量大，在暴雨时，泵站在短时间内要排出大量雨水。如果完全用集水池来调节，往往需要很大的容积，而接入泵站的雨水管渠断面积很大，敷设坡度又小，也能起一定的调节水量的作用。因此，在雨水泵站设计中，一般不考虑集水池的调节作用，只要求保证泵正常工作和合理布置吸水口等所必需的容积。一般采用不小于最大一台泵30s的出水量。

雨水泵站大都采用轴流泵，而轴流泵是没有吸水管的，集水池中水流的情况会直接影响叶轮进口的水流条件，从而引起对泵的性能的影响。因此，必须正确地设计集水池，否则会使泵的工作受到干扰而使泵的性能与设计要求不符。

水流具有惯性，流速越大，其惯性越显著，水流不易改变方向。集水池的设计必须考虑水流的惯性，以保证泵具有良好的吸水条件，不致产生旋流与各种涡流。

在集水池中，可能产生凹洼涡、局部涡、同心涡涡流和水中涡流。局部涡、同心涡涡流统称空气吸入涡流。水中涡流附着于集水池底部或侧壁，一端延伸到泵进口内，在水中涡流中心产生气蚀作用。

吸入空气和气蚀作用使泵的性能改变，效率下降，出水量减少，并使电动机过载运行；此外，还会产生噪声和振动，使运行不稳定，导致轴承磨损和叶轮腐蚀。

旋流是由于集水池中水的偏流、涡流和泵叶轮的旋转产生的。旋流扰乱了泵叶轮中的均匀水流，从而直接影响泵的流量、扬程和轴向推力。旋流也是造成机组振动的原因。

集水池的设计一般应注意以下事项：

（1）使进入池中的水流均匀地流向各台泵。

（2）泵的布置、吸入口位置和集水池形状不致引起旋流。

（3）集水池进口流速一般不超过0.7m/s，泵吸入口的行近流速宜取0.3m/s以下。

（4）流线不要突然扩大和改变方向。

（5）在泵与集水池壁之间，不应留过多空隙。

（6）在一台泵的上游应避免设置其他的泵。

（7）应有足够的淹没水深，防止吸入空气形成涡流。

（8）进水管管口要做成淹没出流，使水流平稳地没入集水池中，因而使进水管中的水不致卷吸空气带到吸水井中。

（9）在封闭的集水池中应设透气管，排除集存的空气。

（10）进水明渠应设计成不发生水跃的形式。

（三）出流水设施

雨水泵站的出流设施一般包括出流井、出流管、超越管（溢流管）、排水口四个部分。

出流井中设有各泵出口的拍门，雨水经出流井、出流管和排水口排入天然水体。拍门可以防止水流倒灌入泵站。出流井可以多台泵共用一个，也可以每台泵各设一个。以合建的结构比较简单，采用较多。溢流管的作用是当水体水位不高，同时排水量不大时，或在泵发生故障或突然停电时，用以排泄雨水。因此，在连接溢流管的检查井中应装设闸板，平时该板关闭。排水口的设置应考虑对河道的冲刷和航运的影响，所以应控制出口水流速度和方向。一般出口流速宜小于0.5m/s；当流速较大时，可以在出口前采用八字墙放大水流断面。出流管的方向最好向河道下游倾斜，避免与河道垂直。

（四）雨水泵站内部布置与构造特点

雨水泵站中泵一般都是单行排列，每台泵各自从集水池中抽水，并独立地排入出流井中。出流井一般放在室外，当可能产生溢流时，应予以密封，并在井盖上设置透气管或在出流井内设置溢流管，将倒流水引回集水池。

吸水口和集水池之间的距离应使吸水口和集水池底之间的过水断面积等于吸水喇叭口的面积。这个距离一般在D/2时最好（D为吸水口直径）；增加到D时，泵效率反而下降。如果这一距离必须大于D，为了改善水力条件，在吸水口下应设一涡流防止壁（导流锥）。

吸水口和池壁距离应不小于D/2。如果集水池能保证均匀分布水流，则各泵吸水喇叭口之间的距离应等于2D。

因为轴流泵的扬程低，所以压水管要尽量短，以减小水头损失。压水管直径的选择应使其流速水头损失小于泵扬程的4%~5%。压水管出口不设闸阀，只设拍门。

集水池中最高水位标高一般为来水干管的管顶标高，最低水位一般略低于来水干管的管底标高。对于流量较大的泵站，为了避免泵站太深、施工困难，也可以略高于来水管渠管底标高，使最低水位与该泵流量条件下来水管渠的水面标高齐平。泵的淹没深度按泵样本的规定采用。

当泵传动轴长度大于1.8m时，必须设置中间轴承。

水泵间内应设集水坑及小型泵以排除泵的渗水。该泵应设在不被水淹之处。相邻两机组基础之间的净距，同给水泵站的要求。

在设立式轴流泵的泵站中，电动机间一般设在水泵间之上。电动机间应设置起重设备，在房屋跨度不大时，可以采用单梁吊车；在跨度较大或起重量较大时，应采用桥式吊车。电动机间地板上应有吊装孔，该孔在平时用盖板盖好。

为方便起吊工作，采用单梁吊车时，工字梁应放在机组的上方。如果梁正好在大门中心时，可使工字梁伸出大门1m以上，使设备起吊后可直接装上汽车，节省劳力，运输也比较方便，但应注意考虑大门过梁的负荷。此外，也有将大门加宽，使汽车进到泵站内，以便吊起的设备直接装车。电动机间的净空高度：当电动机功率在55kW以下时，应不小于3.5m；在100kW以上时，应不小于5.0m。

为了保护泵，在集水池前应设格栅，格栅可单独设置或附设在泵站内。单独设置的格栅井，通常建成露天式，四周围以栏杆，也可以在井上设置盖板。附设在泵站内，但必须与机器间、变压器间和其他房间完全隔开。为便于清除格栅，要设格栅平台。平台应高于集水池设计最高水位0.5m，平台宽度应不小于1.2m。平台上应做渗水孔，并装上自来水龙头以便冲洗。格栅宽度不得小于进水管渠宽度的两倍。格栅栅条间隙可采用50~100mm。格栅前进水管渠内的流速不应小于1m/s，过栅流速不超过0.5m/s。

为了便于检修，集水池最好分隔成进水格间，每台泵有各自单独的进水格间，在各进水格间的隔墙上设砖墩，墩上有槽或槽钢滑道，以便插入闸板。闸板设两道，平时闸板开启，检修时将闸板放下，中间用素土填实，以防渗水。

电动机间和集水池间均为自然通风，水泵间用通风管通风。

泵站上部为矩形组合结构。电气设备布置在电动机间内，休息室和厕所分别设于电动机间的外侧两端。

电动机间上部设手动单梁吊车一部，起重量为2t，起吊高度为8~10m。集水池间上部设单梁吊车一部，起重量为0.5t。

为便于值班与管理人员上下，水泵间沿隔墙设置宽1.0m的扶梯。

五、合流泵站的工艺设计

在合流制或截流式合流制污水系统中用以提升或排除服务区污水和雨水的泵站称为合流泵站。合流泵站的工艺设计、布置、构造等具有污水泵站和雨水泵站两者的特点。

合流泵站在不下雨时，抽送的是污水，流量较小。当下雨时，合流管道系统流量增加，合流泵站不仅抽送污水，还要抽送雨水，流量较大。因此，在合流泵站设计选泵时，不仅要装设流量较大的用以抽送雨天合流污水的泵，还要装设小流量的泵，用于不下雨时抽送经常连续流来的少量污水。这个问题应该引起重视，解决不好，会造成泵站工作的困难和电能浪费。例如，某城市的一个合流泵站中，只装了两台28ZLB-70型轴流泵，没有安装小流量的污水泵。大流量时开一台泵已足够，而且开泵的时间很短（10~20min）。由于泵的流量太大，根本不适合抽送经常连续流来的少量污水。一台大泵一启动，很快将集水池的污水吸完，泵立即停车。泵一停，集水池中水位又逐渐上升，水位到一定高度，又开大泵抽，但很快又停车。如此连续频繁开、停泵，给工作带来很多不便。因此，设计合流泵站时，应根据合流泵站抽送合流污水及其流量的特点，合理选泵及布置泵站设备。

　　泵站设有机器间、集水池、出水池、检修间、值班室、休息室、高低压配电间、变压器间及应有的生活设施。泵站前设有事故排放口和沉砂井。泵站为半地下式，机器间、集水池、出水池均在地下，其余在地上。

　　集水池污泥用污泥泵排出。污水进入集水池均经过格栅。为减轻管理人员劳动强度，采用机械格栅。

　　为解决高温散热、散湿和空气污染，泵站采用机械通风，机器间和集水池均设置通风设备。

　　污水泵自灌式启动，考虑维修养护：泵前吸水管设有闸阀，污水泵压水管路设有闸阀及止回阀，雨水泵出水管上设有拍门。为防震和减少噪声，管路上设有曲挠接头。为排除泵站内集水，设有集水槽及集水坑，由潜污泵排除集水。泵站设单梁起重机一台。机器间内管材均采用钢管，管材与泵、阀、弯头均采用法兰连接，所有钢管均采用加强防腐措施，淹没在集水池的钢管外层均采用玻璃钢防腐。

第三节 排洪沟的设计

洪水泛滥造成的灾害，国内外都有惨痛教训。为尽量减少洪水造成的危害，保护城市、工厂的生产和人民生命财产安全，必须根据城市或工厂的总体规划和流域的防洪规划，认真做好城市或工厂的防洪规划。根据城市或工厂的具体条件，合理选用防洪标准。整治已有的防洪设施和新建防洪工程，以提高城市或工厂的抗洪能力。防洪工程的内容多，涉及面广。由于篇幅有限，本章只概略介绍排洪沟的设计与计算。

位于山坡或山脚下的工厂和城镇，除了应及时排除建成区内的暴雨径流外，还应及时拦截并排除建成区以外、分水岭以内沿山坡倾泻而下的山洪流量。由于山区地形坡度大，集水时间短，洪水历时也不长，所以水流急，流势猛，且水流中还挟带着砂石等杂质，冲刷力大，容易使山坡下的工厂和城镇受到破坏而造成严重损失。因此，必须在工厂和城镇受山洪威胁的外围开沟以拦截山洪，并通过排洪沟将洪水引出保护区，排入附近水体。排洪沟设计的任务在于开沟引洪、整治河沟、修建构筑物等，以便有组织、及时地拦截并排除山洪径流。

一、设计防洪标准

（一）防洪保护区

洪水泛滥可能淹及的区域与该区域的河流水系和地形、地物分布特点等自然条件密切相关。在某些情况下，洪水淹没的范围可能仅仅是该区域的一部分。根据地形、地物进行防洪分区，然后根据各分区的社会经济情况确定防洪标准更具有合理性。在划分防洪保护区时，通常的做法是按自然条件能够分区防护时，应按照自然条件进行分区；当按自然条件不能完全分区防护时，只要适当辅以工程措施即易于分区防护的，仍应尽量分区防护；当分区防护比较困难时，应进行技术经济比较论证，合理确定防洪保护区范围。

（二）防洪标准

进行防洪工程设计时，首先要确定洪峰设计流量，然后根据该流量拟定工程规模。为了准确合理地拟定某项工程规模，需要根据该工程的性质、范围以及重要性等因素，确定某一频率作为计算洪峰流量的标准，称为防洪设计标准。在实际工作中一般常用重现期表示设计标准的高低：重现期大，设计标准就高，工程规模也大；反之，重现期小，设计标准低，工程规模小。

（三）城市保护区

应根据政治、经济地位的重要性、常住人口或当量经济规模指标分为四个防护等级，其防护等级和防洪标准应按表4-4确定。位于平原、湖洼地区的城市防护区，当需要防御持续时间较长的江河洪水或湖泊高水位时，其防洪标准可取表4-4规定中的较高值。位于滨海地区的防护等级为Ⅲ等及以上的城市防护区，当按表4-4的防洪标准确定的设计高潮位低于当地历史最高潮位时，还应采用当地历史最高潮位进行校核。

表4-4 城市防护区的防护等级和防洪标准

防护等级	重要性	常住人口（万人）	当量经济规模（万人）	防洪标准[重现期（年）]
Ⅰ	特别重要	≥150	≥300	≥200
Ⅱ	重要	<150，≥50	<300，≥100	200~100
Ⅲ	比较重要	<50，≥20	<100，≥40	100~50
Ⅳ	一般	<20	<40	50~20

注：当量经济规模为城市防护区人均GDP指数与人口的乘积，人均GDP指数为城市防护区人均GDP与同期全国人均GDP的比值。

（四）工矿企业保护区

例如，冶金、煤炭、石油、化工、电子、建材、机械、轻工、纺织、医药等应根据规模分为四个防护等级，其防护等级和防洪标准应按表4-5确定。对于有特殊要求的工矿企业，还应根据行业相关规定，结合自身特点经分析论证确定防洪标准。

表4-5　工矿企业的防护等级和防洪标准

防护等级	工矿企业规模	防洪标准[重现期（年）]
Ⅰ	特大型	200~100
Ⅱ	大型	100~50
Ⅲ	中型	50~20
Ⅳ	小型	20~10

注：各类工矿企业的规模按国家现行规定划分。

工矿企业还应根据遭受洪灾后的损失和影响程度，按下列规定确定防洪标准：

（1）当工矿企业遭受洪水淹没后，损失巨大，影响严重，恢复生产需时间较长时，其防洪标准可取本标准表4-5规定的上限或提高一个等级。

（2）当工矿企业遭受洪灾后，其损失和影响较小，很快可恢复生产时，其防洪标准可按表4-5规定的下限确定。

（3）地下采矿业的坑口、井口等重要部位，应按表4-5规定的防洪标准提高一个等级进行校核，或采取专门的防护措施。

二、排洪沟洪峰流量的确定与水力计算方法

排洪沟属于小汇水面积上的排水构筑物。一般情况下，小汇水面积没有实测的流量资料，所需的设计洪水流量往往用实测暴雨资料间接推求，并假定暴雨与其所形成的洪水流量同频率。同时，考虑山区河沟流域面积一般只有几平方公里至几十平方公里，平时水小，甚至干枯；汛期水量急增，集流快，几十分钟即可达到被保护区。因此，以推求洪峰流量为主，对洪水总量及过程线不做研究。

目前，我国各地区计算小汇水面积的山洪洪峰流量一般有以下三种方法：

（一）洪水调查法

洪水调查法包括形态调查法和直接类比法两种。

形态调查法主要是深入现场，勘察洪水位的痕迹，推导它发生的频率，选择和测量河槽断面，按公式 $v=\dfrac{1}{n}R^{\frac{2}{3}}I^{\frac{1}{2}}$ 计算流速，然后按公式 $Q=Av$ 加计算出调查的洪峰流量。式中：n 为河槽的粗糙系数；R 为水力半径；I 为水面比降，可用河底

平均比降代替。最后通过流量变差系数和模比系数法，将调查得到的某一频率的流量换算成设计频率的洪峰流量。

（二）推理公式法

推理公式有我国水利科学研究院水文研究所的公式等三种，各有假定条件和适用范围。例如，水科院水文研究所的公式形式为：

$$Q = 0.278 \times \frac{\psi \cdot S}{\tau^n} \times F \qquad （4-3）$$

式中：Q——设计洪峰流量，$\mathrm{m^3/s}$。

Ψ——洪峰径流系数。

S——暴雨雨量，即与设计重现期相应的最大的一小时降雨量，$\mathrm{mm/h}$。

τ——流域的集流时间，h。

n——暴雨强度衰减指数。

F——流域面积，$\mathrm{km^2}$。

当用这种推理公式求设计洪峰流量时，需要较多的基础资料，计算过程也较烦琐。详细的计算过程见水文学课程中有关内容或可参阅有关资料。当流域面积为40~50$\mathrm{km^2}$时，式（4-3）的适用效果较好。

（三）经验公式法

常用的经验公式计算方法有以下几种：

（1）一般地区性经验公式。

（2）公路科学研究所简化公式。

（3）第二铁路设计院等值线法。

（4）第三铁路设计院计算方法。

应用最普遍的是以流域面积F为参数的一般地区性经验公式。

$$Q = K \cdot F^n \qquad （4-4）$$

式中：Q——设计洪峰流量，$\mathrm{m^3/s}$。

F——流域面积，$\mathrm{km^2}$。

F^n——随地区及洪水频率而变化的系数和指数。

该法使用方便，计算简单，但地区性很强。在相邻地区采用时，必须注意各地区的具体条件是否一致，否则不宜套用。地区经验公式可参阅各省（区）水文手册。

对于以上三种方法，应特别重视洪水调查法。在此基础上，再结合其他方法进行设计计算。

三、排洪沟的设计要点

排洪沟的设计涉及面广，影响因素复杂，因此应深入现场，根据城镇或工厂总体规划、山区自然流域划分范围、山坡地形及地貌条件、原有天然排洪沟情况、洪水走向、洪水冲刷情况、当地工程地质及水文地质条件、当地气象条件等因素综合考虑，合理布置排洪沟。排洪沟包括明渠、暗渠、截洪沟等。

（一）排洪沟布置应与总体规划密切配合，统一考虑

在总图设计中，必须重视排洪问题。应根据总图的规划，合理布置排洪沟，避免把厂房建筑或居住建筑设在山洪口上和洪水主流道上。

排洪沟布置还应与铁路、公路、排水等工程相协调，尽量避免穿越铁路、公路，以减少交叉构筑物。排洪沟应布置在厂区、居住区外围靠山坡一侧，避免穿绕建筑群，以免因沟道转折过多而增加桥、涵，使投资加大，或使沟道水流不顺畅，造成转弯处小水淤、大水冲的状况。

排洪沟与建筑物之间应留有3m以上的距离，以防水流冲刷建筑物基础。

（二）排洪沟应尽可能利用原有山洪沟，必要时可做适当整修

原有山洪沟是洪水若干年冲刷形成的，其形状、沟底质都比较稳定，因此应尽量利用原有的天然沟道做排洪沟。当利用原有沟不能满足设计要求而必须加以整修时，应注意不宜大改大动，尽量不要改变原有沟道的水力条件，要因势利导，使洪水畅通排泄。

（三）排洪沟应尽量利用自然地形坡度

排洪沟的走向应沿大部分地面水流的垂直方向，因此应充分利用地形坡度，使截流的山洪能以最短距离重力流排入受纳水体。一般情况下，排洪沟是不

设中途泵站的，同时当排洪沟截取几条截流沟的水流时，其交汇处应尽可能斜向下游，并成弧线连接，以使水流能平缓进入排洪沟。

（四）排洪沟采用明渠或暗渠应视具体条件确定

排洪沟一般最好采用明渠，但当排洪沟通过市区或厂区时，由于建筑密度较高，交通量大，应采用暗渠。

（五）排洪明渠平面布置的基本要求

1.进口段

为使洪水能顺利进入排洪沟，进口段的形式和布置是很重要的，进口段的形式应根据地形、地质及水力条件合理选择。常用的进口段的形式有以下几种：

（1）排洪沟直接插入山洪沟，接点的高程为原山洪沟的高程。这种形式适用于排洪沟与山沟夹角小的情况，也适用于高速排洪沟。

（2）以侧流堰形式作为进口，将截流坝的顶面做成侧流堰渠与排洪沟直接相接。此形式适用于排水沟与山洪沟夹角较大，且进口高程高于原山洪沟沟底高程的情况。

通常进口段的长度一般不小于3m，并在进口段上段一定范围内进行必要的整治，以使衔接良好，水流通畅，具有较好的水流条件。

为防止洪水冲刷，进口段应选择在地形和地质条件良好的地段。

2.出口段

排洪沟出口段布置应不致冲刷排放地点（河流、山谷等）的岸坡，因此，出口段应选择在地质条件良好的地段，并采取护砌措施。

此外，出口段宜设置渐变段，逐渐增大宽度，以减少单宽流量，降伸流速；或采用消能、加固等措施。出口标高宜在相应的排洪设计重现期的河流洪水位以上，一般应在河流常水位以上。

3.连接段

（1）当排洪沟受地形限制走向无法布置成直线时，应保证转弯处有良好水流条件，不应使弯道处受到冲刷。转弯处平面上的弯曲半径一般不应小于5倍的设计水面宽度，同时应加强弯道处的护砌。

由于弯道处水流受离心力作用，使水流轴线偏向弯曲段外侧，造成弯曲段外侧水面升高，内侧水面降低，产生了外侧与内侧的水位差，故设计时外侧沟高应大于内侧沟高。也就是说，弯道外侧沟高除考虑沟内水深及安全超高外，还应增加水位差h值的1/2。h按下式计算：

$$h = \frac{v^2 \cdot B}{Rg} \qquad (4-5)$$

式中：v——排洪沟水流平均流速，m/s。

B——弯道处水面宽度，m。

R——弯道半径，m。

g——重力加速度，m/s²。

排洪沟的安全超高一般采用0.3~0.5m。

（2）当排洪沟的宽度发生变化时，应设渐变段。渐变段的长度为5~10倍两段沟底宽度之差。

（3）排洪沟穿越道路一般应设桥涵，涵洞的断面尺寸应根据计算确定，并考虑养护方便。涵洞进口处是否设置格栅应慎重考虑；在含砂量较大地区，为避免堵塞，最好采用单孔小桥。

4.排洪沟纵坡的确定

排洪沟的纵坡应根据地形、地质、护砌、原有排洪沟坡度以及冲淤情况等条件确定，一般不小于1%。在设计纵坡时，要使沟内水流速度均匀增加，以防止沟内产生淤积。当纵坡很大时，应考虑设置跌水或陡槽，但不得设在转弯处。一次跌水高度通常为0.2~1.5m。西南地区多采用条石砌筑的梯级渠道，每级高0.3~0.6m，有的多达20~30级，消能效果良好。陡槽也称急流槽，纵坡一般为20%~60%，多采用片石、块石或条石砌筑，也有采用钢筋混凝土浇筑的。陡槽终端应设消能设施。

5.排洪沟的断面形式、材料及其选择

排洪明渠的断面形式常用矩形或梯形断面，最小断面$B \times H = 0.4m \times 0.4m$。排洪沟的材料及加固形式应根据沟内最大流速、当地地形及地质条件、当地材料供应情况确定。排洪沟一般常用片石、块石铺砌，不宜采用土明沟。

6.排洪沟最大流速的规定

为了防止山洪冲刷，应按流速的大小选用不同铺砌的加固形式加强沟底、沟壁。表4-6为不同铺砌排洪沟的最大允许设计流速。

表4-6　常用铺砌及防护渠道类型的最大设计流速

序号	铺砌及防护渠道类型	水流平均深度（m）			
		0.4	1.0	2.0	3.0
		平均流速（m/s）			
1	单层铺石（石块尺寸15cm）	2.5	3.0	3.5	3.8
2	单层铺石（石块尺寸20cm）	2.9	3.5	4.0	4.3
3	双层铺石（石块尺寸15cm）	3.1	3.7	4.3	4.6
4	双层铺石（石块尺寸20cm）	3.6	4.3	5.0	5.4
5	水泥砂浆砌软弱沉积岩块石砌体，石材强度等级不低于Mu10	2.9	3.5	4.0	4.4
6	水泥砂浆砌中等强度沉积岩块石砌体	5.8	7.0	8.1	8.7
7	水泥砂浆砌，石材强度等级不低于Mu15	1.1	8.5	9.8	11.0

四、排洪沟的设计计算

排洪沟水力计算公式中的过水断面A和湿周x的求法为：

（1）梯形断面

$$A = Bh + mh^2$$

$$x = B + 2h\sqrt{1+m^2} \tag{4-6}$$

式中：h——水深，m。

B——底宽，m。

m——沟侧边坡水平宽度与深度之比。

（2）矩形断面

$$A = Bh$$

$$x = B + 2h \tag{4-7}$$

式中各符号意义同上。

进行排洪沟水力计算时，常遇到下述情况：

（1）已知设计流量、渠底坡度，确定渠道断面。

（2）已知设计流量或流速、渠道断面及渠壁粗糙系数，求渠道底坡。

（3）已知渠道断面、渠壁粗糙系数及渠底坡度，求渠道的输水能力。

第五章

海绵城市建设基本理论

第一节　海绵城市建设内涵解析

一、海绵城市理念的来源

海绵城市建设的核心是雨洪管理。在国外，城市雨洪管理代表性的理念主要包括以下三个方面：

（1）美国的低影响开发（LID）。20世纪90年代在美国马里兰州普润斯·乔治县提出，用于城市暴雨最优化管理实践。采用源头削减、过程控制、末端处理的方法进行渗透、过滤、蓄存和滞留，防治内涝灾害，融合了基于经济及生态环境可持续发展的设计策略。其目的是维持区域天然状态下的水文机制，通过一系列的分布式措施构建与天然状态下功能相当的水文和土地景观，减轻城市化地区水文过程畸变带来的社会及生态环境负效应。

（2）英国的城市可持续发展排水系统（SUDS）。其侧重"蓄、滞、渗"，提出了4种途径（储水箱、渗水坑、蓄水池、人工湿地）"消化"雨水，减轻城市排水系统的压力。

（3）澳大利亚的水敏感性城市设计（WSUD）。其侧重"净、用"，强调城市水循环过程的"拟自然设计"。

在国内，尽管受国外低影响开发等理念影响，且相关研究与实践探索已有一定时间，但2013年之前国内对于海绵城市的研究只有零星论述。海绵城市的明确提出并为社会各界所熟知是始于2013年中央城镇化工作会议提出"建设自然积存、自然渗透、自然净化的海绵城市"。2014年10月，住房和城乡建设部发布的《海绵城市建设技术指南——低影响开发雨水系统构建（试行）》指出：海绵城市是指城市能够像海绵一样，在适应环境变化和应对自然灾害等方面具有良好"弹性"，下雨时吸水、蓄水、渗水、净水，需要时将蓄存的水"释放"并加以利用。这一定义被不少文献采用。应当说，这些文献在一定程度上指出了海绵城市的主要功能及特征，但未能全面系统地回答什么是海绵城市这一根本性问题。

二、海绵城市建设应考虑的基本问题

海绵城市的内涵涉及对海绵城市基本功能和发展目标的理解，也会影响海绵城市的发展路径和建设内容。笔者认为，在阐述海绵城市概念时不能受低影响开发等理念的局限，应综合考虑以下几个方面的问题：

（一）城市水文及其伴生过程规律

从水文学观点来看，在城市环境下雨水的演进包括冠层截流、土壤入渗、地表洼蓄、陆表和水域蒸散、坡面径流及汇流过程、管网收集与排放、河网汇集与调控等环节，且耦合了水质、生态动力学等过程。

城市水问题是城市水文各环节及其伴生过程变化共同作用的结果。因此，流域水文规律是海绵城市的科学基础。对于海绵城市的内涵，一定要从城市水文过程的角度进行系统的认识和描述，不能只突出某一环节，其内涵的阐述要有利于构建更加完整、平衡和协调的城市水循环过程，体现出对地表水文过程的源头、中间和末端规律的重视。

（二）中国城镇化进程中面临的主要水问题及其复杂关系

海绵城市建设作为城市水系统的重要治理模式，是城市生态文明建设的重要组成部分。因此，海绵城市建设必须有助于实质性地解决中国城镇化进程中的主要水问题。随着中国城镇化的快速发展，中国城市面临的洪涝灾害、水资源短缺、水环境污染及水生态退化几大水问题越来越突出并相互交织在一起，具有很强的复杂性。对于这些城市水问题，不能分而治之，而应当统筹解决。海绵城市应当体现对城市洪涝、水资源、水环境、水生态问题的系统考虑和综合治理，在适应环境变化方面具有良好的弹性和抗压性。作为城市发展战略，海绵城市要引领未来水系统治理乃至城市建设，要有前瞻性和全面性。

（三）城市雨洪管理模式和措施之间的协调性

海绵城市强调充分发挥自然的作用，故在构建海绵城市时，应利用土壤、植被、水系的自然渗透、积存和净化能力。海绵城市的构建途径是多样的，绝不仅仅只有低影响开发措施。中国诸多城市人口和产业聚集程度极高，暴雨强度高，污染物排放量大、来源广，仅靠自然调蓄和净化难以实现雨洪高标准管理。海绵城市建设应该是城市及片区等不同尺度上与"绿色基础设施""灰色基础设施"的有机结合。城市水系统的治理需要对自然水循环和社会水循环统筹考虑，同时，在防洪标准上要考虑小区、城市及区域的协调。

笔者认为，海绵城市的内涵可以基本概括为：海绵城市是一种城市水系统综合治理模式，以城市水文及其伴生过程的物理规律为基础，以城市规划建设和管理为载体，有机结合"绿色基础设施、灰色基础设施"，充分发挥植被、土壤、河湖水系等对城市雨水径流的积存、渗透、净化和缓释作用，实现城市防洪治涝、水资源利用、水环境保护与水生态修复的有机结合，使城市能够减缓或降低自然灾害和环境变化的影响，具有良好的弹性和可恢复性。

三、海绵城市建设目标与指标

为科学、全面表征海绵城市的理念和内涵，突出海绵城市的核心内容和主要构建途径，引导海绵城市建设实践，须明确海绵城市建设的关键性指标，合理制定相应目标值。2015年7月，住房和城乡建设部发布了《海绵城市建设绩效评价与考核办法（试行）》。该办法以《海绵城市建设技术指南》为主要基础，共提出了六大类、18项指标，包括水生态、水环境、水资源、水安全等方面，其中的主要指标包括年径流总量控制率、污水再生利用率、城市暴雨内涝灾害防治率、雨水资源利用率、生态岸线恢复、地下水位等。2015年8月《水利部关于推进海绵城市建设水利工作的指导意见》提出了海绵城市建设水利工作的主要指标，包括防洪标准、降雨滞蓄率、水域面积率、地表水体水质达标率、雨水资源利用率、再生水利用率、防洪堤达标率、排涝达标率、河湖水系生态防护比例等。

不同行业由于专业背景和工作思路不同，设立的相关指标有较大不同。笔者认为，由于指标关系到海绵城市建设内容导向性和建设规模，因此一定要对其物理意义、计算方法严格论证。在制定指标及其目标值时，应注意以下几个方面的问题：

（1）指标的物理意义以及在气候、水文、地理方面的科学性。例如，反映雨水源头减排、集蓄利用能力的指标，在《海绵城市建设技术指南——低影响开发雨水系统构建（试行）》中是用"年径流总量控制率"作为控制指标。笔者认为该指标有失严谨。

一方面，这个指标（又解释为一定排频的降雨量控制率）定义不准确。指南中虽冠以"径流控制率"的名称，但实际上公式与径流并没有任何联系。实际上，径流控制率需要与城镇化后的降雨径流关系建立联系。另外，将降雨量控制率等同于径流控制率更是混淆了雨洪同频概念。另一方面，中国多数城市降雨在年内集中于汛期，甚至以几场暴雨的形式集中出现，径流控制效果与场次暴雨总量和时程分布有直接关系；不同地域的降雨特性不同，南北方差异很大，控制要求完全不同。

因此，根据地域降雨特征来设置径流控制指标显然更加合理；同时对于控制指标的阈值需要进行科学的论证。

（2）指标在监测、计算、评价方面的可操作性。海绵城市的相关指标不仅要有明确的物理意义，而且在监测、评价方面更应具有可操作性。城市暴雨导致的内涝及灾情在空间上具有分散性、多样性特征，它们并不是一个单因素指标；如何系统监测，进而定量计算和评价指标都需要严谨考虑。

（3）指标的尺度与具体时空范围的对应性。近年来，一些学者提出了诸如"一片天对一片地"的规划设计思路，这对于指导海绵城市建设十分重要。城市雨水径流具有分散性，城市雨洪管理措施也具有尺度性特征（如区域尺度、城市尺度、小区尺度等），同时不同空间范围之间还会相互影响。因此，在提出海绵城市的指标及其目标值时一定要明确时间和空间尺度或范围。

（4）指标的地区差异性，要因城制宜，体现"一城一策"。对于海绵城市，在暴雨内涝防治、雨水资源利用、水污染治理、水生态修复方面设立一些共性的关键指标是必要的，但应该注意到中国各城市自然地理和社会经济情况的多样性，水问题现状及成因也不同。中国南北方城市面临的问题不同，海绵城市的建设任务也不一样。因此，不同城市建设目标和指标也应不同，一定要能够体现对于解决本地水问题的导向性，避免目标与指标和措施单一趋同，缺少根据建设区自身的自然地理和水文条件的目标及其阈值。

四、海绵城市建设功能与发展方向

海绵城市建设不仅要实现雨洪综合管理和利用，还要统筹考虑交通、市政、生态、景观等多种功能，与周边城市环境有机融合、和谐共存。因此，海绵城市是一项系统工程，是城市水系统的综合管理，在一定意义上也可上升到城市人居环境的重构。功能综合是海绵城市建设的前提。国外发达国家在这方面有着成功的经验，代表了城市水系统治理的发展方向。

笔者曾实地查勘英国伦敦东南部Eltham地区Sutcliffe湿地公园。该公园的规划和建设是海绵城市建设的成功案例。结合Sutcliffe公园的特点，笔者认为中国海绵城市建设在功能规划发展方向上应注意以下问题：

（1）尊重城市水循环及其伴生过程的自然规律，以河湖水系为骨架，合理规划布局，形成综合功能。城市河湖水系是城市水循环的骨架，是城市雨洪调节、净化、利用和水生态修复的主要空间。海绵城市构建要有流域概念，以城市河湖为核心，科学安排"渗、滞、蓄、净、用、排"和生态修复格局，合理布局各类措施和元素，实现多种功能的综合和协调。

（2）海绵城市基础设施及其功能与城市周边环境和谐融合。海绵城市的相关基础设施，不能与周边环境割裂，而是在功能及景观上要相互和谐与协调，要融入城市人居环境的整体构建。

以伦敦Sutcliffe公园为例。该公园围绕流经公园的Quaggy河这一核心廊道，顺应地势对河流及沿岸形态进行自然恢复，沿河构建了水域、湿地、水生植被、滨河绿地、透水沟道等雨洪调蓄、净化和景观生态元素，实现了多种雨洪管理措施的综合运用。作为一个功能综合体，Sutcliffe公园不但自身具有雨洪调蓄和消纳的空间，而且公园雨洪调蓄还与周边住宅区结合在一起，公园湿地通过地下涵管与作为蓄水空间的公寓房地下停车场（雨季可作为蓄水场所）联系在一起。湿地内超标准雨洪还可排入相邻流域联合调蓄，从而在整体上提升了片区的防洪治涝能力。同时，结合Quaggy河整治，实施了水生态修复、生物栖息地保护，该公园被纳入英国地方自然保护计划，已成为重要的昆虫和鸟类自然保护区节点。同时，公园还充分考虑了社区居民生活需要，构建了绿色景观、开放式的亲水空间，建有健身休闲步道、田径场等生活设施，展现了人水和谐、人与自然和谐的风貌。

五、地下排蓄系统

中国城市人口和建筑密集，城市水系受用地条件约束，修建地面排蓄水场所、恢复地表河道实际上非常困难。因此，中国许多城市吸收国内外经验，强化地下排蓄系统建设，以强化雨洪排蓄能力。例如，广州开展了深隧排水工程试验段的建设，北京规划建设东西两条地下蓄排水廊道，深圳市也规划建设沿海深层排水隧道。地下排蓄系统的构建应因地制宜、科学规划推进。借鉴法国巴黎、马赛等城市雨洪地下排蓄设施建设的经验，主要建议如下：

（1）新建地下排蓄设施应与原有排水系统合理衔接，构建层次分明、功能明确的雨洪排蓄体系。基于对区域雨洪径流特性和现有排水系统的评估，科学规划布局地下雨水调蓄设施。新建地下雨水调蓄设施要与原有排水系统有机衔接、完善配套，雨洪地下排蓄设施地下主体和地表环境应协调匹配。城市雨洪地下调蓄设施不仅是重要的水处理工程，也是重要的市政工程。

法国马赛市中心JulesGuesde建设的地下蓄水设施不仅规模宏大，更重要的是与马赛地下主排水管道合理衔接，成为城市地表排水系统的一个组成部分。同时，JulesGuesde地下雨洪调蓄池结构设计和空间布局有序，分为上、下两层。上层是管理人员工作空间，可以对设施运行情况进行监控和维护；下层是雨洪调蓄空间，径流排放装置、水质处理装置、水位监测设施和各类管线等，布局井然有序。

（2）雨洪地下排蓄通道应兼具雨洪调控和水质净化功能，实现水量水质双控制。地下雨洪调蓄设施不仅是重要的径流调蓄设施，而且具有水环境改善功能；可以把城市地上污水处理设施置于地下，与雨洪调蓄设施匹配，不仅可以完善运用功能，还可以置换土地、筹集建设资金。马赛JulesGuesde调蓄池内部空间巨大，可用容积达1.2万立方米，可以很好地弥补地下管网排水能力的不足，调蓄周边雨洪；同时，该蓄水池还具有水质净化功能，其内部有专门的径流污染物沉积处理装置，可以削减雨洪污染物负荷。

六、海绵城市建设管理体制

海绵城市不仅要构建良性循环的城市水系统，还要综合考虑城市交通、市政、环境、生态、景观等功能并与城市总体规划、产业发展和空间布局有机融合。

因此，海绵城市必须整体规划、系统布局、协同推进，才能取得建设效果。另一方面，海绵城市不仅要重视基础设施建设，也要重视管理维护，还要应用现代高新技术，建立信息化、智慧化的信息监测平台和预测调度管理系统。

（1）充分发挥多部门的协同、联动作用。海绵城市建设涉及城市规划、城市建设、建筑物布局、防洪治涝、水资源保护、水生态修复等多个方面，需要系统认识城市水问题，统筹规划、综合安排。需要通过多部门的协同规划、同步联动，保障既定目标的实现。

（2）科学规划海绵城市的顶层设计、系统布局。应当紧密结合城市自然地理、社会经济背景，在系统分析建设区域水问题及其成因的基础上，制定顶层设计方案，明确海绵城市建设目标、总体布局。

在顶层设计中，应从流域、区域、城市相结合的角度来系统分析城市水问题，理清脉络、举纲张目，科学安排雨洪管理格局和调控、修复措施，在不同尺度上设计建设方案。建立跨行业的技术机构，通过不同行业、学科的优势互补和交融，从整体思考和规划，推动城市发展与水资源、水环境承载力相协调。

（3）深度融合水科学与互联网+技术，建设智慧型海绵城市。海绵城市建设应以智能化为重要发展方向，通过深度融合城市科学、水科学与互联网+技术，使海绵城市建设成为科技创新、产业发展的重要载体，带动城市发展升级。尤其要注重互联网+技术在雨洪监测中的深度应用，通过智能传感技术，立体监测城市雨洪信息，实时掌握雨洪运动状态；耦合气象、水文模型，强化暴雨洪涝预警预报；采用大数据分析和云计算技术，实现城市水系统智能调控和精细化管理，使城市快捷、智慧、弹性地应对水问题。

第二节　海绵城市建设基本理论研究

一、海绵城市对规划的基本要求

城市人民政府应作为落实海绵城市—低影响开发雨水系统构建的责任主体，统筹协调规划、国土、排水、道路、交通、园林、水文等职能部门，在各相关规划编制过程中落实低影响开发雨水系统的建设内容。

城市总体规划应创新规划理念与方法，将低影响开发雨水系统作为新型城镇化和生态文明建设的重要手段。应开展低影响开发专题研究，结合城市生态保护、土地利用、水系、绿地系统、市政基础设施、环境保护等相关内容，因地制宜地确定城市年径流总量控制率及其对应的设计降雨量目标，制定城市低影响开发雨水系统的实施策略、原则和重点实施区域，并将有关要求和内容纳入城市水系、排水防涝、绿地系统、道路交通等相关专项（专业）规划。编制分区规划的城市应在总体规划的基础上，按低影响开发的总体要求和控制目标，将低影响开发雨水系统的相关内容纳入其分区规划。

详细规划（控制性详细规划、修建性详细规划）应落实城市总体规划及相关专项（专业）规划确定的低影响开发控制目标与指标，因地制宜，落实涉及雨水"渗、滞、蓄、净、用、排"等用途的低影响开发设施用地；并结合用地功能和布局，分解和明确各地块单位面积控制容积、下沉式绿地率及其下沉深度、透水铺装率、绿色屋顶率等低影响开发主要控制指标，指导下层级规划设计或地块出让与开发。

有条件的城市（新区）可编制基于低影响开发理念的雨水控制与利用专项规划，兼顾径流总量控制、径流峰值控制、径流污染控制、雨水资源化利用等不同的控制目标，构建从源头到末端的全过程控制雨水系统；利用数字化模型分析等方法分解低影响开发控制指标，细化低影响开发规划设计要点，供各级城市规划及相关专业规划编制时参考；落实低影响开发雨水系统建设内容、建设时序、资金安排与保障措施。也可结合城市总体规划要求，积极探索将低影响开发雨水系统作为城市水系统规划的重要组成部分。

生态城市和绿色建筑作为国家绿色城镇化发展战略的重要基础内容，对我国未来城市发展及人居环境改善有长远影响，应将低影响开发控制目标纳入生态城市评价体系、绿色建筑评价标准，通过单位面积控制容积、下沉式绿地率及其下沉深度、透水铺装率、绿色屋顶率等指标进行落实。

二、海绵城市规划的目标

（一）规划总体要求

海绵城市是指通过加强城市规划建设管理，充分发挥建筑、道路和绿地、水系等生态系统对雨水的吸纳、蓄渗和缓释作用，有效控制雨水径流，实现自然积存、自然渗透、自然净化的城市发展方式。

为落实我国建设海绵城市的要求，全面贯彻海绵城市理念，提出符合本地区自然环境特征和城市发展定位的海绵城市建设框架，合理确定海绵城市建设的目标和相关指标，通过对城市原有生态系统的保护、生态恢复和修复、低影响开发等途径，以建筑与小区、城市道路、广场绿地及城市水系等作为载体，突破传统"以排为主"的城市雨水管理理念，采用"源头消减、中途转输、末端调蓄"等手段，通过"渗、滞、蓄、净、用、排"等多种生态化技术，提高对径流雨水的渗透、储存、调蓄、净化、利用和排放能力，构建城市低影响开发雨水系统，加强城市源头径流的控制、排水管渠标准的提高、内涝防治工程的建设和河湖生态的治理，推动本地区乃至全国的生态文明城市建设。

城市总体规划要从战略高度明确海绵城市建设的目标与方向，并在现有城市总体规划编制的框架下，将海绵城市的规划内容系统地融入规划的空间布局引导和相关指标、要素控制等相关内容中。其中，空间布局规划引导可通过对城市功能区、用地布局、城市高程等方面合理规划，贯彻海绵城市建设指导思想和基本原则。相关指标、要素控制可通过对各类用地占比、建设用地开发强度、年径流总量控制率和年径流污染控制率等指标以及蓝线、绿线等的控制，在城市建设管理中落实海绵城市建设要求。

（二）规划基本原则

传统城市建设主要以"快速排除"和"末端集中"控制为主要规划设计原则，往往造成逢雨必涝、旱涝急转。规划应转变传统的排水防涝思路，让城市"弹性适应"环境变化与自然灾害，遵循"规划引领、生态优先、尊重自然、安全为重、因地制宜、全面协调、统筹建设"的规划基本原则。老城区以问题为导向，重点解决城市内涝、雨水收集利用及黑臭水体治理等问题。城市新区、各类园区及成片开发区以目标为导向，优先保护自然生态本底，合理控制开发强度。

1.规划引领

海绵城市建设应以批准的城镇总体规划为主要依据，与城镇控制性详细规划、修建性详细规划和水系、绿地、排水防涝、道路交通等专项规划和设计相协调，落实海绵城市建设、低影响开发雨水系统构建的内容，先规划后建设，体现规划的科学性和权威性，发挥规划的控制和引领作用。

2.生态优先、尊重自然

在城市开发建设中，贯彻"建设自然积存、自然渗透、自然净化的海绵城市"理念，科学划定蓝线和绿线，注重对河流、湖泊、湿地、坑塘与沟渠等水生态敏感区的保护和修复，坚持生态优先，将自然途径与人工措施相结合；优先利用城市自然排水系统，充分发挥绿地、道路、水系对雨水的吸纳、渗滞、蓄排和净用，实现雨水的自然积存、自然渗透、自然净化和可持续水循环，提高水生态系统的自然修复能力，使城市开发建设后的水文特征接近开发前，维护城市良好的生态功能。

3.安全为重

以保护人民生命财产安全和社会经济安全为出发点，综合采用工程和非工程措施提高低影响开发设施的建设质量和管理水平，消除安全隐患，增强防灾减灾能力，保障城市水安全。

4.因地制宜

根据住房和城乡建设部《海绵城市建设技术指南》具体要求，同时结合本地区自然地理条件、水文地质特点、土壤植被、水资源条件、下垫面及降雨特点、开发强度以及内涝防治要求等，合理确定海绵城市建设低影响开发控制目标与指标，科学规划布局，合理选择下沉式绿地、植草沟、雨水湿地、透水铺装、多功能调蓄等低影响开发设施及其组合系统。

5.全面协调、统筹建设

基于"海绵城市建设"理念，各地政府应全面协调城市规划设计、基础设施建设运营与海绵城市建设的有机融合，在各类建设项目中严格落实各层次相关规划中确定的低影响开发控制目标、指标和技术要求，低影响开发设施应与建设项目的主体工程同时规划设计、同时施工、同时投入使用，实现统一规划、建设、管理与协调。

（三）规划目标

海绵城市建设规划指标体系的建立可结合城市本地自然特征，参考住房和城乡建设部印发的《海绵城市建设绩效评价与考核办法（试行）》，从水生态、水环境、水资源及水安全等方面建立具体指标，制定符合本地地域特征的海绵城市规划指标体系。具体指标的建立主要包括以下四个方面：

1.水生态规划目标

应以通过海绵城市的统筹建设，识别重要的生态斑块，构建生态廊道，保护山体、水体、林地、水源保护区等重要生态敏感区，通过生态空间的有序指引，留足生态空间和水域用地，实现城市与自然的共生目标。该目标主要包括以下四点：

（1）年径流总量控制率。根据多年日降雨量统计数据分析计算，经过下垫面自身消纳和低影响开发设施处理后的降雨量（含不外排控制量）占全年总降雨量的比例，可由污染物年径流总量控制率和不外排年径流总量控制率进行控制。

当地降雨形成的径流总量，应达到住房和城乡建设部《海绵城市建设技术指南》规定的年径流总量控制要求。在低于年径流总量控制率所对应的降雨量时，海绵城市建设区域不得出现雨水外排现象。

（2）生态岸线恢复。在不影响防洪安全的前提下，对城市河湖水系岸线、加装盖板的天然河渠等进行生态修复，达到蓝线控制要求，恢复其生态功能。

水域面积率应不低于开发前水域面积。年径流污染消减率、降雨滞蓄率、生态岸线恢复及保护率可根据各地实际情况进行确定。

（3）地下水位。年均地下水潜水位保持稳定，或下降趋势得到明显遏制，平均降幅低于历史同期。年均降雨量超过1000mm的地区不评价此项指标。

（4）城市热岛效应。热岛强度得到缓解。海绵城市建设区域夏季（按6~9月）日平均气温不高于同期其他区域的日均气温，或与同区域历史同期（扣除自然气温变化影响）相比呈现下降趋势。

2.水环境规划目标

水环境规划应通过区域点源、面源污染的控制，减轻对水环境的影响，以构建清洁、健康的水环境系统为目标。该目标主要包括以下两点：

（1）水环境质量。要求海绵城市建设区域内的河湖水系不得出现黑臭现象，水质不低于现行国家标准《地表水环境质量标准》（GB 3838-2002）中规定的Ⅳ类标准，且应当优于海绵城市建设前的水质。当城市内河水系存在上游来水时，下游断面主要指标不得低于来水指标。地下水监测点位水质不低于现行国家标准《地下水质量标准》（GB/T 14848-2017）中规定的Ⅲ类标准，或不劣于海绵城市建设前。

（2）城市面源污染控制。雨水径流污染、合流制管渠溢流污染应得到有效控制。雨水管网不应有污水直排现象；非降雨时段，合流制管渠不应有污水直排；雨水直排或合流制管渠溢流进入城市内河水系的，应采取生态治理后入河，确保海绵城市建设区域内的河湖水系水质不低于地表Ⅳ类，雨水径流污染物消减率（以悬浮物TSS计）各地可根据实际情况进行确定。

3.水资源规划目标

水资源规划应以提升城市雨水集蓄利用能力和雨污水资源化利用水平为目标。该目标主要包括以下四点：

（1）污水再生利用率。污水再生利用包括：污水经处理后，用于市政杂用、工业农业、园林绿地灌溉等用水，以及经过人工湿地、生态处理等方式，主要指标达到或优于地表Ⅳ类要求的污水厂尾水。原则上，适用于人均水资源量低于500m³和城区内水体水环境质量低于Ⅳ类标准的城市。根据《水污染防治行动计划》目标，到2020年，缺水城市再生水利用率达到20%以上，京津冀区域达到30%以上。

（2）雨水资源利用率。雨水资源利用率指标由各地根据实际情况确定。雨水利用水质标准根据实际用途确定，同时用于多种用途时，其水质按照现行国家标准《建筑与小区雨水控制及利用工程技术规范》（GB 50400-2016）执行。雨水资源利用率主要是指用于道路浇洒、园林绿地灌溉、市政杂用、工农业生产、冷却等的年雨水总量与年均降雨量的比值或雨水利用量替代的自来水比例等。

（3）管网漏损率。建议供水管网漏损率不高于12%。

4.水安全规划目标

水安全规划应以提高城市的防洪防涝能力、控制城市径流、减轻暴雨对城市运行的影响为目标。该目标主要包括以下两点：

（1）城市暴雨内涝灾害防治。历史积水点彻底消除或明显减少，或者在同等降雨条件下积水程度显著减轻。城市内涝得到有效防范，达到现行国家标准《室外排水设计规范》（GB 50014-2006）规定的标准。排水防涝标准及城市防洪标准可根据各地实际情况合理确定。

（2）饮用水安全。饮用水水源地水质达到国家标准要求：以地表水为水源的，一级保护区水质达到现行国家标准《地表水环境质量标准》（GB 3838-2002）中规定的Ⅱ类标准和饮用水源补充、特定项目的要求，二级保护区水质达到现行国家标准《地表水环境质量标准》（GB 3838-2002）中规定的Ⅲ类标准和饮用水源补充、特定项目的要求。以地下水为水源的，水质达到现行国家标准《地下水质量标准》（GB/T 14848-2017）中规定的Ⅲ类标准要求。自来水厂出厂水、管网水和龙头水达到现行国家标准《生活饮用水卫生标准》（GB 5749-2022）中规定的要求。

（四）规划控制指标

海绵城市规划控制目标一般包括径流总量控制、径流峰值控制、径流污染控制以及雨水资源化利用等。各地应结合水生态、水环境、水安全、水资源以及水文地质条件等现状特点，合理选择其中一项或多项目标作为主要规划控制目标。鉴于径流污染控制目标、径流峰值控制目标和雨水资源化利用目标大多可通过径流总量控制实现，各地海绵城市构建可选择径流总量控制作为首要的规划控制目标。

1.径流总量控制目标

（1）目标确定方法。径流总量控制一般采用年径流总量控制率作为控制目标。年径流总量控制率与设计降雨量为一一对应关系。

城市年径流总量控制率对应的设计降雨量值的确定，是通过统计学方法获得的。根据中国气象科学数据共享服务网中国地面国际交换站气候资料数据，选取至少近30年（反映长期的降雨规律和近年气候的变化）日降雨（不包括降雪）资料，扣除不大于2mm的降雨事件的降雨量，将降雨量日值按雨量由小到大进行排序，统计小于某一降雨量的降雨量（小于该降雨量的按真实雨量计算出降雨总量，大于该降雨量的按该降雨量计算出降雨总量，两者累计总和）在总降雨量中的比率，此比率（即年径流总量控制率）对应的降雨量（日值）即为设计降雨量。设计降雨量是各城市实施年径流总量控制的专有量值。考虑我国不同城市的降雨分布特征不同，各城市的设计降雨量值应单独推求。资料缺乏时，可根据当地长期降雨规律和近年气候的变化，参照与其长期降雨规律相近的城市设计降雨量值。

在理想状态下，径流总量控制目标应以开发建设后径流排放量接近开发建设前自然地貌时的径流排放量为标准。自然地貌往往按照绿地考虑，一般情况下，绿地的年径流总量外排率为15%~20%（相当于年雨量径流系数为0.15~0.20）。因此，借鉴发达国家实践经验，年径流总量控制率最佳为80%~85%。这一目标主要通过控制频率较高的中、小降雨事件来实现。

实践中，各地在确定年径流总量控制率时，需要综合考虑多方面因素。一方面，开发建设前的径流排放量与地表类型、土壤性质、地形地貌、植被覆盖率等因素有关，应通过分析综合确定开发前的径流排放量，并据此确定适宜的年径流总量控制率。另一方面，要考虑当地水资源情况、降雨规律、开发强度、海绵城市工程设施的利用效率以及经济发展水平等因素；具体到某个地块或建设项目的开发，要结合本区域建筑密度、绿地率及土地利用布局等因素确定。因此，在综合考虑以上因素的基础上，当不具备径流控制的空间条件或者经济成本过高时，可选择较低的年径流总量控制目标。同时，从维持区域水环境良性循环及经济合理性角度出发，径流总量控制目标也不是越高越好，雨水的过量收集、减排会导致原有水体的萎缩或影响水系统的良性循环；从经济性角度出发，当年径流总量控制率超过一定值时，投资效益会急剧下降，造成设施规模过大、投资浪费的问题。

（2）年径流总量控制率分区。我国地域辽阔，不同城市地区的气候特征、土壤地质等天然条件和经济条件差异较大，径流总量控制目标也应不同。在雨水资源化利用需求较大的西部干旱半干旱地区，以及有特殊排水防涝要求的区域，可根据经济发展条件适当提高径流总量控制目标。对于广西、广东及海南等部分沿海地区，由于极端暴雨较多，导致设计降雨量统计值偏差较大，造成投资效益及海绵城市工程设施利用效率不高，可适当降低径流总量控制目标。

因此，对年径流总量控制率无法提出统一的要求。对我国近200个城市1983-2012年日降雨量统计分析，分别得到各城市年径流总量控制率及其对应的设计降雨量值关系。

基于上述数据分析，将我国大致分为五个区，并给出了各区年径流总量控制率 α 的最低和最高限值，即 Ⅰ区（85% ≤ α ≤ 90%）、Ⅱ区（80% ≤ α ≤ 85%）、Ⅲ区（75% ≤ α ≤ 85%）、Ⅳ区（70% ≤ α ≤ 85%）、Ⅴ区（60% ≤ α ≤ 85%）。各地应参照此限值，因地制宜地确定本地区径流总量控制目标。

（3）目标落实途径。各地城市在规划、建设过程中，可将年径流总量控制率目标分解为单位面积控制容积，以其作为综合控制指标来落实径流总量控制目标。径流总量控制途径包括雨水的下渗减排和直接集蓄利用。缺水地区可结合实际情况制定基于直接集蓄利用的雨水资源化利用目标。雨水资源化利用一般应作为落实径流总量控制目标的一部分。在实施过程中，雨水下渗减排和资源化利用的比例需依据实际情况，通过合理的技术经济比较来确定。

2.径流峰值控制目标

径流峰值流量控制是海绵城市建设的控制目标之一。低影响开发设施受降雨频率与雨型、海绵城市工程设施建设与维护管理条件等因素的影响，一般对中、小降雨事件的峰值消减效果较好；对特大暴雨事件，虽仍可起到一定的错峰、延峰作用，但其峰值消减幅度往往较低。因此，为保障城市安全，在海绵城市工程设施的建设区域，城市雨水管渠和泵站的设计重现期、径流系数等设计参数仍然应当按照现行国家标准《室外排水设计规范》（GB 50014-2006）中的相关标准执行。

同时，低影响开发雨水系统是城市内涝防治系统的重要组成部分，应与城市雨水管渠系统及超标雨水径流排放系统相衔接，建立从源头到末端的全过程雨水控制与管理体系，共同达到内涝防治的要求。城市内涝防治设计重现期应按现行国家标准《室外排水设计规范》（GB 50014-2006）中内涝防治设计重现期的标准执行。

3.径流污染控制目标

径流污染控制是低影响开发雨水系统的控制目标之一，既要控制分流制径流污染物总量，也要控制合流制溢流的频次或污染物总量。各地应结合城市区域（项目）内建设情况、用地性质、水环境质量要求、径流污染特征等确定径流污染综合控制目标和污染物指标，污染物指标可采用悬浮物（SS）、化学需氧量（COD）、总氮（TN）、总磷（TP）等。

在城市径流污染物中，SS往往与其他污染物指标具有一定的相关性。因此，一般可采用SS作为径流污染物控制指标。低影响开发雨水系统的年SS总量去除率一般可达到40%~60%。年SS总量去除率可用下述方法进行计算：

年SS总量去除率=年径流总量控制率×海绵城市工程设施对SS的平均去除率

城市或开发区域年SS总量去除率，可通过不同区域、地块的年SS总量去除率经年径流总量（年均降雨量×综合雨量径流系数×汇水面积）加权平均计算得出。

考虑到径流污染物变化的随机性和复杂性，径流污染控制目标一般也通过径流总量控制来实现，并结合径流雨水中污染物的平均浓度和海绵城市工程设施的污染物去除率确定。

4.控制目标的选择

各地应根据当地降雨特征、水文地质条件、径流污染状况、内涝风险控制要求和雨水资源化利用需求等，并结合当地水环境突出问题、经济合理性等因素，有所侧重地确定海绵城市建设径流控制目标。

（1）水资源缺乏的城市或地区，可采用水量平衡分析等方法确定雨水资源化利用的目标；雨水资源化利用一般应作为径流总量控制目标的一部分。

（2）水资源丰沛的城市或地区，可侧重径流污染及径流峰值控制目标。

（3）径流污染问题较严重的城市或地区，可结合当地水环境容量及径流污染控制要求，确定年SS总量去除率等径流污染物控制目标。在实践中，一般转换为年径流总量控制率目标。

（4）水土流失严重和水生态敏感地区，宜选取年径流总量控制率作为规划控制目标，尽量减小地块开发对水文循环的破坏。

（5）易涝城市或地区，可侧重径流峰值控制，并达到《室外排水设计规范》（GB 50014-2006）中内涝防治设计重现期标准。

（6）面临内涝与径流污染防治、雨水资源化利用等多种需求的城市或地区，可根据当地经济情况、空间条件等，选取年径流总量控制率作为首要规划控制目标，综合实现径流污染和峰值控制及雨水资源化利用目标。

（五）规划管控体系

规划管控的成败，将直接决定海绵城市试点的成败。因此，为了保障海绵城市规划后期的顺利实施，需制定严格的规划管控措施，在城市建设流程中的各个阶段纳入海绵城市管控的具体内容，在两证一书、开工证和竣工验收备案等文件中加以落实。

1.管控体系构建要求

各地可以根据自身情况，参照国内外的成功经验，制定各自的海绵城市规划管控体系，但是应达到如下要求：

（1）系统化。系统的规定规划编制和规划管理中的要求，形成体系。

（2）全程化。实现从控规指标、土地出让、两证一书发放、施工许可到竣工验收等全过程管理。

（3）制度化。管控要求要制度化，作为行政主管部门管理的依据。

（4）数据化。规划管控制度的核心是标准要求。

（5）定量化。提出的指标要易于量化和考核。

（6）模型化。规划管控过程中要建立本地的计算模型，尤其是对年径流总量控制率的计算模型，确保每个地块都可以核算。

（7）可视化。建立可视化管控平台。

在标准要求中，应制定详细的指标，新建区和改建区指标应不同。工业厂房、公共建筑、商业区和居住小区指标应该不同。积水严重地区和水环境问题严重地区指标也应该不同。各地应根据自身情况，细化规划管控目标。分类后既可确保规划目标的落实，又可给规划设计人员自由发挥的空间，同时还能防止"过度设计"造成建设成本过高。

从规划的编制方面来说，要在现有规划体系下，通过制定本地的规划设计指南或者规划设计导则，合理地把海绵城市规划的内容融合进去。

2.管控体系的构建

规划管控体系的构建是保障海绵城市规划的后期顺利实施的基础，主要包括城市总体规划、控制性详细规划、修建性详细规划和水系、绿地、排水防涝以及道路交通等专项规划。根据雨水径流总量和径流污染控制的要求，将雨水年径流总量控制率目标进行分解。超大城市、特大城市和大城市要分解到排水分区；中等城市和小城市要分解到控制性详细规划单元，并提出管控要求。

海绵城市总体规划从宏观上指导海绵城市建设，协调水系、绿地、排水防涝和道路交通等与低影响开发的关系，确定海绵城市规划的总体思路、总体目标与控制指标，并将控制指标分解到各个地块上，形成一套可量化、可操作的海绵城市建设指标体系，作为编制专项规划、技术实施、考核评估的技术依据与基础。专项规划按照海绵城市总体规划的约束条件，以总体规划确定的各地块控制指标为依据，制定用以指导各项低影响开发工程设施的设计和施工的规划设计，落实具体的低影响开发设施的类型、布局、规模、建设时序、资金安排等，确保地块开发实现低影响开发控制目标。控制性详细规划中应明确海绵城市建设设施用地，并将海绵城市建设相关控制指标纳入土地出让条件；修建性详细规划应落实具体的海绵城市建设设施的类型、布局、规模、建设时序、资金安排等，确保地块开发实现海绵城市建设控制目标。

（1）总体规划。城市总体规划（含分区规划）应结合所在地区的实际情况，在规划前期结合现状调研，开展对城市各要素的专题研究，总结现状存在问题并进行趋势研判。在已有的绿地率、水域面积率等相关指标基础上，进一步纳入年径流总量控制率、径流污染去除率和雨水资源化利用率等指标，确定海绵城市理念指引下的城市开发导向和系统布局（城市空间布局导向、空间管控要求和设施布局要求等）。提出海绵城市建设的政策性导向和工程性手段（包括水污染防治策略、雨水量消减指标、面源污染控制指标等），具体要点如下：

①划定城市蓝线，保护水生态敏感区。通过对城市道路、绿地、水系等相关专项规划的协调，提出蓝线控制的宽度，划定城市蓝线。落实海绵城市建设要求，指导海绵城市建设设施的空间布局以及控制目标的制定。

切实落实保护优先的原则，科学划定城市禁建区和限建区。分析城市规划区内的山、水、林、田、湖等生态资源，尤其是要注意识别河流、湖泊、湿地、坑塘、沟渠等水生态敏感区、城市局部低洼地区、潜在湿地建设区、内涝高风险地区，并纳入城市非建设用地（禁建区、限建区）范围，从用地选择的源头确保城市开发建设对原有的自然生态系统的破坏和原有水文过程的影响降低到最小，并与雨水的源头径流控制、城市雨水管渠系统及超标雨水径流排放系统相衔接。

划定为禁建区的，不得布置城市建设用地；划定为限建区的，应在明确限制因素的前提下，尽可能减小开发量；水敏感区域、城市局部低洼地区、潜在湿地建设区、内涝高风险地区，应以保护为主；确需建设的，优先布置为绿地、广场等用地。

②集约开发利用土地。合理确定城市空间增长边界和城市规模，防止城市无序化蔓延；提倡集约型开发模式，保障城市生态空间。

③合理控制不透水面积。合理设定不同性质用地的绿地率、透水铺装率等指标，防止土地大面积硬化。

④合理控制地表径流，确保城市水安全。根据地形和汇水分区特点，合理确定雨水排水分区和排水出路，保护和修复自然径流通道，延长汇流路径，优先采用雨水花园、湿塘、雨水湿地等海绵城市工程设施控制径流雨水。合理统筹流域综合开发和治理，处理好城市排水系统与点（面）源污染的关系，修复城市原有湿地、河流、绿地等生态系统，渗、滞、蓄、排结合，实现城市的生态排水，确保城市水安全，从根本上解决城市上下游洪涝、污染问题。

⑤明确海绵城市建设策略和重点建设区域。依据对城市的定位、水文地质条件、用地性质、功能布局、近远期发展目标及经济发展水平等因素确定海绵城市建设的原则、策略和要求，并明确重点建设区域及其年径流总量控制率目标。

（2）控制性详细规划。城市控制性详细规划在城市建设中至关重要，必须将"海绵城市"建设的要求纳入控规的控制指标中。控规中要明确蓝线、绿线定位，将雨水径流控制率、径流污染控制率等指标落实到地块上，确保总规中的要求刚性传递下来，因地制宜地落实各控制率指标。控制性详细规划应协调相关专业，通过土地利用空间优化等方法，分解和细化城市总体规划及相关专项规划等上层级规划中提出的海绵城市建设控制目标及要求，结合建筑密度、绿地率等约束性控制指标，提出各地块的单位面积控制容积、下沉式绿地率及其下沉深度、透水铺装率、绿色屋顶率等控制指标，纳入地块规划设计要点，并作为土地开发建设的规划设计条件，要点如下：

①明确各地块的海绵城市建设控制指标和引导指标。控制性详细规划应在城市总体规划或各专项规划确定的海绵城市建设控制目标指导下，根据城市用地分类（R：居住用地；A：公共管理与公共服务设施用地；B：商业服务业设施用地；M：工业用地；W：物流仓储用地；S：道路与交通设施用地；U：公用设施用地；G：绿地与广场用地）的比例和特点进行分类分解，细化各地块的海绵城

市建设控制指标。地块的海绵城市建设控制指标可按城市建设类型（已建区、新建区和改造区）、不同排水分区或流域等分区制定。有条件的控制性详细规划也可通过水文计算与模型模拟，优化并明确地块的海绵城市建设控制指标。

根据各类用地特点和各地块控制指标要求，可进一步设置地块海绵城市建设引导指标。引导指标主要用于指导雨水"渗、滞、蓄、净、用、排"等海绵城市建设相关设施的落实，如下凹式绿地占比、渗透设施渗透量、绿色屋顶率、调蓄容积、雨水资源利用率等。

②合理组织地表径流。统筹协调开发场地内建筑、道路、绿地、水系等布局和竖向，使地块及道路径流有组织地汇入周边绿地系统和城市水系，并与城市雨水管渠系统和超标雨水径流排放系统相衔接，充分发挥海绵城市建设设施的作用。

③统筹落实和衔接各类海绵城市建设设施。根据各地块海绵城市建设控制指标，合理确定地块内的海绵城市建设设施类型及其规模，做好不同地块之间海绵城市工程设施之间的衔接，合理布局规划区内占地面积较大的海绵城市建设设施。

（3）城市水系规划。城市水系是城市生态环境的重要组成部分，也是城市径流雨水自然排放的重要通道、受纳体及调蓄空间，与海绵城市建设雨水系统联系紧密。具体要点如下：

①依据城市总体规划划定城市水域、岸线、滨水区，明确水系保护范围。在城市开发建设过程中应落实城市总体规划明确的水生态敏感区保护要求，划定水生态敏感区范围并加强保护，确保开发建设后的水域面积应不小于开发前，已破坏的水系应逐步恢复。

②保持城市水系结构的完整性，优化城市河湖水系布局，实现自然、有序排放与调蓄。城市水系规划应尽量保护与强化其对径流雨水的自然渗透、净化与调蓄功能，优化城市河道（自然排放通道）、湿地（自然净化区域）、湖泊（调蓄空间）布局与衔接，并与城市总体规划、排水防涝规划同步协调。

③优化水域、岸线、滨水区及周边绿地布局，明确海绵城市建设控制指标。

城市水系规划应根据河湖水系汇水范围，同步优化、调整蓝线周边绿地系统布局及空间规模，并衔接控制性详细规划，明确水系及周边地块海绵城市建设控制指标。

（4）城市绿地系统规划。城市绿地是建设海绵城市的重要场地。城市绿地系统规划应明确海绵城市建设控制目标，在满足绿地生态、景观、游憩和其他基本功能的前提下，合理地预留或创造空间条件，对绿地自身及周边硬化区域的径流进行渗透、调蓄、净化，并与城市雨水管渠系统、超标雨水径流排放系统相衔接。要点如下：

①提出不同类型绿地的海绵城市建设控制目标和指标。根据绿地的类型和特点，明确公园绿地、附属绿地、生产绿地、防护绿地等各类绿地海绵城市建设规划建设目标、控制指标（如下沉式绿地率及其下沉深度等）和适用的海绵城市建设设施类型。

②合理确定城市绿地系统海绵城市建设设施的规模和布局。统筹水生态敏感区、生态空间和绿地空间布局，落实海绵城市建设设施的规模和布局，充分发挥绿地的渗透、调蓄和净化功能。

③城市绿地应与周边汇水区域有效衔接。在明确周边汇水区域汇入水量，提出预处理、溢流衔接等保障措施的基础上，通过平面布局、地形控制、土壤改良等多种方式，将海绵城市建设设施融入绿地规划设计中，尽量满足周边雨水汇入绿地进行调蓄的要求。

④应符合园林植物种植及园林绿化养护管理技术要求。通过合理设置绿地下沉深度和溢流口、局部换土或改良增强土壤渗透性能、选择适宜乡土植物和耐淹植物等方法，避免植物受到长时间浸泡而影响正常生长，影响景观效果。

⑤合理设置预处理设施。径流污染较为严重的地区，可采用初期雨水弃流、沉淀、截污等预处理措施，在径流雨水进入绿地前将部分污染物进行截流净化。

⑥充分利用多功能调蓄设施调控排放径流雨水。有条件地区可因地制宜规划布局占地面积较大的海绵城市建设设施，如湿塘、雨水湿地等，通过多功能调蓄的方式，对较大重现期的降雨进行调蓄排放。

（5）城市排水防涝规划。海绵城市建设雨水系统是城市内涝防治综合体系的重要组成部分，应与城市雨水管渠系统、超标雨水径流排放系统同步规划设计。在城市排水系统规划、排水防涝综合规划等相关排水规划中，应结合当地条件确定海绵城市建设目标与建设内容，并满足现行国家标准《城市排水工程规划规范》（GB 50318-2017）、《室外排水设计规范》（GB 50014-2006）等相关要求。要点如下：

①明确海绵城市建设径流总量控制目标与指标。通过对排水系统总体评估及内涝风险评估等，明确海绵城市建设雨水系统径流总量控制目标，并与城市总体规划、详细规划中海绵城市建设雨水系统的控制目标相衔接，将控制目标分解为单位面积控制容积等控制指标，通过建设项目的管控制度进行落实。

②确定径流污染控制目标及防治方式。通过评估、分析径流污染对城市水环境污染的贡献率，根据城市水环境的要求，结合悬浮物（SS）等径流污染物控制要求确定年径流总量控制率，同时明确径流污染控制方式并合理选择海绵城市建设设施。

③明确雨水资源化利用目标及方式。对雨水利用现状进行分析，提出雨水综合利用方案，并研究城市雨水控制与利用的实施途径。根据当地水资源条件及雨水回用需求，确定雨水资源化利用的总量、用途、方式和设施。

④与城市雨水管渠系统及超标雨水径流排放系统有效衔接。最大限度地发挥海绵城市建设雨水系统对径流雨水的渗透、调蓄、净化等作用，海绵城市建设设施的溢流应与城市雨水管渠系统或超标雨水径流排放系统衔接。城市雨水管渠系统、超标雨水径流排放系统应与海绵城市建设系统同步规划设计，应按照现行国家标准《城市排水工程规划规范》（GB 50318-2017）、《室外排水设计规范》（GB 50014-2006）等规范的相应重现期设计标准进行规划设计。

⑤优化海绵城市建设设施的竖向与平面布局。利用城市绿地、广场、道路等公共开放空间，在满足各类用地主导功能的基础上合理布局海绵城市建设设施；其他建设用地应明确海绵城市建设控制目标与指标，并衔接其他内涝防治设施的平面布局与竖向，共同组成内涝防治系统。

（6）城市道路交通规划。城市道路是径流及其污染物产生的主要场所之一，城市道路交通专项规划应落实海绵城市建设理念及控制目标，减少道路径流及污染物外排量。要点如下：

①提出各等级道路海绵城市建设控制目标。在满足道路交通安全等基本功能的基础上，充分利用城市道路自身及周边绿地空间落实海绵城市建设设施，结合道路横断面和排水方向，利用不同等级道路的绿化带、车行道、人行道和停车场建设下沉式绿地、植草沟、雨水湿地、透水铺装、渗管（渠）等海绵城市建设设施，通过渗透、调蓄、净化方式，实现道路海绵城市建设控制目标。

②协调道路红线内外用地空间布局与竖向。道路红线内绿化带不足，不能实现海绵城市建设控制目标要求时，可由政府主管部门协调道路红线内外用地布局与竖向，综合达到道路及周边地块的海绵城市建设控制目标。道路红线内绿地及开放空间在满足景观效果和交通安全要求的基础上，应充分考虑承接道路雨水汇入的功能，通过建设下沉式绿地、透水铺装等海绵城市建设设施，提高道路径流污染及总量等控制能力。

③道路交通规划应体现海绵城市建设设施。涵盖城市道路横断面、纵断面设计的专项规划，应在相应图纸中表达海绵城市建设设施的基本选型及布局等内容，并合理确定海绵城市建设雨水系统与城市道路设施的空间衔接关系。有条件的地区应编制专门的道路海绵城市建设设施规划设计指引，明确各层级城市道路（快速路、主干路、次干路、支路）的海绵城市建设控制指标和控制要点，以指导道路海绵城市建设相关规划和设计。

（7）修建性详细规划。修建性详细规划应通过对场地的土壤特性、竖向高程、水系、绿化及工程建设情况等的分析评估，按照控制性详细规划的约束条件，落实具体的海绵城市建设设施的类型、布局、规模、建设时序以及资金安排等，确保地块开发实现海绵城市建设控制目标。

进一步细化、落实上位规划确定的海绵城市建设控制指标。通过水文、水力计算或模型模拟分析，评估场地开发前后地表产汇流情况，明确建设项目的主要控制模式、比例及量值（下渗、储存、调节及弃流排放），确定场地海绵城市建设设施的规模和空间布局等，以指导地块开发建设。

（8）规划方案管控。针对海绵城市规划方案设计，开展海绵城市设施选型、布局规划和设计方案的编制工作，以落实控制性详细规划及修建性详细规划层面海绵城市相关控制指标为基本目的，系统性地对地块的海绵城市建设进行统筹安排。

项目实施方案层面的海绵城市建设规划方案设计应符合下列规定：

①以上位规划中的海绵城市相关控制指标为基础，综合分析规划范围的规划下垫面特性、市政雨水系统情况、发展定位、建筑控制要求、景观要求等情况，提出规划范围内海绵城市建设的主要目标（水量、水质、景观、生态等方面），和实现目标的主要措施（"渗、滞、蓄、净、用、排"等类型），并分析得出海绵城市建设中可能存在的矛盾和潜在问题。

②在明确建设目标和措施类型的基础上，参考控规的引导性指标和配置引导，结合对各类海绵城市工程设施的特点分析，完成设施的初步选型。

③制定设施布局方案并开展设施参数设计，完成海绵城市规划设计方案。

④通过相关的降雨径流模型、决策支持系统等工具，对规划方案的径流控制效果进行验证与评价。

⑤综合考虑设施效果、运行性能、建设与运营维护成本、生态景观效益等因素，基于模型类软件系统或其他数学方法，优化初始规划方案，形成集科学性、可行性、经济性为一体的海绵城市规划设计方案。

（9）建设管控。在设计阶段、施工验收阶段以及运营阶段"全生命期"介入海绵城市建设推广，将海绵城市具体建设要求纳入施工图审查、开工许可、竣工验收等城市建设管控环节，编制各阶段技术导则、技术指引以及应用指导手册。鼓励开发建设单位展开低影响及雨水调蓄技术实践，同时进行严格控制项目审批、立项，确保海绵城市符合控制指标要求。在考虑新建建筑物节能效果的同时考虑建筑物随着使用年限增长导致的节能效果的下降。根据项目的不同要求及不同的地理、自然环境，采用合理的技术。

（10）"两证一书"及土地出让管控。采用全过程开发模式，将海绵城市具体建设要求纳入"两证一书"、土地出让等城市规划管控环节。

①建设项目规划设计条件应明确海绵城市的建设控制要求，规划国土部门在制定地块出让用地条件时，应在土地出让公告或合同中纳入海绵城市相关控制指标，增加海绵城市建设径流控制指标及其相关要求，使各地块在土地出让阶段就融入海绵城市理念，合理采用低影响开发技术。

②在"两证一书"发放中落实海绵城市的建设要求，建设项目选址意见书和建设用地规划许可证应加入海绵城市建设强制性指标。

③在建设工程规划许可证阶段应核算低影响开发设施及其组合系统设计内容是否满足强制性指标要求。对于不满足强制性指标要求的，不予发放建设工程规划许可证。

（11）技术标准、政策及管理制度的制定。在海绵城市建设试点过程中，应对试点建设的经验进行研究总结，形成海绵城市建设自规划、咨询、评估、设计到管理及运营维护等全生命周期内的技术指导，提高规划区海绵城市规划、设计、施工、运行管理水平，编制海绵城市建设全过程标准、规程和图集等。

为加强宏观调控和城市安全保障，逐步完善和创新海绵城市可持续建设和发展的制度机制。从海绵城市现状水系的保护到开发建设过程中雨洪控制和调蓄，应对洪涝问题的应急方案，以及保证海绵城市建设各方面持续稳定的投入要求等建立完善的制度机制，确保海绵城市建设的顺利进行。各地政府也将对海绵城市建设的经验进行及时总结，制定和出台相应的政策和法规，为海绵城市建设提供必要的政策法规保障。

在试点海绵城市设施的建设中，探索海绵城市设施管理要点，并研究国内外其他城市海绵城市运营维护先进经验，不断积累经验，总结海绵城市建设运行维护技术，为海绵城市后期运营维护提供技术指导。

（12）信息平台建设。在开展海绵城市基础建设的同时，基于海绵城市规划建设的需要，综合运用在线监测、人工采样分析、数学模型以及地理信息系统等先进技术，建立信息化平台，包括监测平台和管理平台。监测平台建设内容主要包括水文在线监测、水生态在线监测、水环境在线监测与水位水量在线监测四个自动监测子系统，涵盖流量、水质、水位、气温与内涝点等内容；管理平台建设内容为可视化地图管理系统。通过信息化平台的建设可达到以下目标：

①为海绵城市规划建设提供数据支撑。综合考虑城市区域气象特征、土壤地质等自然条件和经济条件，设计可支持项目实施的海绵城市在线监测系统，为城市的水安全、水资源和水环境综合管理评估提供依据，为海绵城市建设绩效评定和考核提供数据支持。

②全过程、全方位的信息动态反馈机制。综合利用数学模型与在线监测技术，在规划设计阶段，实现目标自上而下的层级分解。在项目实施阶段，实现运行情况自下而上的统计反馈，为海绵城市建设的系统规划、建设实施、运营维护和高效管理提供全过程信息化支持。

③为海绵城市规划建设提供决策平台。建立基于地块的海绵城市指标可视化地图管理系统，将监测信息落实到对应的地块及功能区；建立海绵城市建设与运营管理的标准化数据接口、规范化的数据库和格式，开发多源多相数据的融合技术，建设运行大数据分析功能，为实现海绵城市示范与构建提供可视化展示条件，为海绵城市各类设施的建设运行提供决策保障。

④为海绵城市长效运行提供业务管理平台。结合具体业务应用需求，开发相应的信息化管控平台；针对建设信息、运营维护信息建设海绵城市信息管理系

统，针对不同部门用户提供相关的软件功能和管理流程，为地方政府管理部门、政府规划部门和工程实施方提供较为统一的信息化服务平台。

（13）低影响开发雨水系统构建途径。低影响开发雨水系统构建需统筹协调城市开发建设各个环节。在规划阶段应遵循低影响开发理念，明确低影响开发控制目标，结合城市开发区域或项目特点确定相应的规划控制指标，落实低影响开发设施建设的主要内容。设计阶段应对不同低影响开发设施及其组合进行科学合理的平面与竖向设计，在建筑与小区、城市道路、绿地与广场与水系等规划建设中，应统筹考虑景观水体、滨水带等开放空间，建设低影响开发设施，构建低影响开发雨水系统。低影响开发雨水系统的构建与所在区域的规划控制目标、水文、气象与土地利用条件等关系密切。因此，选择低影响开发雨水系统的流程、单项设施或其组合系统时，需要进行技术经济分析和比较，优化设计方案。低影响开发设施建成后应明确维护管理责任单位，落实设施管理人员，细化日常维护管理内容，确保低影响开发设施运行正常。

（14）低影响开发雨水系统构建技术路线。具体包括以下几个方面：

①技术框架。在城市总体规划阶段，应加强相关专项（专业）规划对总体规划的有力支撑作用，提出城市低影响开发策略、原则、目标要求等内容。在控制性详细规划阶段，应确定各地块的控制指标，满足总体规划及相关专项（专业）规划对规划地段的控制目标要求。在修建性详细规划阶段，应在控制性详细规划确定的具体控制指标条件下，确定建筑、道路交通、绿地等工程中低影响开发设施的类型、空间布局及规模等内容，最终指导并通过设计、施工、验收环节实现低影响开发雨水系统的实施。低影响开发雨水系统应加强运行维护，保障实施效果，并开展规划实施评估，用以指导总规及相关专项（专业）规划的修订。城市规划、建设等相关部门应在建设用地规划或土地出让、建设工程规划、施工图设计审查及建设项目施工等环节，加强对低影响开发雨水系统相关目标与指标落实情况的审查。

具体落实时的几个关键技术环节如下：

A.现状调研分析。通过对当地自然气候条件（降雨情况）、水文及水资源条件、地形地貌、排水分区、河湖水系及湿地情况、用水供需情况、水环境污染情况的调查，分析城市竖向、低洼地、市政管网、园林绿地等建设情况及存在的主要问题。

B.制定控制目标和指标。各地应根据当地的环境条件、经济发展水平等，因地制宜地确定适用于本地的径流总量、径流峰值和径流污染控制目标及相关指标。

C.建设用地选择与优化。本着节约用地、兼顾其他用地、综合协调设施布局的原则选择低影响开发技术和设施，保护雨水受纳体，优先考虑使用原有绿地、河湖水系、自然坑塘、废弃土地等用地，借助已有用地和设施，结合城市景观进行规划设计，以自然为主、人工设施为辅，必要时新增低影响开发设施用地和生态用地。有条件的地区可在汇水区末端建设人工调蓄水体或湿地。严禁在城市规划建设中侵占河湖水系；对于已经侵占的河湖水系，应创造条件逐步恢复。

D.低影响开发技术、设施及其组合系统选择。低影响开发技术和设施选择应遵循以下原则：注重资源节约，保护生态环境，因地制宜，经济适用，并与其他专业密切配合。

结合各地气候、土壤、土地利用等条件，选取适合当地条件的低影响开发技术和设施，主要包括透水铺装、生物滞留设施、渗透塘、湿塘、雨水湿地、植草沟、植被缓冲带等。恢复开发前的水文状况，促进雨水的储存、渗透和净化。

合理选择低影响开发雨水技术及其组合系统，包括截污净化系统、渗透系统、储存利用系统、径流峰值调节系统、开放空间多功能调蓄等。地下水超采地区应首先考虑雨水下渗，干旱缺水地区应考虑雨水资源化利用，一般地区应结合景观设计增加雨水调蓄空间。

E.设施布局。应根据排水分区，结合项目周边用地性质、绿地率、水域面积率等条件，综合确定低影响开发设施的类型与布局。应注重公共开放空间的多功能使用，高效利用现有设施和场地，并将雨水控制与景观相结合。

F.确定设施规模。低影响开发雨水利用设施规模设计应根据水文和水力学计算得出，也可根据模型模拟计算得出。

②控制指标分解方法。根据低影响开发雨水系统构建技术框架，各地应结合当地水文特点及建设水平，构建适宜并有效衔接的低影响开发控制指标体系。低影响开发雨水系统控制指标的选择应根据建筑密度、绿地率、水域面积率等既有规划控制指标及土地利用布局、当地水文、水环境等条件合理确定，可选择单项或组合控制指标，有条件的城市（新区）可通过编制基于低影响开发理念的雨水控制与利用专项规划，最终落实到用地条件或建设项目设计要点中，作为土地开

发的约束条件，见表5-1。

表5-1 低影响开发控制指标及分解方法

规划层级	控制目标与指标	赋值方法
城市总体规划、专项（专业）规划	控制目标：年径流总量控制率及其对应的设计降雨量	年径流总量控制率目标可通过统计分析计算，得到年径流控制率及其对应的设计降雨量
详细规划	综合指标：单位面积控制容积	根据总体规划阶段提出的年径流总量控制率目标，结合各地块绿地率等控制指标，计算各地块的综合指标——单位面积控制容积
详细规划	单项指标： （1）下沉式绿地率及其下沉深度。 （2）透水铺装率。 （3）绿色屋顶率。 （4）其他	根据各地块的具体条件，通过技术经济分析，合理选择单项或组合控制指标，并对指标进行合理分配。指标分解方法： 方法1：根据控制目标和综合指标进行试算分解。 方法2：模型模拟

注：下沉式绿地率=广义的下沉式绿地面积/绿地总面积。广义的下沉式绿地泛指具有一定调蓄容积（在以径流总量控制为目标进行目标分解或设计计算时，不包括调蓄容积）的可用于调蓄径流雨水的绿地，包括生物滞留设施、渗透塘、湿塘以及雨水湿地等；下沉深度指下沉式绿地低于周边铺砌地面或道路的平均深度，下沉深度小于100mm的下沉式绿地面积不参与计算（受当地土壤渗透性能等条件制约，下沉深度有限的渗透设施除外），对于湿塘、雨水湿地等水面设施系指调蓄深度。

透水铺装率=透水铺装面积/硬化地面总面积

绿色屋顶率=绿色屋顶面积/建筑屋顶总面积

有条件的城市可通过水文、水力计算与模型模拟等方法对年径流总量控制率目标进行逐层分解；暂不具备条件的城市，可结合当地气候、水文地质等特点，汇水面种类及其构成等条件，通过加权平均的方法试算进行分解。

（六）规划方案内容

1.技术路线

海绵城市规划主要包括资料收集处理、现状评估、规划评估、目标确定、规划阶段五个阶段。

（1）对规划区内原始规划及建设相关资料进行收集整理，并对相关基础资料进行矢量化，建立GIS信息模型。

（2）分别从水生态、水环境、水资源及水安全四个方面对未开发前的本底情况进行分析，并运用水力模型软件对规划区开发前的年径流量进行模拟，结合相关监测调查数据确定规划区未开发前的年径流总量控制率范围。最后总结出规划区开发前水文特点。

（3）结合规划建设情况及相关监测数据，划分雨水汇流分区，运用水力模型软件对传统开发模式下规划区的水生态、水环境、水资源及水安全指标进行分析评价，总结出传统开发模式下规划区的水文特征。

（4）分析在传统开发模式下存在的主要问题，根据海绵城市建设理念分析规划区域的海绵城市建设需求，提出总体建设目标及主要控制指标。

（5）在雨水汇流分区基础上优化组合成雨水管理分区，根据提出的海绵城市总体建设目标及控制指标，运用相关水力模型软件进行指标分解及海绵城市建设设施的总体布置模拟。

2.规划内容

根据住房和城乡建设部《海绵城市专项规划编制暂行规定》（建规〔2016〕50号）的要求，海绵城市专项规划应当包括但不限于以下内容：

（1）评价海绵城市建设条件。海绵城市的建设规划首先要注重前期调查研究，准确分析和掌握城市特征（包括城市地形地貌、下垫面、气候气象、水文地质、降雨规律等自然特征，城市财政收入、产业结构等经济特征，城市人口、文化素养、功能定位等社会人文特性等），识别城市水资源、水环境、水生态以及水安全等方面存在的问题。

（2）确定海绵城市建设目标和具体指标。通过前期调研对上述城市特征的分析，准确把握关键问题，基于现状规划及建设竖向控制条件、雨水排水方向，划分海绵城市的雨水管理分区，运用水力模型分析，识别判断规划区在城市化发展过程中径流产流较高区域、内涝风险较高区域、水环境污染较高区域。针对各个分区的特点，制定不同的控制策略，提出海绵城市建设目标和主要控制指标（主要为雨水年径流总量控制率），明确近、远期要达到海绵城市要求的面积和比例，科学制定水生态、水环境、水资源和水安全四大实施目标，并厘清目标的主次关系，满足目标的可行性和可操作性，以便制定一套易于考核的评估指标体系。

（3）提出海绵城市建设总体思路。根据前期现状调查，依据海绵城市建设目标，针对城区水生态、水安全、水环境以及水资源等要素存在的问题，因地制宜确定海绵城市建设的实施路径。坚持问题导向和目标导向相结合，老城区以问题为导向，重点解决城市内涝、雨水收集利用、黑臭水体治理等问题。城市新区、各类园区、成片开发区以目标为导向，优先保护自然生态本底，合理控制开发强度。

（4）划定建设分区、提出建设指引。识别山、水、林、田、湖等生态本底条件，提出海绵城市的自然生态空间格局，明确保护与修复要求。针对现状问题，划定海绵城市建设分区，提出建设指引。

建立将海绵城市建设相关指标从管理分区分解到分区内的大海绵骨干系统和小海绵源头系统，形成一套完整的控制指标，并明确海绵城市建设的系统方案，用于指导下阶段海绵城市建设工作安排、建设工程的总体布局和具体工程需要达到的控制要求，指导下阶段的工程设计方案，确保整个管理单元满足控制指标要求。

①确定海绵城市重大设施的空间布局和规模，包括雨水塘、湿地、蓄水池、超标雨水泄流通道、临时滞蓄绿地广场等，并确定河流水系的蓝绿线管控范围；落实蓝线，明确地表水体保护和控制的地域界线（蓝线）及控制要求，保护水文敏感区域；落实绿线，提升绿色开敞空间的生态品质，融入雨水的"渗、滞、蓄、净、用"等复合功能。

②根据规划区现状条件分析，结合用地规划布局，分析明确不同用地性质（建筑与小区、绿地广场、城市道路）的海绵城市建设的强制性指标（主要是水量及水质控制指标），并结合各类低影响措施的特点，进行适用性分析。

③生态海绵空间布局。结合绿地系统布局，将尊重自然、顺应自然的理念融入海绵城市建设总体规划中，精心营造全区域、多层次的城市开放空间。

A.生态海绵设施。根据本地区规划情况打造雨水湿地公园、生态公园及森林公园为主的大型生态海绵设施，因地制宜打造社区公园和街头绿地等小型生态海绵设施。生态海绵空间层次清晰、架构分明，既是城市的日常休闲游憩的场所，更是区域内雨水循环利用的重要载体。在生态海绵空间内通过建筑与小区对雨水应收尽收、市政道路确保绿地集水功能、景观绿地依托地形自然收集、骨干调蓄系统形成调蓄枢纽，形成雨水综合利用系统，达到对雨水的"渗、滞、蓄、净、用、排"，实现雨水全生命周期的管控利用。借助自然力量，让城市如同生态"海绵"般舒畅地"呼吸吐纳"。

B.道路海绵系统。城市道路是海绵城市规划建设的重要组成部分和载体,在城市道路交通专项规划中在保障交通安全和通行能力的前提下,尽可能通过合理的横、纵断面设计,结合道路路面与道路绿化带及周边绿地的竖向关系,充分滞蓄和净化雨水径流。道路海绵系统主要承担道路自身径流控制指标,以污染控制为主。道路进行生物滞留带设计时需要满足指标分解中提出的污染控制容积。已建道路有条件修建生物滞留设施的,其污染控制容积由道路自身承担;无条件修建生物滞留设施的,其污染控制容积分解到下游绿地内。

C.绿地海绵系统。绿地设置下凹式绿地、湿地、雨水花园等,以满足绿地控制率。考虑修建雨水调蓄池或雨水塘,尽量以雨水塘的形式修建,有利于满足水域面积达标率。上游绿地必须满足年污染物年径流总量控制率和不外排年径流总量控制率。末端绿地不仅需要满足自身指标要求,还需要承担上游区域分解的指标要求。

D.地块海绵系统。地块应作为雨水的源头控制的独立系统,同时满足径流量的控制和污染物的控制。可考虑透水铺装、绿色屋顶、雨水回用池、透水路面(人行道)、下凹式植草沟、生态树池、雨水花园以及调蓄设施等多种综合措施相结合。地块海绵系统的设置需满足总规中提出的污染物年径流总量控制率和不外排年径流总量控制率,可根据给定的参考当量容积实施。

E.骨干滞蓄工程。形成以溪道和水系保护结合生态景观和人文环境于一体的生态空间,消减雨洪径流,处理水质,保护河道生态,改善城市微气候,形成城市保护的屏障。雨水调蓄塘和湿地能够消减洪水流量,缓解超标地表径流对下游的冲击,一定程度上降低径流流速,去除沉积物和污染物,净化径流水质。

区域内地块有对调蓄容积的要求,位于洪水风险区的调蓄容积要求较高。这些区域与水生态系统整治区域内的雨水湿地、雨水塘共同形成骨干雨洪滞蓄系统。

F.排水防涝系统。

排水体制:排水体制采用雨、污水分流制。

排放要求:污水由污水管网收集后统一进入污水处理厂处理达标后排放。雨水需达到以上雨水控制要求后排放。

污水管网规划:沿规划道路敷设污水管道,管道坡向尽量与道路坡向保持一致。接入下游规划截污干管,沿途接纳规划区内及上游地区的污水。

G.城市排涝规划。根据内涝分析结论，规划出城市泄流通道和内涝调蓄设施。通过对地表竖向分析及排水分区的研究，结合区域排水分区、GIS等数据分析，进一步明确低洼易涝高风险区域，对规划控制单元内地块的用地性质、开发强度、竖向等方面进行调整优化，采用综合措施减少城市内涝灾害发生频率，提高城市防灾、减灾能力。

根据地势、坡向、自然水体界线及道路规划线位等将规划区划分为排水小分区；根据水力计算结果，调整、优化管线系统布局，对于现状管道不满足排水要求的，进行管道改扩建。结合地势低区设置超标地表雨水漫流的行洪通道，使超标雨水安全、快速排出。作为泄流通道的道路不应设置凹点，泄流通道排出口应进行保护性设计。有内涝风险的下凹点应根据用地情况设置合适的内涝调蓄设施。

H.雨水资源化利用。明确雨水资源化利用目标及方式。根据水资源条件及雨水回用需求，确定雨水资源化利用的总量、用途、方式和设施。

经过处理后的雨水主要用于区域内绿地浇洒、道路冲洗和车库冲洗等。水质要求达到相关用水水质要求，确定全年雨水回用总量及综合年均雨水资源化率。

I.再生水利用。根据整个规划区内地势变化及高差，合理确定再生水供水区域。对于管道敷设及加压设备的技术要求高，经济性差，且运行维护困难的区域可暂不考虑。

再生水作为市政用水、杂用水就近服务于规划区，在该区域无储存雨水时补充相应自来水用量。污水厂出水也作为水源，经过深度处理后进行回用。

J.河道防洪。根据本地区防洪专项规划确定城市防洪标准。

（5）提出分期建设方案。明确近期建设重点，提出分期建设方案。在海绵城市建设规划中，需结合海绵城市建设需求和实施条件，根据建设目标明确近期海绵城市建设的重点方向和重点区域，并提出分期建设要求。

（6）提出保障措施和实施建议。依据海绵城市建设控制目标和管控要求，提出具体的规划实施保障措施和实施建议。针对内涝积水、水体黑臭与河湖水系生态功能受损等问题，按照"源头减排、过程控制、系统治理"的原则，制定积水点治理、截污纳管、合流制污水溢流污染控制和河湖水系生态修复等措施，并提出与城市道路、排水防涝、绿地、水系统等相关规划相衔接的建议。

第六章

海绵城市建设在工程设计中的应用

第一节 海绵城市建设对工程设计的要求

一、工程设计的基本要求

在进行海绵城市低影响开发雨水系统设计过程中，要充分考虑整个城市的多方面影响因素，结合城市总体规划、专项规划，有针对地进行。城市建筑与小区、道路、绿地与广场、水系的低影响开发雨水系统建设项目，应以相关职能主管部门、企事业单位作为责任主体，落实有关低影响开发雨水系统的设计。城市规划建设相关部门应在城市规划、施工图设计审查、建设项目施工、监理、竣工验收备案等管理环节，加强对低影响开发雨水系统建设情况的审查。适宜作为低影响开发雨水系统构建载体的新建、改建、扩建项目，应在园林、道路交通、排水、建筑等各专业设计方案中明确体现低影响开发雨水系统的设计内容，落实低影响开发控制目标。设计基本要求如下：

（1）低影响开发雨水系统的设计目标应满足城市总体规划、专项规划等相关规划提出的低影响开发控制目标与指标要求，并结合气候、土壤及土地利用等条件，合理选择单项或组合的以雨水渗透、储存、调节等为主要功能的技术及设施。

（2）低影响开发设施的规模应根据设计目标，经水文、水力计算得出。有条件的应通过模型模拟对设计方案进行综合评估，并结合技术经济分析确定最优方案。

（3）低影响开发雨水系统设计的各阶段均应体现低影响开发设施的平面布局、竖向构造，及其与城市雨水管渠系统和超标雨水径流排放系统的衔接关系等内容。

（4）低影响开发雨水系统的设计与审查（规划总图审查、方案及施工图审查）应与园林绿化、道路交通、排水、建筑等专业相协调。

二、设计流程

海绵城市低影响开发雨水系统设计包括现状评估、设计目标、方案设计、竖向设计、模拟分析、设施布局与规模以及技术可行论证等方面。

三、建筑与小区设计

建筑屋面和小区路面径流雨水应通过有组织的汇流与转输，经截污等预处理后引入绿地内的以雨水渗透、储存、调节等为主要功能的低影响开发设施。因空间限制等原因不能满足控制目标的建筑与小区，径流雨水还可通过城市雨水管渠系统引入城市绿地与广场内的低影响开发设施。低影响开发设施的选择应因地制宜、经济有效、方便易行，比如结合小区绿地和景观水体优先设计生物滞留设施、渗井、湿塘和雨水湿地等。

（一）场地设计

（1）应充分结合现状地形地貌进行场地设计与建筑布局，保护并合理利用场地内原有的湿地、坑塘、沟渠等。

（2）应优化不透水硬化面与绿地空间布局，建筑、广场、道路周边宜布置可消纳径流雨水的绿地。建筑、道路、绿地等竖向设计应有利于径流汇入低影响开发设施。

（3）低影响开发设施的选择除生物滞留设施、雨水罐、渗井等小型、分散的低影响开发设施外，还可结合集中绿地设计渗透塘、湿塘、雨水湿地等相对集中的低影响开发设施，并衔接整体场地竖向与排水设计。

（4）景观水体补水、循环冷却水补水及绿化灌溉、道路浇洒用水等非传统水资源宜优先选择雨水。按绿色建筑标准设计的建筑与小区，其非传统水资源利用率应满足《绿色建筑评价标准》（GB/T 50378-2019）的要求。

（5）有景观水体的小区，景观水体宜具备雨水调蓄功能。景观水体的规模应根据降雨规律、水面蒸发量、雨水回用量等，通过全年水量平衡分析确定。

（6）雨水进入景观水体之前应设置前置塘、植被缓冲带等预处理设施，同时可采用植草沟转输雨水，以降低径流污染负荷。景观水体宜采用非硬质池底及生态驳岸，为水生动植物提供栖息或生长条件，并通过水生动植物对水体进行净化，必要时可采取人工土壤渗滤等辅助手段对水体进行循环净化。

（二）建筑设计

（1）屋顶坡度较小的建筑可采用绿色屋顶，绿色屋顶的设计应符合《屋面工程技术规范》（GB 50345-2012）的规定。

（2）宜采取雨落管断接或设置集水井等方式将屋面雨水断接并引入周边绿地内小型、分散的低影响开发设施，或通过植草沟、雨水管渠将雨水引入场地内的集中调蓄设施。

（3）应优先选择对径流雨水水质没有影响或影响较小的建筑屋面及外装饰材料。

（4）水资源紧缺地区可考虑优先将屋面雨水进行集蓄回用，净化工艺应根据回用水水质要求和径流雨水水质确定。雨水储存设施可结合现场情况选用雨水罐、地上或地下蓄水池等设施。当建筑层高不同时，可将雨水集蓄设施设置在较低楼层的屋面上，收集较高楼层建筑屋面的径流雨水，从而借助重力供水而节省能量。

（5）应限制地下空间的过度开发，为雨水回补地下水提供渗透路径。

（三）小区道路设计

（1）道路横断面设计应优化道路横坡坡向、路面与道路绿化带及周边绿地的竖向关系等，便于径流雨水汇入绿地内低影响开发设施。

（2）路面排水宜采用生态排水的方式。路面雨水首先汇入道路绿化带及周边绿地内的低影响开发设施，并通过设施内的溢流排放系统与其他低影响开发设施或城市雨水管渠系统、超标雨水径流排放系统相衔接。

（3）路面宜采用透水铺装，透水铺装路面设计应满足路基路面强度和稳定性等要求。

（四）小区绿化设计

（1）绿地在满足改善生态环境、美化公共空间、为居民提供游憩场地等基本功能的前提下，应结合绿地规模与竖向设计，在绿地内设计可消纳屋面、路面、广场及停车场径流雨水的低影响开发设施，并通过溢流排放系统与城市雨水管渠系统和超标雨水径流排放系统有效衔接。

（2）道路径流雨水进入绿地内的低影响开发设施前，应利用沉淀池、前置塘等对进入绿地内的径流雨水进行预处理，防止径流雨水对绿地环境造成破坏。有降雪的城市还应采取措施对含融雪剂的融雪水进行弃流，弃流的融雪水宜经处理（如沉淀等）后排入市政污水管网。

（3）低影响开发设施内植物宜根据水分条件、径流雨水水质等进行选择，宜选择耐盐、耐淹、耐污等能力较强的乡土植物。

四、城市道路设计

城市道路径流雨水应通过有组织的汇流与转输，经截污等预处理后引入道路红线内、外绿地内，并通过设置在绿地内的以雨水渗透、储存、调节等为主要功能的低影响开发设施进行处理。低影响开发设施的选择应因地制宜、经济有效、方便易行，比如结合道路绿化带和道路红线外绿地，优先设计下沉式绿地、生物滞留带、雨水湿地等。

（1）城市道路应在满足道路基本功能的前提下达到相关规划提出的低影响开发控制目标与指标要求。为保障城市交通安全，在低影响开发设施的建设区域，城市雨水管渠和泵站的设计重现期、径流系数等设计参数应按《室外排水设计规范》（GB 50014-2006）中的相关标准执行。

（2）道路人行道宜采用透水铺装，非机动车道和机动车道可采用透水沥青路面或透水水泥混凝土路面。透水铺装设计应满足国家有关标准规范的要求。

（3）道路横断面设计应优化道路横坡坡向、路面与道路绿化带及周边绿地的竖向关系等，便于径流雨水汇入低影响开发设施。

（4）规划作为超标雨水径流行泄通道的城市道路，其断面及竖向设计应满足相应的设计要求，并与区域整体内涝防治系统相衔接。

（5）路面排水宜采用生态排水的方式，也可利用道路及周边公共用地的地下空间设计调蓄设施。路面雨水宜首先汇入道路红线内绿化带，当红线内绿地空间不足时，可由政府主管部门协调，将道路雨水引入道路红线外城市绿地内的低影响开发设施进行消纳。当红线内绿地空间充足时，也可利用红线内低影响开发设施消纳红线外区域的径流雨水。低影响开发设施应通过溢流排放系统与城市雨水管渠系统相衔接，保证上下游排水系统的顺畅。

（6）城市道路绿化带内低影响开发设施应采取必要的防渗措施，防止径流雨水下渗对道路路面及路基的强度和稳定性造成破坏。

（7）城市道路经过或穿越水源保护区时，应在道路两侧或雨水管渠下游设计雨水应急处理及储存设施。雨水应急处理及储存设施的设置，应具有截污与防止在发生事故情况下泄漏的有毒有害化学物质进入水源保护地的功能，可采用地上式或地下式。

（8）在道路径流雨水进入道路红线内外绿地内的低影响开发设施前，应利用沉淀池、前置塘等对进入绿地内的径流雨水进行预处理，防止径流雨水对绿地环境造成破坏。有降雪的城市还应采取措施对含融雪剂的融雪水进行弃流，弃流的融雪水宜经处理（如沉淀等）后排入市政污水管网。

（9）低影响开发设施内植物宜根据水分条件、径流雨水水质等进行选择，宜选择耐盐、耐淹、耐污等能力较强的乡土植物。

（10）城市道路低影响开发雨水系统的设计应满足《城市道路工程设计规范》（CJJ37-2012）中的相关要求。

五、城市绿地与广场设计

城市绿地、广场及周边区域径流雨水应通过有组织的汇流与转输，经截污等预处理后引入城市绿地内的以雨水渗透、储存、调节等为主要功能的低影响开发设施，消纳自身及周边区域径流雨水，并衔接区域内的雨水管渠系统和超标雨水径流排放系统，提高区域内涝防治能力。低影响开发设施的选择应因地制宜、经济有效、方便易行，比如湿地公园和有景观水体的城市绿地与广场宜设计雨水湿地、湿塘等。

（1）城市绿地与广场应在满足自身功能（如吸热、吸尘、降噪等生态功能，为居民提供游憩场地和美化城市等功能）的条件下，达到相关规划提出的低影响开发控制目标与指标要求。

（2）城市绿地与广场宜利用透水铺装、生物滞留设施、植草沟等小型、分散式低影响开发设施消纳自身径流雨水。

（3）城市湿地公园、城市绿地中的景观水体等宜具有雨水调蓄功能。通过雨水湿地、湿塘等集中调蓄设施，消纳自身及周边区域的径流雨水，构建多功能调蓄水体，并通过调蓄设施的溢流排放系统与城市雨水管渠系统和超标雨水径流排放系统相衔接。

（4）规划承担城市排水防涝功能的城市绿地与广场，其总体布局、规模、竖向设计应与城市内涝防治系统相衔接。

（5）城市绿地与广场内湿塘、雨水湿地等雨水调蓄设施应采取水质控制措施，利用雨水湿地、生态堤岸等设施提高水体的自净能力，有条件的可设计人工土壤渗滤等辅助设施对水体进行循环净化。

（6）应限制地下空间的过度开发，为雨水回补地下水提供渗透路径。

（7）周边区域径流雨水在进入城市绿地与广场内的低影响开发设施前，应利用沉淀池、前置塘等进行预处理，防止径流雨水对绿地环境造成破坏。有降雪的城市还应采取措施对含融雪剂的融雪水进行弃流，弃流的融雪水宜经处理（如沉淀等）后排入市政污水管网。

（8）低影响开发设施内植物宜根据设施水分条件、径流雨水水质等进行选择，宜选择耐盐、耐淹、耐污等能力较强的乡土植物。

（9）城市公园绿地低影响开发雨水系统设计应满足《公园设计规范》（CJJ37-2012）中的相关要求。

六、城市水系设计

城市水系设计应根据其功能定位、水体现状、岸线利用现状及滨水区现状等，进行合理保护、利用和改造，在满足雨洪行泄等功能条件下，实现相关规划提出的低影响开发控制目标及指标要求，并与城市雨水管渠系统和超标雨水径流排放系统有效衔接。

（1）应根据城市水系的功能定位、水体水质等级与达标率、保护或改善水质的制约因素与有利条件、水系利用现状及存在问题等因素，合理确定城市水系的保护与改造方案，使其满足相关规划提出的低影响开发控制目标与指标要求。

（2）应保护现状河流、湖泊、湿地、坑塘、沟渠等城市自然水体。

（3）应充分利用城市自然水体设计湿塘、雨水湿地等具有雨水调蓄与净化功能的低影响开发设施，湿塘、雨水湿地的布局、调蓄水位等应与城市上游雨水管渠系统、超标雨水径流排放系统及下游水系相衔接。

（4）规划建设新的水体或扩大现有水体的水域面积，应与低影响开发雨水系统的控制目标相协调，增加的水域宜具有雨水调蓄功能。

（5）应充分利用城市水系滨水绿化控制线范围内的城市公共绿地，在绿地内设计湿塘、雨水湿地等设施调蓄、净化径流雨水，并与城市雨水管渠的水系入口、经过或穿越水系的城市道路的排水口相衔接。

（6）滨水绿化控制线范围内的绿化带接纳相邻城市道路等不透水面的径流雨水时，应设计为植被缓冲带，以削减径流流速和污染负荷。

（7）有条件的城市水系，其岸线应设计为生态驳岸，并根据调蓄水位变化选择适宜的水生及湿生植物。

（8）城市水系低影响开发雨水系统的设计应满足《城市防洪工程设计规范》（GB/T 50805-2012）中的相关要求。

（一）城市河流的生态防洪设计

确保城市河流的防洪功能是城市河流景观建设的前提与保障，海绵城市河流生态防洪设计应体现生态防洪的治水理念。在城市上游规划季节性滞洪湿地，营造微地形，调整用地结构，充分发挥天然的蓄水容器（水网、植被、土壤、凹地）的蓄水功能，尽可能滞蓄洪水。洪水过后，又从这些蓄水容器中不断对河流进行补充，保障河流基本需水量。基于生态防洪理念，为了满足河流防洪和景观兼顾的要求，应针对城市河流的河道断面设计一个能够常年保证有水的河道及能够适应不同水位、水量的河床。

1.河道断面设计

（1）复式河道断面。它是北方城市河流使用最广的河道断面形式，能较好地解决河流景观和城市防洪的矛盾。主河槽在行洪或蓄水时，既能保证有一定的水深，又能为鱼类、昆虫、两栖动物的生存提供基本条件，同时能满足一定年限的防洪要求。主河槽两岸的滩地在洪水期间行洪，平时则成为城市中理想的绿化开敞空间，具有很好的亲水性和亲绿性，能满足居民休闲、游憩、娱乐的需要。主河槽宽度与深度根据防洪要求及城市景观而确定，大体分为两种，即单槽复式河道断面和双槽复式河道断面。单槽复式断面多用于较窄的河道，可采用翻板闸、滚水坝或橡胶坝蓄水，也可不蓄水。双槽复式断面多用于较宽的河道，较宽的河槽用于蓄水，较窄的河槽用于满足常年河道径流。河道内两侧绿化可根据水利行洪要求设置一、二级台地，以适应防洪及景观规划的布局和要求。

（2）梯形河道断面。适用于水位变化不大的河流或蓄水段河道，正常水位以下采用矩形干砌石断面，常水位以上可采用铅丝笼覆土或其他生态斜坡护岸，以创造生物栖息的水陆交接地带，有利于堤防的防护和生态环境的改善。为增加城市居民的亲水性，该梯形断面两侧可根据周边用地拓展部分浅水区域，创造丰富的生物栖息场所和亲水空间。

2.河岸平面线形的修复

天然的河流有凹岸、凸岸，有浅滩和沙洲，既为各种生物创造了适宜的生境，又可降低河水流速、蓄洪涵水、削弱洪水的破坏力。因此，为了保留城市河流的景观价值和生态功能，河道走向应尽量保持河道的自然弯曲，不强求顺直，营造出接近自然的河流形态。河岸平面线形修复的主要措施如下：

（1）恢复河流蜿蜒曲折的形态，宜弯则弯，河岸边坡有陡有缓，堤线距水面应有宽有窄。在一定长度内，使水流速度有快有慢，在岸边可以造成滞流、回流，以便动物的生长繁殖。

（2）恢复河道的连续性，拆除废旧拦河坝、堰，将直立的跌水改为缓坡，并在落差大的断面（如水坝）设置专门的鱼道。

（3）重现水体流动多样性，人工营造出的浅滩、河底埋入自然石头、修建的丁坝、鱼道等有利于形成水的紊流。

（4）利用与河流连接的湖泊、荒滩等进行滞洪。在保持河道平面的曲折变化的同时，在纵面规划中还要保留自然状态下交替出现深潭和浅滩，保留河岸树林、陡坡、河滩洼地等，以增加河流生态系统的生物多样性，为鱼类等水生生物提供良好的生境异质性，并尽可能地不设挡水建筑物，以确保河流的连续性和鱼类的通道。

（二）改善河流水体环境的设计

1.控污和截污

河流污染治理必须加强源头控制，对工业废水、生活污水和垃圾进行妥善处理。一般治理措施分为工程措施和非工程措施。

（1）工程措施

①建造河流截污管网工程和污水处理厂。在河流两岸的滨河路下或在河道内修建截污管涵，将城市河流两岸污水截留送到污水处理厂，经过达标处理后中水回用或再汇入河道。

②建立垃圾处置收集系统，把原先堆放在河岸边的垃圾进行集中收集处理，使垃圾入河现象得到有效控制。

（2）非工程措施

①加强各类重点污染源的综合整治。

②全面提高市民保护河流生态环境的意识。

③把河道整治与沿河土地开发相结合，避免过度开发。

④整体规划，统一管理。

2.生物治污，恢复河水自净能力

对城市段河流或河流流域加强生态和景观协同的规划，实现生物治污和恢复河水自净能力的效果。主要措施如下：

（1）保护和恢复水生植物。

（2）构建水生动物的栖息生境。

（3）建造人工湿地和恢复水体周边的岸边湿地，实现对污水的节流和净化。

（4）合理采用水体生态-生物修复技术。

3.保证河流生态环境需水量

对于河流生态系统来说，为保持系统的生态平衡，必须维持一部分有质量保证的水量，以满足河流本身、河岸带及其周围环境之间的物质、能量及信息交换功能即河流生态环境功能的需要。

对于城市季节性河流来说，生态环境需水主要包括维持自身生态系统平衡所需的水量，蒸发、渗漏量及河岸绿地需水量等。其中，蒸发、渗漏、绿地需水量都可以定量计算出来，而维持自身生态系统平衡所需的水量较难计算，至今没有统一的标准。根据国内外经验，多年平均径流量的10%将提供维持水生栖息地的最低标准，多年平均径流量的20%将提供适宜标准。因此，在河流恢复设计中，要保证河流平均径流量在10%以上，维持河流生态系统的基本需水要求，维持河流的生命健康。

（三）生态堤岸的设计

生态型堤岸是改造原有护岸结构，修建生态型护岸的理想形式。按所用主要材料的不同，生态堤岸设计模式可分为刚性堤岸、柔性堤岸和刚柔结合型堤岸。

1.刚性堤岸

刚性堤岸主要由刚性材料，如块石、混凝土块、砖、石笼、堆石等构成，但建造时不用砂浆，而是采用干砌的方式，留出空隙，以利于滨河植物的生长。随着时间的推移，堤岸会逐渐呈现出自然的外貌。处理方式主要有台阶式、斜坡式、垂直挡墙式、亲水平台式等。刚性堤岸可以抵抗较强的水流冲刷，且相对占地面积小，适合于用地紧张的城市河流。其不足之处在于：可能会破坏河岸的自然植被，导致现有植被覆盖和自然控制侵蚀能力的丧失，同时人工的痕迹也比较明显。刚性堤岸设计模式主要用于景点、节点等的亲水空间，一般占整个治理河流岸线的比例较低，主要是丰富河流堤岸景观，为游人创造宜人的亲水空间。

2.柔性堤岸

柔性堤岸可分为两类，即自然原型堤岸和自然改造型堤岸。自然原型堤岸是将适于滨河地带生长的植被种植在堤岸上，利用植物的根、茎、叶来固堤。该类型适合于用地充足、岸坡较缓、侵蚀不严重的河流，或人工设置的浅水区、湖泊，是最接近自然状态的河岸，生态效益最好。自然改造型堤岸主要用植物切枝、枯枝或植株，并与其他材料相结合来防止侵蚀、控制沉积，同时为生物提供栖息地。该类型可适当弥补自然原型堤岸的不足，增强堤岸抗冲刷、抗侵蚀的能力。

3.刚柔结合型堤岸

刚柔结合型堤岸综合了以上两种堤岸的优点，具有人工结构的稳定性和自然的外貌，见效快、生态效益好，尤其适合北方地区城市河流堤岸的改造。城市河流较常用的堤岸有铅丝石笼覆土堤岸、格宾石笼覆土堤岸、植物堆石堤岸和插孔式混凝土块堤岸等几种形式。

（四）河岸植被缓冲带的设计

河岸植被缓冲带是位于水面和陆地之间的过渡地带；呈带状的邻近河流的植被带，是介于河流和高地植被之间的生态过渡带。河岸植被缓冲带能为水体与陆地交错区域的生态系统形成过渡缓冲，将自然灾害的影响或潜在的对环境质量的威胁加以缓冲，可以有效地过滤地表污染物，防止其流入河流对水体造成污染。河岸植被缓冲带能为动植物的生存创造栖息空间，提高河流生物与河流景观的多样性，还能起到稳定河道、减小灾害的作用，并能作为临水开敞空间，是市民休闲娱乐、游憩健身、认识自然、感受自然的理想场所。科学地设计缓冲带是使河流景观恢复的重要基础，在设计中要考虑选址、植被的宽度和长度、植被的组成等因素。

1.河岸植被缓冲带的选址

合理地设置缓冲带的位置是保证其有效拦截雨水径流的先决条件。根据实际地形，缓冲带一般设置在坡地的下坡位置，与径流流向垂直布置；在坡地长度允许的情况下，可以沿等高线多设置几条缓冲带，以削减水流的冲刷能量。如果选址不合理，大部分径流会绕过缓冲带，直接进入河流，其拦截污染物的作用就会大大减弱。一般的做法是沿河流全段设置宽度不等的河岸植被缓冲带。

2.河岸植被缓冲带的宽度

到目前为止，研究人员还没有得到一个比较统一的河岸植被缓冲带的有效宽度。根据国内外对河岸植被缓冲带的研究，考虑到满足动植物迁移和传播、生物多样性保护功能及能有效截留过滤污染物等因素，目前我国普遍使用30m宽的河岸植被带作为缓冲区的最小值。当宽度大于30m时，能有效地起到降低温度、增加河流中食物的供应和有效过滤污染物等作用；当宽度大于80m时，能较好地控制水土流失和河床沉积。

3.河岸植被缓冲带的结构

目前，我国已治理的城市河流大都留出了一定宽度的植被带，但是树种结构或较为单一，或硬化面积比重过大，或仅注重园林植物的层次搭配、色彩呼应，植被带的植被结构较少考虑植被缓冲带综合功能的发挥。河岸植被缓冲带通常由三部分组成。紧邻水边的河岸区一般需要至少10m的宽度，植被带包括本地成熟林带和灌丛，不同种类的组合形成一个长期而稳定的落叶群落。对该区的管理强调稳定性，保证植被不受干扰。位于中部的中间区，位于河岸区和外部区之间，是植物品种最为丰富的地区，以乔木为主，利用稳定的植物群落来过滤和吸收地表径流中的污染物质，同时结合该地区的地形地貌，设置基础服务设施，满足游人游憩、休闲等户外活动的需求。根据河流级别、保护标准、土地利用情况，中间区的宽度一般为30~100m。外部区位于河岸带缓冲系统的最外侧，是三个区中最远离水面的区域，同时是与周围环境接触密切的地区，主要的作用是拦截地表径流，减缓地表径流的流速，提高其向地下的渗入量。种植的植被可为草地和草本植物，主要功能是减少地表径流携带的面源污染物进入河流。外部区可以作为休闲活动的草坪和花园等。

七、低影响开发设施规模计算

（一）计算原则

（1）低影响开发设施的规模应根据控制目标及设施在具体应用中发挥的主要功能，选择容积法、流量法或水量平衡法等方法通过计算确定。按照径流总量、径流峰值与径流污染综合控制目标进行设计的低影响开发设施，应综合运用以上方法进行计算，并选择其中较大的规模作为设计规模，有条件的可利用模型模拟的方法确定设施规模。

（2）当以径流总量控制为目标时，地块内各低影响开发设施的设计调蓄容积之和，即总调蓄容积（不包括用于削减峰值流量的调节容积），一般不应低于该地块"单位面积控制容积"的控制要求。计算总调蓄容积时，应符合以下要求：

①顶部和结构内部有蓄水空间的渗透设施（如复杂型生物滞留设施、渗管/渠等）的渗透量应计入总调蓄容积。

②调节塘、调节池对径流总量削减没有贡献，其调节容积不应计入总调蓄容积；转输型植草沟、渗管/渠、初期雨水弃流收集池、植被缓冲带、人工土壤渗滤池等对径流总量削减贡献较小的设施，其调蓄容积也不计入总调蓄容积。

③透水铺装和绿色屋顶仅参与综合雨量径流系数的计算，其结构内的空隙容积一般不再计入总调蓄容积。

④受地形条件、汇水面大小等影响，设施调蓄容积无法发挥径流总量削减作用的设施（如较大面积的下沉式绿地，往往受坡度和汇水面竖向条件限制，实际

调蓄容积远远小于其设计调蓄容积）以及无法有效收集汇水面径流雨水的设施具有的调蓄容积不计入总调蓄容积。

（二）一般计算

1.容积法

低影响开发设施以径流总量和径流污染为控制目标进行设计时，设施具有的调蓄容积一般应满足"单位面积控制容积"的指标要求。设计调蓄容积一般采用容积法进行计算，计算公式见式（6-1）。

$$V = 10H\varphi F \tag{6-1}$$

式中：V——设计调蓄容积，m^3。

H——设计降雨量，mm。

φ——综合雨量径流系数，可参照相关规范进行加权平均计算。

F——汇水面积，hm^2。

用于合流制排水系统的径流污染控制时，雨水调蓄池的有效容积可参照《室外排水设计规范》（GB 50014-2006）进行计算。

2.流量法

植草沟等转输设施，其设计目标通常为排除一定设计重现期下的雨水流量，可通过推理公式来计算一定重现期下的雨水流量，计算公式见式（6-2）。

$$Q = \psi q F \tag{6-2}$$

式中：Q——雨水设计流量，L/s。

Ψ——综合径流系数。

q——设计暴雨强度，$L/(s \cdot hm^2)$。

F——汇水面积，hm^2。

城市雨水管渠系统设计重现期的取值及雨水设计流量的计算等还应符合《室外排水设计规范》（GB 50014-2006）的有关规定。

3.水量平衡法

水量平衡法主要用于湿塘、雨水湿地等设施储存容积的计算。设施储存容积应首先按照容积法进行计算，同时为保证设施正常运行（如保持设计常水位），再通过水量平衡法计算设施每月雨水补水水量、外排水量、水量差、水位变化等相关参数，最后通过经济分析确定设施设计容积的合理性并进行调整。水量平衡计算可参照表6-1。

（三）以渗透为主要功能的设施规模计算

对于生物滞留设施、渗透塘、渗井等顶部或结构内部有蓄水空间的渗透设施，设施规模应按照以下方法进行计算。对透水铺装等仅以原位下渗为主、顶部无蓄水空间的渗透设施，其基层及垫层空隙虽有一定的蓄水空间，但其蓄水能力受面层或基层渗透性能的影响很大，因此，透水铺装可通过参与综合雨量径流系数计算的方式确定其规模。

表6-1 水量平衡计算

项目	汇流雨水量	补水量	蒸发量	用水量	渗漏量	水量差	水体水深	剩余调蓄高度	外排水量	额外补水量
单位	m³/月	m³/月	m³/月	m³/月	m³/月	m³/月	m	m	m³/月	m³/月
编号	[1]	[2]	[3]	[4]	[5]	[6]	[7]	[8]	[9]	[10]
1月										
2月										
…										
11月										
12月										
合计										

（1）渗透设施有效调蓄容积按式（6-3）进行计算。

$$V_s = V - W_p \qquad (6-3)$$

式中：V_s——渗透设施的有效调蓄容积，包括设施顶部和结构内部蓄水空间的容积，m^3。

V——渗透设施进水量，m^3，参照容积法计算。

W_p——渗透量，m^3。

（2）渗透设施渗透量按式（6-4）进行计算。

$$W_p=KJA_st_s \qquad (6-4)$$

式中：W_p——渗透量，m^3。

K——土壤（原土）渗透系数，m/s。

J——水力坡降，一般可取$J=1$。

A_s——有效渗透面积，m^2。

t_s——渗透时间，s，指降雨过程中设施的渗透历时，一般可取2h。

渗透设施的有效渗透面积A_s应按下列要求确定：

①水平渗透面按投影面积计算。

②竖直渗透面按有效水位高度的1/2计算。

③斜渗透面按有效水位高度的1/2所对应的斜面实际面积计算。

④地下渗透设施的顶面积不计。

（四）以储存为主要功能的设施规模计算

雨水罐、蓄水池、湿塘、雨水湿地等设施以储存为主要功能时，其储存容积应通过容积法及水量平衡法计算，并通过技术经济分析综合确定。

（五）以调节为主要功能的设施规模计算

调节塘、调节池等调节设施，以及以径流峰值调节为目标进行设计的蓄水池、湿塘、雨水湿地等设施的容积应根据雨水管渠系统设计标准、下游雨水管道负荷（设计过流流量）及入流、出流流量过程线，经技术经济分析合理确定。调节设施容积按式（6-5）进行计算。

$$V = Max\left[\int_0^T (Q_{in} - Q_{out})dt\right] \qquad (6-5)$$

式中：V——调节设施容积，m^3。

Q_{in}——调节设施的入流流量，m^3/s。

Q_{out}——调节设施的出流流量，m^3/s。

t——计算步长，s。

T——计算降雨历时，s。

（六）调蓄设施规模计算

具有储存和调节综合功能的湿塘、雨水湿地等多功能调蓄设施，其规模应综合储存设施和调节设施的规模计算方法进行计算。

（七）以转输与截污净化为主要功能的设施规模计算

植草沟等转输设施的计算步骤如下：

（1）根据总平面图布置植草沟并划分各段的汇水面积。

（2）根据《室外排水设计规范》（GB 50014-2006）确定排水设计重现期，参考流量法计算设计流量Q。

（3）根据工程实际情况和植草沟设计参数取值，确定各设计参数。容积法弃流设施的弃流容积应按容积法计算；绿色屋顶的规模计算参照透水铺装的规模计算方法；人工土壤渗滤的规模根据设计净化周期和渗滤介质的渗透性能确定；植被缓冲带规模根据场地空间条件确定。

第二节　海绵城市建设技术设施的选择

海绵城市建设有三个主要途径：对城市原有生态系统的保护；生态恢复和修复；低影响开发。

海绵城市建设技术的选择，不仅与设施有关，还关联到建设项目要达到的目的，所以首先要了解项目设计的要点。

一、项目设计要点

海绵城市建设主要是依靠区域、城市建设区、社区、绿色建筑四个层次实现的。绿色建筑在海绵城市建设中起到关键性的作用，是海绵城市建设的主角。笔者先介绍建筑与小区，然后分别介绍城市道路、城市绿地与广场、城市水系等设计要点。

（一）建筑与小区

1.场地

（1）应充分结合现状地形地貌进行场地设计与建筑布局，保护并合理利用场地内原有的湿地、坑塘、沟渠等。

（2）应优化不透水硬化面与绿地空间布局，建筑、广场、道路周边宜布置可消纳径流雨水的绿地。建筑、道路、绿地等竖向设计应有利于径流汇入低影响开发设施。

（3）低影响开发设施的选择除生物滞留设施、雨水罐、渗井等小型、分散的低影响开发设施外，还可结合集中绿地设计渗透塘、湿塘、雨水湿地等相对集中的低影响开发设施，并衔接整体场地竖向与排水设计。

（4）景观水体补水、循环冷却水补水及绿化灌溉、道路浇洒用水的非传统水源宜优先选择雨水。按绿色建筑标准设计的建筑与小区，其非传统水源利用率应满足《绿色建筑评价标准》（GB/T 50378-2019）的要求，其他建筑与小区宜参照该标准执行。

（5）有景观水体的小区，景观水体宜具备雨水调蓄功能。景观水体的规模应根据降雨规律、水面蒸发量、雨水回用量等，通过全年水量平衡分析确定。

（6）雨水进入景观水体之前应设置前置塘、植被缓冲带等预处理设施，同时可采用植草沟转输雨水，以降低径流污染负荷。景观水体宜采用非硬质池底及生态驳岸，为水生动植物提供栖息或生长条件，并通过水生动植物对水体进行净化，必要时可采取人工土壤渗滤等辅助手段对水体进行循环净化。

2.建筑

（1）屋顶坡度较小的建筑可采用绿色屋顶，绿色屋顶的设计应符合《屋面工程技术规范》（GB 50345-2012）的规定。

（2）宜采取雨落管断接或设置集水井等方式将屋面雨水断接并引入周边绿地内小型、分散的低影响开发设施，或通过植草沟、雨水管渠将雨水引入场地内的集中调蓄设施。

（3）建筑材料是影响径流雨水水质的主要因素，应优先选择对径流雨水水质没有影响或影响较小的建筑屋面及外装饰材料。

（4）水资源紧缺地区可考虑优先将屋面雨水进行集蓄回用，净化工艺应根据回用水水质要求和径流雨水水质确定。雨水储存设施可结合现场情况选用雨水罐、地上或地下蓄水池等设施。当建筑层高不同时，可将雨水集蓄设施设置在较低楼层的屋面上，收集较高楼层建筑屋面的径流雨水，借助重力供水节省能量。

（5）应限制地下空间的过度开发，为雨水回补地下水提供渗透路径。

3.小区道路

（1）道路横断面设计应优化道路横坡坡向、路面与道路绿化带及周边绿地的竖向关系等，便于径流雨水汇入绿地内低影响开发设施。

（2）路面排水宜采用生态排水的方式。路面雨水首先汇入道路绿化带及周边绿地内的低影响开发设施，并通过设施内的溢流排放系统与其他低影响开发设施或城市雨水管渠系统、超标雨水径流排放系统相衔接。

（3）路面宜采用透水铺装，透水铺装路面设计应满足路基路面强度和稳定性等要求。

4.小区绿化

（1）绿地在满足改善生态环境、美化公共空间、为居民提供游憩场地等基本功能的前提下，应结合绿地规模与竖向设计，在绿地内设计可消纳屋面、路面、广场及停车场径流雨水的低影响开发设施，并通过溢流排放系统与城市雨水管渠系统和超标雨水径流排放系统有效衔接。

（2）道路径流雨水进入绿地内的低影响开发设施前，应利用沉淀池、前置塘等对进入绿地内的径流雨水进行预处理，防止径流雨水对绿地环境造成破坏。有降雪的城市还应采取措施对含融雪剂的融雪水进行弃流，弃流的融雪水宜经处理（如沉淀等）后排入市政污水管网。

（3）低影响开发设施内植物宜根据水分条件、径流雨水水质等进行选择，宜选择耐盐、耐淹、耐污等能力较强的乡土植物。

（二）城市道路

城市道路径流雨水应通过有组织的汇流与转输，经截污等预处理后引入道路红线内、外绿地内，并通过设置在绿地内的以雨水渗透、储存、调节等为主要功能的低影响开发设施进行处理。低影响开发设施的选择应因地制宜、经济有效、方便易行，比如结合道路绿化带和道路红线外绿地优先设计下沉式绿地、生物滞留带、雨水湿地等。

（1）城市道路应在满足道路基本功能的前提下达到相关规划提出的低影响开发控制目标与指标要求。为保障城市交通安全，在低影响开发设施的建设区域，城市雨水管渠和泵站的设计重现期、径流系数等设计参数应按《室外排水设计规范》（GB 50014-2006（2014年版）中的相关标准执行。

（2）道路人行道宜采用透水铺装，非机动车道和机动车道可采用透水沥青路面或透水水泥混凝土路面，透水铺装设计应满足国家有关标准规范的要求。

（3）道路横断面设计应优化道路横坡坡向、路面与道路绿化带及周边绿地的竖向关系等，便于径流雨水汇入低影响开发设施。

（4）规划作为超标雨水径流行泄通道的城市道路，其断面及竖向设计应满足相应的设计要求，并与区域整体内涝防治系统相衔接。

（5）路面排水宜采用生态排水的方式，也可利用道路及周边公共用地的地下空间设计调蓄设施。路面雨水宜首先汇入道路红线内绿化带，当红线内绿地空间不足时，可由政府主管部门协调，将道路雨水引入道路红线外城市绿地内的低影响开发设施进行消纳。当红线内绿地空间充足时，也可利用红线内低影响开发设施消纳红线外空间的径流雨水。低影响开发设施应通过溢流排放系统与城市雨水管渠系统相衔接，保证上下游排水系统的顺畅。

（6）城市道路绿化带内低影响开发设施应采取必要的防渗措施，防止径流雨水下渗对道路路面及路基的强度和稳定性造成破坏。

（7）城市道路经过或穿越水源保护区时，应在道路两侧或雨水管渠下游设计雨水应急处理及储存设施。雨水应急处理及储存设施的设置，应具有截污与防止在发生事故情况下泄漏的有毒有害化学物质进入水源保护地的功能，可采用地上式或地下式。

（8）道路径流雨水进入道路红线内外绿地内的低影响开发设施前，应利用沉淀池、前置塘等对进入绿地内的径流雨水进行预处理，防止径流雨水对绿地环境造成破坏。有降雪的城市还应采取措施对含融雪剂的融雪水进行弃流，弃流的融雪水宜经处理（如沉淀等）后排入市政污水管网。

（9）低影响开发设施内植物宜根据水分条件、径流雨水水质等进行选择，宜选择耐盐、耐淹、耐污等能力较强的乡土植物。

（10）城市道路低影响开发雨水系统的设计应满足《城市道路工程设计规范》（CJJ 37-2012（2016年版）中的相关要求。

（三）城市绿地与广场

城市绿地、广场及周边区域径流雨水应通过有组织的汇流与传输，经截污等预处理后引入城市绿地内的以雨水渗透、储存、调节等为主要功能的低影响开发设施，消纳自身及周边区域径流雨水，并衔接区域内的雨水管渠系统和超标雨水径流排放系统，提高区域内涝防治能力。低影响开发设施的选择应因地制宜、经济有效、方便易行，比如湿地公园和有景观水体的城市绿地与广场宜设计雨水湿地、湿塘等。

（1）城市绿地与广场应在满足自身功能条件下（如吸热、吸尘、降噪等生态功能，为居民提供游憩场地和美化城市等功能），达到相关规划提出的低影响开发控制目标与指标要求。

（2）城市绿地与广场宜利用透水铺装、生物滞留设施、植草沟等小型、分散式低影响开发设施消纳自身径流雨水。

（3）城市湿地公园、城市绿地中的景观水体等宜具有雨水调蓄功能，通过雨水湿地、湿塘等集中调蓄设施，消纳自身及周边区域的径流雨水，构建多功能调蓄水体/湿地公园，并通过调蓄设施的溢流排放系统与城市雨水管渠系统和超标雨水径流排放系统相衔接。

（4）规划承担城市排水防涝功能的城市绿地与广场，其总体布局、规模、竖向设计应与城市内涝防治系统相衔接。

（5）城市绿地与广场内湿塘、雨水湿地等雨水调蓄设施应采取水质控制措施，利用雨水湿地、生态堤岸等设施提高水体的自净能力，有条件的可设计人工土壤渗滤等辅助设施对水体进行循环净化。

（6）应限制地下空间的过度开发，为雨水回补地下水提供渗透路径。

（7）周边区域径流雨水进入城市绿地与广场内的低影响开发设施前，应利用沉淀池、前置塘等对进入绿地内的径流雨水进行预处理，防止径流雨水对绿地环境造成破坏。有降雪的城市还应采取措施对含融雪剂的融雪水进行弃流，弃流的融雪水宜经处理（如沉淀等）后排入市政污水管网。

（8）低影响开发设施内植物宜根据设施水分条件、径流雨水水质等进行选择，宜选择耐盐、耐淹、耐污等能力较强的乡土植物。

（9）城市公园绿地低影响开发雨水系统设计应满足《公园设计规范》（GB 51192-2016）中的相关要求。

（四）城市水系

城市水系在城市排水、防涝、防洪及改善城市生态环境中发挥着重要作用，是城市水循环过程中的重要环节；湿塘、雨水湿地等低影响开发末端调蓄设施也是城市水系的重要组成部分，同时城市水系也是超标雨水径流排放系统的重要组成部分。城市水系设计应根据其功能定位、水体现状、岸线利用现状及滨水区现状等，进行合理保护、利用和改造，在满足雨洪行泄等功能条件下，实现相关规划提出的低影响开发控制目标及指标要求，并与城市雨水管渠系统和超标雨水径流排放系统有效衔接。

（1）应根据城市水系的功能定位、水体水质等级与达标率、保护或改善水质的制约因素与有利条件、水系利用现状及存在问题等因素，合理确定城市水系的保护与改造方案，使其满足相关规划提出的低影响开发控制目标与指标要求。

（2）应保护现状河流、湖泊、湿地、坑塘、沟渠等城市自然水体。

（3）应充分利用城市自然水体设计湿塘、雨水湿地等具有雨水调蓄与净化功能的低影响开发设施，湿塘、雨水湿地的布局、调蓄水位等应与城市上游雨水管渠系统、超标雨水径流排放系统及下游水系相衔接。

（4）规划建设新的水体或扩大现有水体的水域面积，应与低影响开发雨水系统的控制目标相协调，增加的水域宜具有雨水调蓄功能。

（5）应充分利用城市水系滨水绿化控制线范围内的城市公共绿地，在绿地内设计湿塘、雨水湿地等设施调蓄、净化径流雨水，并与城市雨水管渠的水系入口、经过或穿越水系的城市道路的排水口相衔接。

（6）滨水绿化控制线范围内的绿化带接纳相邻城市道路等不透水面的径流雨水时，应设计为植被缓冲带，以削减径流流速和污染负荷。

（7）有条件的城市水系，其岸线应设计为生态驳岸，并根据调蓄水位变化选择适宜的水生及湿生植物。

（8）地表径流雨水进入滨水绿化控制线范围内的低影响开发设施前，应利用沉淀池、前置塘等对进入绿地内的径流雨水进行预处理，防止径流雨水对绿地环境造成破坏。有降雪的城市还应采取措施对含融雪剂的融雪水进行弃流，弃流的融雪水宜经处理（如沉淀等）后排入市政污水管网。

（9）低影响开发设施内植物宜根据水分条件、径流雨水水质等进行选择，宜选择耐盐、耐淹、耐污等能力较强的乡土植物。

（10）城市水系低影响开发雨水系统的设计应满足《城市防洪工程设计规范》（GB/T 50805-2012）中的相关要求。

二、单项设施

低影响开发技术对应不同的低影响开发设施。开发设施主要有透水铺装、绿色屋顶、下沉式绿地、生物滞留设施、渗透塘、渗井、湿塘、雨水湿地、蓄水池、雨水罐、调节塘、调节池、植草沟、渗管/渠、植被缓冲带、初期雨水弃流设施、人工土壤渗滤等。

低影响开发单项设施往往具有多个功能，比如生物滞留设施的功能除渗透补充地下水外，还可削减峰值流量、净化雨水，实现径流总量、径流峰值和径流污染控制等多重目标。因此，应根据设计目标灵活选用低影响开发设施及其组合系统，根据主要功能按相应的方法进行设施规模计算，并对单项设施及其组合系统的设施选型和规模进行优化。

低影响开发技术设施主要有以下几个：

（一）透水铺装

透水铺装按照面层材料不同可分为透水砖铺装、透水水泥混凝土铺装和透水沥青混凝土铺装，嵌草砖、园林铺装中的鹅卵石、碎石铺装等也属于渗透铺装。透水铺装结构应符合《透水砖路面技术规程》（CJJ/T 188-2012）、《透水沥青路面技术规程》（CJJ/T 190-2012）和《透水水泥混凝土路面技术规程》（CJJ/T 135-2009）的规定。透水铺装还应满足以下要求：

（1）透水铺装对道路路基强度和稳定性的潜在风险较大时，可采用半透水铺装结构。

（2）土地透水能力有限时，应在透水铺装的透水基层内设置排水管或排水板。

（3）当透水铺装设置在地下室顶板上时，顶板覆土厚度不应小于600mm，并应设置排水层。

适用性：透水砖铺装和透水水泥混凝土铺装主要适用于广场、停车场、人行道以及车流量和荷载较小的道路，如建筑与小区道路、市政道路的非机动车道等；透水沥青混凝土路面还可用于机动车道。

透水铺装应用于以下区域时，还应采取必要的措施防止次生灾害或地下水污染的发生：

①可能造成陡坡坍塌、滑坡灾害的区域，湿陷性黄土、膨胀土和高含盐土等特殊土壤地质区域。

②使用频率较高的商业停车场、汽车回收及维修点、加油站及码头等径流污染严重的区域。

优缺点：透水铺装适用区域广、施工方便，可补充地下水并具有一定的峰值流量削减和雨水净化作用，但易堵塞，寒冷地区有被冻融破坏的风险。

（二）绿色屋顶

绿色屋顶又称种植屋面。在不透水性建筑的顶层覆盖一层植被，一般由植被层、基质层、过滤层以及防水层等构成小型的排水系统。根据种植基质深度和景观复杂程度，绿色屋顶又分为简单式和花园式。基质深度根据植物需求及屋顶荷载确定，简单式绿色屋顶的基质深度一般不大于150mm，花园式绿色屋顶在种植乔木时基质深度可超过600mm，绿色屋顶的设计可参考《种植屋面工程技术规程》（JGJ 155-2013）。

（1）适用性。绿色屋顶适用于符合屋顶荷载、防水等条件的平屋顶建筑和坡度＜15°的坡屋顶建筑。

（2）优缺点。绿色屋顶可有效减少屋面径流总量和径流污染负荷，具有节能减排的作用，但对屋顶荷载、防水、坡度、空间条件等有严格要求。

（三）下沉式绿地

下沉式绿地有狭义和广义之分，狭义的下沉式绿地指低于周边铺砌地面或道路在200mm以内的绿地；广义的下沉式绿地泛指具有一定的调蓄容积（在以径流总量控制为目标进行目标分解或设计计算时，不包括调节容积），且可用于调蓄和净化径流雨水的绿地，包括生物滞留设施、渗透塘、湿塘、雨水湿地、调节塘等。

狭义的下沉式绿地应满足以下要求：

（1）下沉式绿地的下凹深度应根据植物耐淹性能和土壤渗透性能确定，一般为100~200mm。

（2）下沉式绿地内一般应设置溢流口（如雨水口），保证暴雨时径流的溢流排放。溢流口顶部标高一般应高于绿地50~100mm。

第一，适用性。下沉式绿地可广泛应用于城市建筑与小区、道路、绿地和广场内。对于径流污染严重、设施底部渗透面距离季节性最高地下水位或岩石层小于1m及距离建筑物基础小于3m（水平距离）的区域，应采取必要的措施防止次生灾害的发生。

第二，优缺点。狭义的下沉式绿地适用区域广，其建设费用和维护费用均较低，但大面积应用时，易受地形等条件的影响，实际调蓄容积较小。

（四）生物滞留设施

生物滞留设施指在地势较低的区域，通过植物、土壤和微生物系统蓄渗、净化径流雨水的设施。生物滞留设施分为简易型生物滞留设施和复杂型生物滞留设施，按应用位置不同又称作雨水花园、生物滞留带、高位花坛、生态树池等。

生物滞留设施应满足以下要求：

（1）对于污染严重的汇水区应选用植草沟、植被缓冲带或沉淀池等对径流雨水进行预处理，去除大颗粒的污染物并减缓流速；应采取弃流、排盐等措施防止融雪剂或石油类等高浓度污染物侵害植物。

（2）屋面径流雨水可由雨落管接入生物滞留设施，道路径流雨水可通过路缘石豁口进入。路缘石豁口尺寸和数量应根据道路纵坡等经计算确定。

（3）生物滞留设施应用于道路绿化带时，若道路纵坡大于1%，应设置挡水堰/台坎，以减缓流速并增加雨水渗透量；设施靠近路基部分应进行防渗处理，防止对道路路基稳定性造成影响。

（4）生物滞留设施内应设置溢流设施，可采用溢流竖管、盖箅溢流井或雨水口等。溢流设施顶一般应低于汇水面100mm。

（5）生物滞留设施宜分散布置且规模不宜过大，生物滞留设施面积与汇水面面积之比一般为5%~10%。

（6）复杂型生物滞留设施结构层外侧及底部应设置透水土工布，防止周围原土侵入。例如，经评估认为下渗会对周围建（构）筑物造成塌陷风险，或者拟将底部出水进行集蓄回用时，可在生物滞留设施底部和周边设置防渗膜。

（7）生物滞留设施的蓄水层深度应根据植物耐淹性能和土壤渗透性能来确定，一般为200~300mm，并应设100mm的超高；换土层介质类型及深度应满足出水水质要求，还应符合植物种植及园林绿化养护管理技术要求；为防止换土层介质流失，换土层底部一般设置透水土工布隔离层，也可采用厚度不小于100mm的砂层（细砂和粗砂）代替；砾石层起到排水作用，厚度一般为250~300mm，可在其底部埋置管径为100~150mm的穿孔排水管，砾石应洗净且粒径不小于穿孔管的开孔孔径；为提高生物滞留设施的调蓄作用，在穿孔管底部可增设一定厚度的砾石调蓄层。

第一，适用性。生物滞留设施主要适用于建筑与小区内建筑、道路及停车场的周边绿地，以及城市道路绿化带等城市绿地内。对于径流污染严重、设施底部渗透面距离季节性最高地下水位或岩石层小于1m及距离建筑物基础小于3m（水平距离）的区域，可采用底部防渗的复杂型生物滞留设施。

第二，优缺点。生物滞留设施形式多样、适用区域广、易与景观结合，径流控制效果好，建设费用与维护费用较低；但地下水位与岩石层较高、土壤渗透性能差、地形较陡的地区，应采取必要的换土、防渗、设置阶梯等措施避免次生灾害的发生，将增加建设费用。

（五）渗透塘

渗透塘是一种用于雨水下渗补充地下水的洼地，具有一定的净化雨水和削减峰值流量的作用。

渗透塘应满足以下要求：

（1）渗透塘前应设置沉砂池、前置塘等预处理设施，去除大颗粒的污染物并减缓流速；有降雪的城市，应采取弃流、排盐等措施防止融雪剂侵害植物。

（2）渗透塘边坡坡度（垂直：水平）一般不大于1：3，塘底至溢流水位一般不小于0.6m。

（3）渗透塘底部构造一般为200~300mm的种植土、透水土工布及300~

500mm的过滤介质层。

（4）渗透塘排空时间不应大于24h。

（5）渗透塘应设溢流设施，并与城市雨水管渠系统和超标雨水径流排放系统衔接；渗透塘外围应设安全防护措施和警示牌。

第一，适用性。渗透塘适用于汇水面积较大（大于1hm²）且具有一定空间条件的区域，但应用于径流污染严重、设施底部渗透面距离季节性最高地下水位或岩石层小于1m及距离建筑物基础小于3m（水平距离）的区域时，应采取必要的措施防止发生次生灾害。

第二，优缺点。渗透塘可有效补充地下水、削减峰值流量，建设费用较低，但对场地条件要求较严格，对后期维护管理要求较高。

（六）渗井

渗井指通过井壁和井底进行雨水下渗的设施。为增大渗透效果，可在渗井周围设置水平渗排管，并在渗排管周围铺设砾（碎）石。

渗井应满足下列要求：

（1）雨水通过渗井下渗前应通过植草沟、植被缓冲带等设施对雨水进行预处理。

（2）渗井的出水管的内底高程应高于进水管管内顶高程，但不应高于上游相邻井的出水管管内底高程。渗井调蓄容积不足时，也可在渗井周围连接水平渗排管，形成辐射渗井。

第一，适用性。渗井主要适用于建筑与小区内建筑、道路及停车场的周边绿地内。渗井应用于径流污染严重、设施底部距离季节性最高地下水位或岩石层小于1m及距离建筑物基础小于3m（水平距离）的区域时，应采取必要的措施防止发生次生灾害。

第二，优缺点。渗井占地面积小，建设和维护费用较低，但其水质和水量控制作用有限。

（七）湿塘

湿塘指具有雨水调蓄和净化功能的景观水体，雨水同时作为其主要的补水水源。湿塘有时可结合绿地、开放空间等场地条件设计为多功能调蓄水体，即平时发挥正常的景观及休闲、娱乐功能，暴雨发生时发挥调蓄功能，实现土地资源的多功能利用。湿塘一般由进水口、前置塘、主塘、溢流出水口、护坡及驳岸、维护通道等构成。

湿塘应满足以下要求：

（1）进水口和溢流出水口应设置碎石、消能坎等消能设施，防止水流冲刷和侵蚀。

（2）前置塘为湿塘的预处理设施，起到沉淀径流中大颗粒污染物的作用；池底一般为混凝土或块石结构，便于清淤；前置塘应设置清淤通道及防护设施，驳岸形式宜为生态软驳岸，边坡坡度（垂直∶水平）一般为1∶2~1∶8；前置塘沉泥区容积应根据清淤周期和所汇入径流雨水的SS污染物负荷确定。

（3）主塘一般包括常水位以下的永久容积和储存容积，永久容积水深一般为0.8~2.5m；储存容积一般根据所在区域相关规划提出的"单位面积控制容积"确定；具有峰值流量削减功能的湿塘还包括调节容积，调节容积应在24~48h内排空；主塘与前置塘间宜设置水生植物种植区（雨水湿地），主塘驳岸宜为生态软驳岸，边坡坡度（垂直∶水平）不宜大于1∶6。

（4）溢流出水口包括溢流竖管和溢洪道，排水能力应根据下游雨水管渠或超标雨水径流排放系统的排水能力确定。

（5）湿塘应设置护栏、警示牌等安全防护与警示措施。

第一，适用性。湿塘适用于建筑与小区、城市绿地、广场等具有空间条件的场地。

第二，优缺点。湿塘可有效削减较大区域的径流总量、径流污染和峰值流量，是城市内涝防治系统的重要组成部分；但对场地条件要求较严格，建设和维护费用高。

（八）雨水湿地

雨水湿地是指利用物理、水生植物及微生物等作用净化雨水，是一种高效的径流污染控制设施。雨水湿地分为雨水表流湿地和雨水潜流湿地，一般设计成防渗型，以便维持雨水湿地植物所需要的水量。雨水湿地常与湿塘合建并设计一定的调蓄容积。雨水湿地与湿塘的构造相似，一般由进水口、前置塘、沼泽区、出水池、溢流出水口、护坡及驳岸、维护通道等构成。

雨水湿地应满足以下要求：

（1）进水口和溢流出水口应设置碎石、消能坎等消能设施，防止水流冲刷和侵蚀。

（2）雨水湿地应设置前置塘对径流雨水进行预处理。

（3）沼泽区包括浅沼泽区和深沼泽区，是雨水湿地主要的净化区。其中，浅沼泽区水深一般为0~0.3m，深沼泽区水深一般为0.3~0.5m，根据水深不同种植不同类型的水生植物。

（4）雨水湿地的调节容积应在24h内排空。

（5）出水池主要起防止沉淀物的再悬浮和降低温度的作用，水深一般为0.8~1.2m，出水池容积约为总容积（不含调节容积）的10%。

第一，适用性。雨水湿地适用于具有一定空间条件的建筑与小区、城市道路、城市绿地、滨水带等区域。

第二，优缺点。雨水湿地可有效削减污染物，并具有一定的径流总量和峰值流量控制效果，但建设及维护费用较高。

（九）蓄水池

蓄水池指具有雨水储存功能的集蓄利用设施，同时具有削减峰值流量的作用，主要包括钢筋混凝土蓄水池，砖、石砌筑蓄水池及塑料蓄水模块拼装式蓄水池，用地紧张的城市大多采用地下封闭式蓄水池。蓄水池典型构造可参照国家建筑标准设计图集《雨水综合利用》（10SS705）。

第一，适用性。蓄水池适用于有雨水回用需求的建筑与小区、城市绿地等，根据雨水回用用途（绿化、道路喷洒及冲厕等）不同需配建相应的雨水净化设施；不适用于无雨水回用需求和径流污染严重的地区。

第二，优缺点。蓄水池具有节省占地、雨水管渠易接入、避免阳光直射、防止蚊蝇滋生、储存水量大等优点，雨水可回用于绿化灌溉、冲洗路面和车辆等；但建设费用高，后期须重视维护管理。

（十）雨水罐

雨水罐也称雨水桶，为地上或地下封闭式的简易雨水集蓄利用设施，可用塑料、玻璃钢或金属等材料制成。

第一，适用性。雨水罐适用于单体建筑屋面雨水的收集利用。

第二，优缺点。雨水罐多为成型产品，施工安装方便，便于维护，但其储存容积较小，雨水净化能力有限。

（十一）调节塘

调节塘也称干塘，以削减峰值流量功能为主，一般由进水口、调节区、出口设施、护坡及堤岸构成，也可通过合理设计使其具有渗透功能，起到一定的补充地下水和净化雨水的作用。

调节塘应满足以下要求：

（1）进水口应设置碎石、消能坎等消能设施，防止水流冲刷和侵蚀。

（2）应设置前置塘对径流雨水进行预处理。

（3）调节区深度一般为0.6~3m，塘中可以种植水生植物以减小流速、增强雨水净化效果。塘底设计成可渗透时，塘底部渗透面距离季节性最高地下水位或岩石层不应小于1m，距离建筑物基础不应小于3m（水平距离）。

（4）调节塘出水设施一般设计成多级出水口形式，以控制调节塘水位，增加雨水水力停留时间（一般不大于24h），控制外排流量。

（5）调节塘应设置护栏、警示牌等安全防护与警示措施。

第一，适用性。调节塘适用于建筑与小区、城市绿地等具有一定空间条件的区域。

第二，优缺点。调节塘可有效削减峰值流量，建设及维护费用较低，但其功能较为单一，宜利用下沉式公园及广场等与湿塘、雨水湿地合建，构建多功能调蓄水体。

（十二）调节池

调节池为调节设施的一种，主要用于削减雨水管渠峰值流量，一般常用溢流堰式或底部流槽式，可以是地上敞口式调节池或地下封闭式调节池。

适用性：调节池适用于城市雨水管渠系统中，削减管渠峰值流量。

优缺点：调节池可有效削减峰值流量，但其功能单一，建设及维护费用较高，宜利用下沉式公园及广场等与湿塘、雨水湿地合建，构建多功能调蓄水体。

调节池典型构造可参见《给水排水设计手册》（第5册）。

（十三）植草沟

植草沟指种有植被的地表沟渠，可收集、输送和排放径流雨水，并具有一定的雨水净化作用，可用于衔接其他各单项设施、城市雨水管渠系统和超标雨水径流排放系统。除转输型植草沟外，还包括渗透型的干式植草沟及常有水的湿式植草沟，可分别提高径流总量和径流污染控制效果。

植草沟应满足以下要求：

（1）浅沟断面形式宜采用倒抛物线形、三角形或梯形。

（2）植草沟的边坡坡度（垂直∶水平）不宜大于1∶3，纵坡不应大于4%。纵坡较大时宜设置为阶梯形植草沟或在中途设置消能台坎。

（3）植草沟最大流速应小于0.8m/s，曼宁系数宜为0.2~0.3。

（4）转输型植草沟内植被高度宜控制在100~200mm。

第一，适用性。植草沟适用于建筑与小区内道路，广场、停车场等不透水面的周边，城市道路及城市绿地等区域，也可作为生物滞留设施、湿塘等低影响开发设施的预处理设施。植草沟也可与雨水管渠联合应用，场地竖向允许且不影响安全的情况下也可代替雨水管渠。

第二，优缺点。植草沟具有建设及维护费用低，易与景观结合的优点，但已建城区及开发强度较大的新建城区等区域易受场地条件制约。

（十四）渗管/渠

渗管/渠是指具有渗透功能的雨水管/渠，可采用穿孔塑料管、无砂混凝土管/渠和砾（碎）石等材料组合而成。

渗管/渠应满足以下要求：

（1）渗管/渠应设置植草沟、沉淀（砂）池等预处理设施。

（2）渗管/渠开孔率应控制在1%~3%之间，无砂混凝土管的孔隙率应大于20%。

（3）渗管/渠的敷设坡度应满足排水的要求。

（4）渗管/渠四周应填充砾石或其他多孔材料，砾石层外包透水土工布，土工布搭接宽度不应少于200mm。

（5）渗管/渠设在行车路面下时覆土深度不应小于700mm。

第一，适用性。渗管/渠适用于建筑与小区及公共绿地内转输流量较小的区域，不适用于地下水位较高、径流污染严重及易出现结构塌陷等不宜进行雨水渗透的区域（如雨水管渠位于机动车道下等）。

第二，优缺点。渗管/渠对场地空间要求小，但建设费用较高，易堵塞，维护较困难。

（十五）植被缓冲带

植被缓冲带为坡度较缓的植被区，经植被拦截及土壤下渗作用减缓地表径流流速，并去除径流中的部分污染物。植被缓冲带坡度一般为2%~6%，宽度不宜小于2m。

第一，适用性。植被缓冲带适用于道路等不透水面周边，可作为生物滞留设施等低影响开发设施的预处理设施，也可作为城市水系的滨水绿化带，但坡度较大（大于6%）时其雨水净化效果较差。

第二，优缺点。植被缓冲带建设与维护费用低，但对场地空间大小、坡度等条件要求较高，且径流控制效果有限。

（十六）初期雨水弃流设施

初期雨水弃流是指通过一定方法或装置将存在初期冲刷效应、污染物浓度较高的降雨初期径流予以弃除，以降低雨水的后续处理难度。弃流雨水应进行处理，比如排入市政污水管网（或雨污合流管网）由污水处理厂进行集中处理等。常见的初期弃流方法包括容积法弃流、小管弃流（水流切换法）等，弃流形式包括自控弃流、渗透弃流、弃流池、雨落管弃流等。

第一，适用性。初期雨水弃流设施是其他低影响开发设施的重要预处理设施，主要适用于屋面雨水的雨落管、径流雨水的集中入口等低影响开发设施的前端。

第二，优缺点。初期雨水弃流设施占地面积小，建设费用低，可降低雨水储存及雨水净化设施的维护管理费用，但径流污染物弃流量一般不易控制。

（十七）人工土壤渗滤设施

人工土壤渗滤主要作为蓄水池等雨水储存设施的配套雨水利用设施，以达到回用水水质指标。人工土壤渗滤设施的典型构造可参照复杂型生物滞留设施。

第一，适用性。人工土壤渗滤适用于有一定场地空间的建筑与小区及城市绿地。

第二，优缺点。人工土壤渗滤雨水净化效果好，易与景观结合，但建设费用较高。

三、设施组合系统优化

设施的选择应结合不同区域水文地质、水资源等特点，建筑密度、绿地率及土地利用布局等条件，根据城市总规、专项规划及详规明确的控制目标，结合汇水区特征和设施的主要功能、经济性、适用性、景观效果等因素选择效益最优的单项设施及其组合系统。

组合系统的优化应遵循以下原则：

（1）组合系统中各设施的适用性应符合场地土壤渗透性、地下水位、地形等特点。在土壤渗透性能差、地下水位高、地形较陡的地区，选用渗透设施时应进行必要的技术处理，防止塌陷、地下水污染等次生灾害的发生。

（2）组合系统中各设施的主要功能应与规划控制目标相对应。缺水地区以雨水资源化利用为主要目标时，可优先选用以雨水集蓄利用主要功能的雨水储存设施；内涝风险严重的地区以径流峰值控制为主要目标时，可优先选用峰值削减效果较优的雨水储存和调节等技术；水资源较丰富的地区以径流污染控制和径流峰值控制为主要目标时，可优先选用雨水净化和峰值削减功能较优的雨水截污净化、渗透和调节等技术。

（3）在满足控制目标的前提下，组合系统中各设施的总投资成本宜最低，并综合考虑设施的环境效益和社会效益。例如，当场地条件允许时，优先选用成本较低且景观效果较优的设施。

第三节　海绵城市建设技术设施的计算

一、计算原则

（1）低影响开发设施的规模应根据控制目标及设施在具体应用中发挥的主要功能，选择容积法、流量法或水量平衡法等方法通过计算确定；按照径流总量、径流峰值与径流污染综合控制目标进行设计的低影响开发设施，应综合运用以上方法进行计算，并选择其中较大的规模作为设计规模；有条件的可利用模型模拟的方法确定设施规模。

（2）当以径流总量控制为目标时，地块内各低影响开发设施的设计调蓄容积之和，即总调蓄容积（不包括用于削减峰值流量的调节容积），一般不应低于该地块"单位面积控制容积"的控制要求。计算总调蓄容积时，应符合以下要求：

①顶部和结构内部有蓄水空间的渗透设施（如复杂型生物滞留设施、渗管/渠等）的渗透量应计入总调蓄容积。

②调节塘、调节池对径流总量削减没有贡献，其调节容积不应计入总调蓄容积；转输型植草沟、渗管/渠、初期雨水弃流、植被缓冲带、人工土壤渗滤等对径流总量削减贡献较小的设施，其调蓄容积也不计入总调蓄容积。

③透水铺装和绿色屋顶仅参与综合雨量径流系数的计算，其结构内的空隙容积一般不再计入总调蓄容积。

④受地形条件、汇水面大小等影响，设施调蓄容积无法发挥径流总量削减作用的设施（如较大面积的下沉式绿地，往往受坡度和汇水面竖向条件限制，实际调蓄容积远远小于其设计调蓄容积），以及无法有效收集汇水面径流雨水的设施具有的调蓄容积不计入总调蓄容积。

二、一般计算

（一）容积法

低影响开发设施以径流总量和径流污染为控制目标进行设计时，设施具有的调蓄容积一般应满足"单位面积控制容积"的指标要求。设计调蓄容积一般采用容积法进行计算，如式（6-6）所示。

$$V = 10H\psi F \tag{6-6}$$

式中：V——设计调蓄容积，m^3。

H——设计降雨量，mm。

V——综合雨量径流系数。

F——汇水面积，hm^2。

用于合流制排水系统的径流污染控制时，雨水调蓄池的有效容积可参照《室外排水设计规范》（GB 50014-2006）进行计算。

表6-2　径流系数

汇水面种类	雨量径流系数 φ	综合径流系数 Ψ
绿化屋面（绿色屋顶，基质层厚度≥300mm）	0.30~0.40	0.40
硬屋面、未铺石子的平屋面、沥青屋面	0.80~0.90	0.85~0.95
铺石子的平屋面	0.60~0.70	0.80
混凝土或沥青路面及广场	0.80~0.90	0.85~0.95
大块石等铺砌路面及广场	0.50~0.60	0.55~0.65
沥青表面处理的碎石路面及广场	0.45~0.55	0.55~0.65
级配碎石路面及广场	0.40	0.40~0.50
干砌砖石或碎石路面及广场	0.40	0.35~0.40
非铺砌的土路面	0.30	0.25~0.35
绿地	0.15	0.10~0.20
水面	1.00	1.00
地下建筑覆土绿地（覆土厚度≥500mm）	0.15	0.25
地下建筑覆土绿地（覆土厚度<500mm）	0.30~0.40	0.40
透水铺装地面	0.08~0.45	0.08~0.45
下沉广场（50年及以上一遇）	—	0.85~1.00

注：以上数据参照《室外排水设计规范》（GB 50014-2006）和《雨水控制与利用工程设计规范》（DB11/685-2013）。

（二）流量法

植草沟等转输设施，其设计目标通常为排除一定设计重现期下的雨水流量，可通过推理公式来计算一定重现期下的雨水流量，如式（6-7）所示。

$$Q = \psi q F \qquad (6-7)$$

式中：Q——雨水设计流量，L/s。

ψ——综合径流系数。

q——设计暴雨强度，L/（s·hm^2）。

F——汇水面积，hm^2。

城市雨水管渠系统设计重现期的取值及雨水设计流量的计算等还应符合《室外排水设计规范》（GB 50014-2006）的有关规定。

（三）水量平衡法

水量平衡法主要用于湿塘、雨水湿地等设施储存容积的计算。设施储存容积应首先按照容积法进行计算，同时为保证设施正常运行（如保持设计常水位），再通过水量平衡法计算设施每月雨水补水水量、外排水量、水量差、水位变化等相关参数，最后通过经济分析确定设施设计容积的合理性并进行调整，水量平衡计算过程可参照表6-3。

表6-3　水量平衡计算表

项目	汇流雨水量	补水量	蒸发量	用水量	渗漏量	水量差	水体水深	剩余调蓄高度	外排水量	额外补水量
单位	m^3/月	m^3/月	m^3/月	m^3/月	m^3/月	m^3/月	m	m	m^3/月	m^3/月
编号	[1]	[2]	[3]	[4]	[5]	[6]	[7]	[8]	[9]	[10]
1月										
2月										
…										
11月										
12月										
合计										

三、以渗透为主要功能的设施规模计算

对于生物滞留设施、渗透塘、渗井等顶部或结构内部有蓄水空间的渗透设施，设施规模应按照以下方法进行计算。对透水铺装等仅以原位下渗为主、顶部无蓄水空间的渗透设施，其基层及垫层空隙虽有一定的蓄水空间，但其蓄水能力受面层或基层渗透性能的影响很大。因此，透水铺装可通过参与综合雨量径流系数计算的方式确定其规模。

（1）渗透设施有效调蓄容积按式（6-8）进行计算。

$$V_s = V - W_p \qquad\qquad (6-8)$$

式中：V_s——渗透设施的有效调蓄容积，包括设施顶部和结构内部蓄水空间的容积，m^3。

V——渗透设施进水量，m^3，参照容积法计算。

W_p——渗透量，m^3。

（2）渗透设施渗透量按式（6-9）进行计算。

$$W_p = KJA_s t_s \qquad\qquad (6-9)$$

式中：W_p——渗透量，m^3。

K——土壤（原土）渗透系数，m/s。

J——水力坡降，一般可取$J=1$。

A_s——有效渗透面积，m^2。

t_s——渗透时间，s，指降雨过程中设施的渗透历时，一般可取2h。

渗透设施的有效渗透面积As应按下列要求确定：

（1）水平渗透面按投影面积计算。

（2）竖直渗透面按有效水位高度的1/2计算。

（3）斜渗透面按有效水位高度的1/2所对应的斜面实际面积计算。

（4）地下渗透设施的顶面积不计。

四、以储存为主要功能的设施规模计算

雨水罐、蓄水池、湿塘、雨水湿地等设施以储存为主要功能时，其储存容积应通过容积法及水量平衡法计算，并通过技术经济分析综合确定。

五、以调节为主要功能的设施规模计算

调节塘、调节池等调节设施，以及以径流峰值调节为目标进行设计的蓄水池、湿塘、雨水湿地等设施的容积应根据雨水管渠系统设计标准、下游雨水管道负荷（设计过流流量）及入流、出流流量过程线，经技术经济分析合理确定，调节设施容积按式（6-10）进行计算。

$$V = Max\left[\int_0^T (Q_{in} - Q_{out})dt\right] \qquad （6-10）$$

式中：V——调节设施容积，m^3。

Q_{in}——调节设施的入流流量，m^3/s。

Q_{out}——调节设施的出流流量，m^3/s。

t——计算步长，s。

T——计算降雨历时，s。

六、调蓄设施规模计算

具有储存和调节综合功能的湿塘、雨水湿地等多功能调蓄设施，其规模应综合储存设施和调节设施的规模计算方法进行计算。

七、以转输与截污净化为主要功能的设施规模计算

植草沟等转输设施的计算方法如下：

（1）根据总平面图布置植草沟并划分各段的汇水面积。

（2）根据《室外排水设计规范》（GB 50014-2006）确定排水设计重现期，参考本指南中的流量法计算设计流量Q。

（3）根据工程实际情况和植草沟设计参数取值，确定各设计参数。

容积法弃流设施的弃流容积应按容积法计算；绿色屋顶的规模计算参照透水铺装的规模计算方法；人工土壤渗滤的规模根据设计净化周期和渗滤介质的渗透性能确定；植被缓冲带规模根据场地空间条件确定。

第七章

海绵城市雨水管理技术

第一节　雨水渗透技术

一、实现途径

雨水渗透设施是建设海绵城市的基础环节，雨水通过有组织的汇流，引入雨水渗透设施。雨水渗透设施分表面渗透和埋地渗透两大类。表面入渗设施主要有透水铺装、下沉式绿地、生物滞留设施、渗透塘与绿色屋顶等；埋地渗透设施主要有渗井等。

二、施工要点

（一）透水铺装

1.透水沥青混凝土

（1）施工流程。透水沥青混凝土是由透水沥青混合料修筑，路表水可进入路面横向排出或渗入至路基内。

（2）施工工艺。透水沥青混合料面层施工应符合设计要求和现行标准《城镇道路工程施工与质量验收规范》（CJJ 1–2008）、《透水沥青路面技术规程》（CJJ/T 190–2012）技术要求，以及国家、地方关于文明施工、绿色施工的要求。其主要包括以下要点：

①施工准备。材料供应厂商、生产配合比、材料性能必须符合设计要求和现行标准规定。铺筑透水沥青混合料前，应检查下层结构的质量，对透水沥青路面Ⅰ型和Ⅱ型应检查封层质量，同时应对下层结构进行渗水试验。

建立安全技术交底制度，对作业人员进行相关的安全技术教育与培训。作业前主管施工技术人员必须向作业人员进行详尽的安全技术交底，并形成文件。

施工现场设置密闭垃圾站，施工垃圾和生活垃圾分类存放，施工垃圾采取容器运输。

②测量复核。施工前，由测量人员对道路基层的高程、横坡、平整度等指标进行全面复测，根据设计文件在施工现场测设道路中线、边线线位和高程。

③混合料运输

A.热拌沥青混合料宜采用较大吨位的运料车运输，但不得超载运输，或急刹车、急弯掉头使透层、封层造成损伤。配备水车对施工现场道路和周边道路进行洒水降尘。施工运输设专人指挥联络，运料车加苫布覆盖，确保运输中不遗洒，现场设专人清扫。

B.运料车每次使用前后必须清扫干净，在车厢板上涂一薄层防止沥青黏结的隔离剂或防粘剂，但不得有余液积聚在车厢底部。运料车应平衡装料，减少混合料离析。运输混合料应用苫布覆盖保温、防雨以及防污染。

C.运料车进入摊铺现场时，轮胎上不得沾有泥土等可能污染路面的脏物。沥青混合料在摊铺地点凭运料单接收。若混合料不符合施工温度要求，或已经结成团块、已遭雨淋的混合料不得铺筑。

④混合料摊铺。沥青混凝土采用摊铺机摊铺。局部路面狭窄、平曲线过小的部位，以及小规模路面工程和不具备机械摊铺条件可以人工摊铺。

根据路面宽度、摊铺结构层确定施工机具数量。正式施工前，宜铺筑单幅长度为100~200m的试验路段，确定最佳的机具组合、摊铺系数、碾压遍数等工艺参数，以指导大范围施工。

A.沥青混合料开始摊铺时在施工现场等候卸料的运料车在每台摊铺机前不宜少于5辆，且不宜多于10辆。

B.沥青混合料路面施工的最低气温应符合规范要求。

C.摊铺时采用梯队作业的纵缝应采用热接缝。当半幅施工或因特殊原因而产生纵向冷接缝时，宜加设挡板或加设切刀切齐，也可在混合料尚未完全冷却前用镐刨除边缘留下毛茬的方式，但不宜在冷却后采用切割机作纵向切缝。刨除或切割不得损伤下层路面。切割时留下的泥水必须冲洗干净，待干燥后涂刷粘层油。

⑤混合料压实。压实应按初压、复压、终压三个阶段进行，主要的施工要点如下：

A.压路机的碾压温度应符合现行标准《透水沥青路面技术规程》（CIJ/T 190-2012）规范要求，见表7-1。

表7-1　透水沥青混合料正常施工温度范围（℃）

工序	规定值	测量部位
混合料出厂温度	175~185	运料车
运输到现场温度	不低于175	运料车
摊铺温度	不低于170	摊铺机
初压温度	不低于160	碾压层内部
复压温度	不低于130	碾压层内部
终压温度	不低于90	路面表面
开放交通温度	不高于50	路面内部或表面

B.沥青路面施工应配备足够数量的压路机。选择合理的压路机组合方式及初压、复压、终压（包括成型）的碾压步骤，以达到最佳碾压效果。施工气温低、风大、碾压层薄时，压路机数量应适当增加。

C.透水沥青混合料宜采用12t以上的钢筒式压路机碾压，不得采用轮胎压路机碾压。振动压路机应遵循"紧跟、慢压、高频、低幅"的原则。压路机应以慢而均匀的速度碾压，压路机的碾压速度应符合表7-2的规定。压路机的碾压路线及碾压方向不应突然改变而导致混合料推移。碾压区的长度应大体稳定，两端的折返位置应随摊铺机前进而推进，横向不得在相同的断面上。

表7-2　压路机碾压速度（km/h）

压路机类型	初压		复压		终压	
	适宜	最大	适宜	最大	适宜	最大
钢筒式压路机	1.5~2	3	2.5~3.5	5	2.5~3.5	5
轮胎压路机	–	–	3.5~4.5	6	4~6	6
振动压路机	1.5~2	5	1.5~2	1.5~2	2~3	5

对路面边缘、加宽及港湾式停车带等大型压路机难于碾压的部位，宜采用小型振动压路机补充碾压。

⑥养护。铺筑好的沥青层应严格控制交通，做好封闭保护，封闭现场应由专人看护。已铺筑的道路要保持整洁，不得造成污染，严禁在沥青层上堆放其他施工项目产生的土或杂物，严禁在已铺沥青层上制作、堆放水泥砂浆。

⑦开放交通。透水沥青路面应待摊铺路面层完全自然冷却，混合料表面温度低于50℃后，方可开放交通。需要提早开放交通时，可采用洒水冷却方式降低混合料温度至50℃以下后，可开放交通。

2.透水水泥混凝土

（1）施工流程。透水水泥混凝土是由粗集料及水泥基胶结料经拌合形成的具有连续空隙结构的混凝土，透水水泥混凝土路面结构分全透水和半透水结构。

（2）施工工艺方法。透水水泥混凝土面层材料和施工应符合设计要求和现行标准《透水水泥混凝土路面技术规程》（CJJ/T 135-2009）技术要求，以及国家、地方关于文明施工、绿色施工的要求。其主要包括以下要点：

①施工准备。选择合格的材料供应厂家，混凝土配合比应满足规范和设计要求。选用材料性能应符合现行标准的规定。

施工前应查勘施工现场，复核地下隐蔽设施的位置和标高，根据设计文件和施工条件，编制施工方案。根据已审批的施工方案，对施工操作人员进行技术交底和安全交底。施工现场应配备施工所需的辅助设备、辅助材料、施工工具，并应采取安全防护设施。面层施工前应按规定对基层、排水系统进行检查验收，符合要求后才能进行面层施工。在透水水泥混凝土面层施工前，应对基层做清洁处理，处理后的基层表面应粗糙、清洁、无积水，并应保持一定湿润状态。在正式施工前，应进行试验段施工。

②混凝土搅拌。透水水泥混凝土应采用预拌混凝土。透水混凝土应为干硬性混凝土，无塌落度。当采用现场搅拌或自建搅拌站时，选择合适的拌合场地，要求运送混合料的运距尽量短，宜采用强制性搅拌机进行搅拌。搅拌机的容量应根据工程量、施工进度、施工顺序和运输工具等参数选择。透水水泥混凝土拌合物从搅拌机出料后，运至施工地点进行摊铺、压实，直至浇筑完毕的允许最长时间应符合规范规定。

③混凝土运输。透水混凝土应采用有覆盖装置的自卸车辆进行运输，不应采

用罐车运输。按照需求量、运距和生产能力合理配置运输车辆的数量。运输车按既定的路线进出现场，禁止在作业面上急刹车、急转弯、掉头和超速行驶。

④混凝土摊铺。透水水泥混凝土摊铺前，模板和基层表面应洒水润湿以免混凝土水分被吸去。透水水泥混凝土拌合物摊铺前，应对模板的高度、支撑稳定情况等进行全面检查。透水混凝土宜采用摊铺机摊铺，局部路面狭窄、小规模路面工程或不具备机械摊铺条件可以人工摊铺。摊铺应均匀，平整度与排水坡度应符合要求，摊铺厚度应考虑松铺系数，其松铺系数宜为1.1。

⑤混凝土压实。透水混凝土宜采用专用滚压工具滚压，小型压路机或低频平板振捣器压实；不能使用高频振捣器，以免透水混凝土出浆，影响混凝土透水率。

压实时应辅以人工补救及找平。压实后，宜采用抹平机对透水水泥混凝土面层进行收面，必要时应配合人工拍实、整平。整平时必须保持模板面整洁，接缝处板面应平整。拆模时间应根据气温和混凝土强度增长情况而定，拆模不得损坏混凝土路面的边角。

⑥接缝施工

A.缩缝。应采用切缝法。当受条件限制时，可采用压缝法。切缝施工，当混凝土达到设计强度25%~30%时，应采用切缝机进行切割。压缝施工，当压至规定深度时，提出压缝刀，然后放入铁制或木制嵌条，再次修平缝槽，待混凝土拌合物初凝前，取出嵌条，形成缝槽。

B.胀缝。胀缝应与路面中心线垂直，缝壁必须垂直，缝隙宽度必须一致。胀缝应与道路路面厚度相同。

C.纵缝。纵缝施工方法，应按纵缝设计要求确定。平缝纵缝，浇筑邻板时，缝的上部应压成规定深度的缝槽。企口缝纵缝，宜先浇筑混凝土板凹榫的一边，缝壁应涂刷沥青。浇筑邻板时应靠缝壁浇筑。整幅浇筑纵缝的切缝或压缝，应符合前面缩缝的施工方法。

D.混凝土板养护期满后，应及时填充缝槽。在填缝前必须保持缝内清洁，防止砂石等杂物掉入。填缝采用预制嵌缝条的施工，应符合下列规定：预制胀缝板嵌入前，缝壁应干燥，并清除缝内杂物，使嵌缝条与缝壁紧密结合。缩缝、纵缝、施工缝的预制嵌条缝，可在缝槽形成时嵌入。嵌缝条应顺直整齐。

⑦养护。混凝土压实完毕，应及时覆盖塑料薄膜或草帘进行洒水养护。洒水

只能以淋的方式，不能采用高压水冲洒。养护期视气温不同而不同，一般不少于14d。养护期间，禁止车辆通行。混凝土在达到设计强度的40%后，方可允许上人。在面层混凝土弯拉强度达到设计强度，且填缝完成前，不得开放交通。

3.透水砖

（1）施工工艺方法。透水砖路面面层施工应符合设计要求和现行标准《城镇道路工程施工与质量验收规范》（CJJ1-2019）、《透水砖路面技术规程》（CJJ/T 188-2012）技术要求，以及国家、地方关于文明施工、绿色施工的要求外，还应满足以下要点：

①施工准备。选用材料性能必须符合设计要求和现行标准规定。砂浆配合比应由实验室确定，满足规范和设计要求。

面层施工前应按规定对道路各结构层、排水系统及附属设施进行检查验收，符合要求后方可进行面层施工。确定铺设方式，施工前做出样板，经验收合格后，方可进行大面积施工。

②铺装。透水砖铺筑过程中，施工人员应倒退铺设，不得直接站在找平层或刚铺筑的透水砖上作业，不得在新铺设的砖面上拌合砂浆或堆放材料。盲道铺砌应符合相关规范规定。

③填缝。透水砖的接缝宽度应符合设计和规范的规定，填缝材料宜采用中砂。当采用水泥混凝土做基层时，铺砌面层胀缝应与基层胀缝对齐。铺装完成并检查合格后，应及时填缝。

④养护。透水砖铺设完毕后，应用土工布等覆盖养护，洒水养护一般不少于3d。水泥砂浆达到设计强度后，方可开放交通。

（2）质量和检验。透水砖路面面层质量检验符合现行标准《透水砖路面技术规程》（CJJ/T 188-2012）的规定。

透水砖路面质量检验主控项目包括透水砖的透水性能、抗滑性、耐磨性、块形、颜色、厚度与强度等，应符合设计要求。结构层的透水性应逐层验收，其性能应符合设计要求；透水砖的铺设形式应符合设计要求。水泥、外加剂、集料及砂的品种、级别、质量、包装以及储存等应符合国家现行有关标准的规定。透水砖铺装允许偏差应符合现行标准《透水砖路面技术规程》（CJJ/T 188-2012）中表7.2.2的规定。

透水砖路面透水系数可以采用路面渗水仪检验。

（二）绿色屋面

绿色屋面也称种植屋面、绿化屋顶等，通过对建筑屋顶种植绿色植物吸纳雨水、收集雨水，实现雨水排放管理的同时，达到节能环保的目的。种植屋面适用于建筑屋面和地下设施顶板的绿化工程。

种植屋面施工及质量验收应符合《种植屋面工程技术规程》（JGJ 155-2013）的有关规定。

1.地下设施种植屋面施工

地下设施种植屋面技术主要包括：防水、排水构造，覆土回填，绿化施工与养护技术，等等；其构造层包括防水层、隔根层、排水层、过滤层、栽植土壤层、植被层。一般自下而上分层施工。地下设施结构必须满足相应土壤结构的荷载要求和绿化的集中荷载要求。

（1）地下设施顶板自身防水层以上应有水泥砂浆找平层，排水坡度应在1%~2%，必要时做二次防水处理。例如，地下设施覆土厚度小于1.5m。为防止部分植物根系穿透防水层，需在防水层上面铺设耐根穿刺层，材料可用高密度聚乙烯土工膜、PVC卷材、TPO卷材等多种材料。如果地下设施边缘有侧墙，则耐根穿刺层应向侧墙面上翻不小于25cm。

（2）为了蓄存和排出种植层中渗出的多余水分，改善土壤基质的通气状况，在地下设施防水层（隔根层）以上设置排（蓄）水设施，排水应集中进入绿地和建筑的排水或集水系统。排（蓄）水设施可采取铺设专用排（蓄）水材料、排水管、砾石层等方式。若土壤黏重，为保证植物生长，应在植物根系主要分布层以下增设网状排水管。

（3）应使绿地整体，特别是种植屋面的周边区域排水顺畅，避免在种植屋面部分产生地表积水；为了防止栽植土壤经冲刷后细小颗粒随水流失，造成土壤中的成分和养料流失，并堵塞排水系统，应在排（蓄）水层上面铺设具有较强的渗透性的过滤层，可选用级配砂石、细沙、土工织物等多种材料；如用双层土工织物材料，搭接宽度应不小于15cm，覆土时使用机械应注意不损坏土工织物。

（4）地下设施覆土的开放边长至少应大于总边长的1/3，采取局部开敞式，开放边必须与地下设施外部自然土层相接。如挖槽原土基本为自然土质（湿容重约为1600~1800kg/m³），可用于回填实施绿化。栽植土壤层应符合常绿和落叶乔木、灌木、草坪等不同植物生长对栽植土层厚度、物理性质的要求，严禁回填渣土、建筑垃圾土和有污染的土壤。

（5）为了改善植物生长条件，建议在植物根系主要分布层以上，使用人工配比基质，可使用材料如草炭、腐殖土、松针土、珍珠岩、蛭石、无机基质等。其主要技术指标包括水饱和容重、肥力要求、蓄水能力、孔隙容积、营养物质、渗透性能、空间稳定性（充分的根系生长空间）、排水顺畅、通气保肥、pH值等。

（6）地下设施种植屋面的植物选择应根据当地植物规划的要求，按照地面绿化的标准进行。以选择生长特性和观赏价值相对稳定的乡土植物为主，适当使用引种驯化成功的新优植物。为保证植物正常生长和减少植物根系对建筑防水层的影响，应根据地下设施覆土厚度选择相应的植物种类。

2.种植屋面典型做法及防水材料应用要点

种植屋面又称绿化屋顶，它能显著改善屋面隔热性能，冬暖夏凉。通过对建筑屋顶种植绿色植物，吸纳雨水、收集雨水，实现雨水排放管理的同时，达到节能环保的目的。

（1）种植屋面（顶板）雨水管理系统

种植屋面（顶板）雨水管理系统包括雨水防排管理（防排水处理）以及雨水回收、循环利用管理（雨水收集、净化、存储、二次灌溉利用）。此系统可分解为三大功能系统，分别是种植屋面/顶板复合防水功能系统、种植屋面/顶板防护虹吸排水功能系统、雨水收集利用功能系统。

①系统功能及结构

A.种植屋面/顶板复合防水功能系统。它由柯瑞普系统"2.0mm非固化橡胶沥青防水涂料+4.0mmSBS耐根穿刺防水卷材"组成。根据现行标准《种植屋面工程技术规程》（JGJ 155–2013）第5.1.8规定，种植屋面应采用两道或两道以上防水层设防，最上道防水层必须采用耐根穿刺防水材料，防水层材料应相容。

B.种植屋面/顶板防护虹吸排水功能系统。它由奇封防排水保护板、虹吸排水槽、透气管、排水管道、观察井组成。此系统工作原理是：土壤渗入水不断通过奇封防排水保护板流至虹吸排水槽。在虹吸排水槽上安装透气管，虹吸排水槽内的水在空隙、重力和气压作用下很快汇集到出水口。出水口通过管道变径的方式使虹吸直管形成满流，从而形成虹吸。虹吸排水槽内的水不断被吸入观察井，经观察井排入雨水收集系统内。这样就从以往的被动挤压式排水转变成了现在的主动式虹吸排水，从而真正实现了零坡度、有组织排水。虹吸排水系统可减少5层构造层次，极大地优化构造，减少系统性风险，降低工程成本。

C.雨水收集利用功能系统。它由雨水截污挂篮装置、弃流过滤装置、蓄水系统、净化系统组成。此系统工作原理是：在地下安装一个雨水蓄水池（由若干雨水模块组装而成），通过汇总管对雨水进行收集，通过雨水净化装置对雨水进行净化处理，达到符合设计使用标准，再将水通过水泵出水管连接到地面。屋顶雨水相对干净，杂质、泥沙及其他污染物少，可通过弃流和简单过滤后，直接排入蓄水系统，进行处理后使用。处理后可用来冲洗厕所、浇洒路面、浇灌草坪、水景补水，甚至用于循环冷却水和消防水。

②种植屋面（顶板）雨水管理系统

主体产品材料主要包括KS-520非固化橡胶沥青防水涂料、弹性体改性沥青聚酯胎耐根穿刺防水卷材、奇封防排水保护板、土工布、雨水收集模块等。

③施工流程

A.柯瑞普复合防水系统。它的施工流程是：基层处理→底涂处理→弹线→细部节点处理→预铺卷材→卷材回卷→边喷涂或刮涂KS-520非固化橡胶沥青防水涂料边铺贴复合防水卷材→搭接→收口→质量检查、验收。

B.防护虹吸排水系统。它的施工流程是：规划弹线→铺设→铺设丁基橡胶带→铺设虹吸排水槽→铺设奇封防排水保护板→安装透气观察管→铺设土工布→安装虹吸管→安装观察井。

C.雨水收集利用系统。它的施工流程是：挖掘和基础准备→池底基础层→铺设土工布/防水层→雨水模块拼接安装→安装雨水井及进出水管道→包裹水池→设备安装→安装回用取水系统→回填及夯实。

（2）种植屋面防水系统

①做法及构造。种植屋面防水系统的常规构造做法可分为正置式屋面、倒置式屋面、分离式屋面三种形式。

A.正置式屋面。北方地区使用较多。由于北方气温较低，保温板遇水后经冻融循环失去保温效果，所以将保温板设置在防水层之下，以保证保温板的保温效果。

B.倒置式屋面。南方地区使用较多，目前北方地区也逐渐增多（降低保温层的吸水率，及提高其冻融循环次数）。此屋面有效地保证了防水层与基层满粘接，避免出现蹿水现象。

C.分离式屋面。两种防水材料分离设置，下面普通防水层可与找坡（找平）层进行满粘，上部耐根穿刺防水材料与保护层进行满粘，有效避免蹿水现象的发生及阻止植物根系穿破保温层，保证了保温层不被植物根系破坏及保温层的保温效果。

②种植屋面防水系统的核心部分是防水材料的应用，比较典型和常用的有SBS改性沥青防水卷材、ARC耐根穿刺防水卷材和非固化橡胶沥青防水涂料等。

（3）设计与施工要点

①设计要点

A.种植屋面找坡材料及位置应根据实际情况进行选择。找坡材料应选择密度小并具有一定抗压强度的材料，可采用水泥砂浆或细石混凝土等进行找坡，也可根据设计进行结构找坡，找坡层宜1‰~5‰。

B.种植屋面绝热层应选用密度小、压缩强度大、导热系数小、吸水率低的材料。

C.覆土厚度大于2m时，可不设置过滤层和排（蓄）水层；覆土厚度小于2m时，宜设置内排水系统。

②施工要点

A.基层清理。基层应坚实、平整、无灰尘、无油污，凹凸不平和裂缝处应用聚合物砂浆补平。

B.涂刷基层处理剂。基层涂刷处理剂，并且要涂刷均匀，不得漏刷或露底。基层处理剂涂刷后的基层应尽快铺贴卷材，以免受到二次灰尘污染。

C.细部附加层增强处理。用附加层卷材及标准预制件在两面转角、三面阴阳角等部位进行附加增强处理，平立面平均展开。

D.弹线、卷材应力释放。在已处理好的基层表面，按照所选卷材的宽度，留出搭接缝尺寸（长短边均为>100mm），将铺贴卷材的基准线弹好，按此基准线进行卷材预铺，释放应力，然后将卷材重新打卷。

E.大面卷材铺贴。将预铺卷材进行热熔铺贴时，应将起始端卷材粘牢后，持火焰加热器对待铺卷材进行烘烤。铺贴后卷材应平整、顺直，搭接尺寸正确。

F.卷材接缝处理。用喷灯充分烘烤搭接边上下两层卷材沥青涂盖层，必须保证搭接处卷材间的沥青密实熔合，且从边端溢出熔融沥青条，对卷材端口进行密封。

G.检查验收第一层卷材。发现熔焊不实之处应及时修补，不得留任何隐患。第一层卷材检查合格后，再弹线铺贴第二层防水卷材，操作方法同第一层，但必须注意上、下层卷材不得相互垂直铺贴。铺贴时边铺边检查，发现熔焊不实之处及时修补，不得留任何隐患。

H.成品保护。防水层铺贴完毕，并经验收合格后，应立即进行保护层施工。

（4）GFZ聚乙烯丙纶防水卷材

聚乙烯丙纶防水卷材由线性低密度聚乙烯（LLDPE）、高强丙纶无纺布，抗氧剂、抗老化剂等高分子原料，经过一系列的物理和化学变化，由自动化生产线一次性复合加工制成。其组成结构为：中间层是防水层和防老化层，上下两面是增强黏结层（丙纶长丝无纺布）。

①功能特点。与其他高分子卷材相比，聚乙烯丙纶卷材正反两面覆有丙纶增强无纺布，卷材非外露使用，低温柔性、稳定性好，使该防水体系成功地解决了高分子卷材与基层难黏结、主体材料外露使用易受机械损伤、易老化、施工过程中污染环境、溶剂对人体伤害等问题，这在高分子防水卷材中堪称独具特色。由于在生产过程中使用了抗老化剂等高分子原料，决定产品具有很好的抗老化性、抗氧化性；并且耐腐蚀性能强，抗拉强度高；柔韧性、抗穿孔性能、防水抗渗性能好。

②适用范围。聚乙烯丙纶防水卷材主要用于地下管廊防水，公共、民用建筑以及大型场馆的地下防水，厨卫间防水、屋面防水、水利大坝等防水工程。同时还应用于地铁、隧道防水工程。本产品防水体系不但有防水性能和耐根穿刺性能，而且对植物生长有好处无危害，是种植屋面、地面的首选材料。

③施工要点。采用满粘法施工工艺，优于空铺点粘工艺，增强功能上的双复合；在充分发挥聚合物水泥粘接料黏结力的同时，将其打造成主防水层之外的第二道防水屏障，实现防水功能上的双保险，从而构建了具有优异防水性能的聚乙烯丙纶卷材—聚合物复合防水体系，确保整个防水体系的防水功能。

（5）SJ非固化橡胶沥青防水涂料（粘接料）

SJ非固化橡胶沥青防水涂料是由胶粉、改性沥青和特种添加剂制成的弹性胶状体，是与空气长期接触不固化的防水涂料。该产品具有防水性、非固化性、黏合性和环保性，可用于变形缝、后浇带等变形沉降较大部位的防水。

①功能特点。SJ非固化橡胶沥青防水涂料在施工过程中，涂料稳定性好，不分离，能形成连续、无接缝的防水层，并具有自修复和自愈性能，能有效地阻止水在防水层与结构混凝土之间流窜。当结构出现变形或开裂时，本产品依然会牢固地黏结在结构体上，不滑移、不脱落。在立墙结构有粉尘的情况下，与高分子聚乙烯丙纶防水卷材复合使用黏结牢固，附着力极强，能够大大缩短防水施工工期，对基层的要求极为宽松，潮湿基层也可施工。尤其施工操作面较为复杂的、间距面狭窄的、不容易操作的，可以用喷涂机器的喷枪操作，形成与建筑物操作面融合一体的无任何接缝的防水层。非固化适用于与多种材质的基层黏结，水泥混凝土结构层、木板、塑料、钢材等基层。施工简单，可刮涂施工，可以喷涂施工。对环境温度要求较低，零度以下也可施工，不受外界温度影响，且黏结性能和防水性能十分稳定，对冬季进行防水施工十分有利。非固化具有耐酸、耐碱、耐盐性能、耐腐蚀性能强、无毒、无味、无污染的特点，符合国家规定的标准。非固化具有与空气接触不固化的特点，防水涂层不凝固。该涂料能够在压力作用下渗透到泥土缝隙中，确保防水性。

②适用范围。SJ非固化橡胶沥青防水涂料（粘接料）用途广泛，可用于构筑物的地下室、屋面、地铁隧道、水利坝渠、桥梁等的外防水层，也可用于变形缝、后浇带等变形沉降较大部位防水施工。

（三）生物滞留设施

生物滞留设施选址应综合考虑周边建筑、地下设施、坡度、底层土壤的渗透性和地下水位深度等因素，并确保场地标高和坡向能够满足周边场地的雨水汇入要求。生物滞留池广泛应用于住宅小区、道路景观带等。

1.施工程序

施工程序是：渗排管→砂滤层→植被及种植土层→种植土壤覆盖层→表面雨水滞留层。

2.施工工艺方法

（1）渗排管

对于地基渗透能力低于1.3cm/h的生物滞留设施或者是底部进行了防渗处理的其他入渗为主的低影响开发设施，底部应设置渗排管。渗排管设置应符合下列规定：

①最小直径宜为100mm。

②渗排管可采用经过开槽或者穿孔处理的PVC管或者HDPE管。

③每个生物滞留设施应至少安装两根底部渗排管，且每100m²的收水面积应配置至少一根底部渗排管。

④渗排管的最小坡度为0.5%。

⑤每75~90m应设置未开孔的清淤立管。清淤立管不能开孔，直径最小为100mm。每根渗排管应设置至少两根清淤立管。

（2）砂滤层

砂滤层由粗砂或细砂层和砾石层组成生物滞留池的砾石垫层可采用洗净的砾石，砾石层的厚度不宜小于300mm，粒径应不小于底部渗排管的开孔孔径或者开槽管的开槽宽度。当生物滞留设施底部铺设有渗排管时，砾石层厚度应适当加大。砾石层应与种植土壤层隔离，隔离的材料可选用透水土工布或厚度不小于100mm的粗砂等。

（3）植被及种植土层

①生物滞留设施的植物类型应具有根系发达、耐旱、耐涝的特点。种植土壤层厚度应依据植物类型确定，草本植物的种植土壤层厚度不宜小于600mm，灌木不宜小于900mm，乔木不宜小于1200mm。

②种植土层介质类型及深度应满足出水水质要求，还应符合植物种植及园林绿化养护管理技术要求；为防止换土层介质流失，换土层底部一般设置透水土工布隔离层，也可采用厚度不小于100mm的砂层（细砂和粗砂）代替。

（4）种植土壤覆盖层

生物滞留设施覆盖层应根据植物种植，按照不漏土的原则进行铺设，还应考虑景观效果。采用树皮作为覆盖层时不宜选用轻质树皮，防止漂浮流失。

（5）土工合成材料施工

①土工合成材料质量检验应符合设计要求及相关规范规定。土工合成材料包括透水土工布和防渗土工膜。

②土工合成材料铺设时，应从最低部位开始向高位延伸。

③透水土工布搭接宽度不应小于200mm，保持平顺和松紧适度。

④防渗土工膜宜为两布一膜，布的厚度不应小于1.0mm，重量不应低于300g/m²。

⑤防渗土工膜搭接宽度应大于100mm，采用双道焊缝接缝方式。焊接后，应及时对焊缝焊接质量进行检测。

⑥土工合成材料施工应采取防止尖锐物体损坏措施。

（6）其他

①在具有转输功能的生物滞留设施内，市政基础设施不得阻水。

②护栏、警示牌、清淤通道及防护等设施位置应醒目、安装牢固。

③生物滞留池用于道路绿化带时，若道路纵坡大于1%，应设置挡水堰/台坎，以减缓流速并增加雨水渗透量；设施靠近路基部分应进行防渗处理，防止对道路路基稳定性造成影响。

④屋面径流雨水可由雨落管接入生物滞留池，道路径流雨水可通过路缘石豁口进入，路缘石豁口尺寸和数量应根据道路纵坡等经计算确定。

⑤生物滞留池宜分散布置且规模不宜过大，生物滞留池面积与汇水面面积之比一般为5%~10%。

（四）渗井

按照材质不同，渗井常见形式为砌筑和装配式拼装。其施工要点应符合设计要求和现行标准《给水排水构筑物工程施工及验收规范》（GB 50141-2008）及相关规范规定。

1.砌筑渗井施工程序

砌筑渗井施工程序是：沟槽开挖→井底基础→砌筑井室→井室井内壁原浆勾缝→渗水管安装与井壁衔接处理→井身一次接高至规定高程→浇筑或安装盖板与井圈→井盖就位→土工布施工→渗滤料回填。

2.施工工艺

（1）基坑开挖超过3m时，应按照有关规定编制危险性较大工程施工方案：超过一定规模的，应组织专家论证。地基承载力不符合设计要求时，应采取措施处理。

（2）井底基础应按设计要求铺筑渗滤材料，并平整压实。

（3）进水管的顶标高应低于出水管的底标高，并由工程设计图纸确定。

（4）渗水管按设计坡度及标高敷设。

（5）土工布施工方法应符合相关规范要求。

（6）雨期砌筑渗井时，应在管道铺设后井身一次砌起。冬期砌渗井应有覆盖等防寒措施。必要时可采用抗冻砂浆砌筑，对于特殊严寒地区施工应在解冻后砌筑。

3.雨水渗井典型做法及应用要点

（1）硅砂雨水井。硅砂雨水井是由硅砂滤水井砌块砌筑而成，是具有集水、存水、渗水与滤水功能的雨水井。目前，常规的做法主要用于雨水的渗透。

硅砂雨水井将超过设计标准的超量雨水溢流、滞留，通过微米级孔隙透水的井体砌块过滤净化后，渗透补充地下水。硅砂雨水井过滤、净化、渗补一体化，六边形井体组成的蜂窝巢结构稳定、施工简单，兼具渗水井与检查井的功能，主要技术指标如表7-3所示。

表7-3　硅砂雨水井主要技术指标

项目	指标要求	
	硅砂透水井砌块	硅砂滤水井砌块
抗压强度/MPa		≥15.0
透水速率/mL/（min·cm²)	≥10.0	≥3.0
滤水率/%	—	≥85
D25次冻融循环	冻融循环后质量损失≤5%	

硅砂雨水井的施工，应在管渠底部按要求铺设底面透水土工布、碎石。在渗透层上安装雨水井底板，底板可采用预制或现浇。采用现浇混凝土底板时，初凝后应抹平压光。浇筑完成后，应在12h后铺盖塑料薄膜，并适当进行浇水养护，保持混凝土有足够的湿润状态，养护期不得低于7d。井体砌筑应将硅砂井砌块用水浸湿后铺浆砌筑。井室四周应按照设计要求填充碎石，碎石层外应包裹土工布。在透水土工布外侧应回填土方，回填至与地面相平。回填材料应压实，并与井壁紧贴。

（2）玻璃钢渗透一体化系统。玻璃钢渗透一体化系统是由玻璃钢渗透检查井、多孔渗透管、渗透罐等设施组成，兼具雨水输送及雨水入渗功能的设施。雨水通过雨水口进入带有渗透功能的玻璃钢雨水井、管道和储罐内，雨水在输送过程中得到进一步入渗。

玻璃钢渗透检查井为带有截污功能的渗透型机械缠绕式玻璃钢检查井，具有沉淀弃流作用。多孔渗透管以无碱玻璃纤维及制品为原材料制成，同时具有渗透、储存及排放功能。进入玻璃钢管道内的雨水优先入渗，介质含水饱和后实现雨水的排放。渗透罐同时具有渗透、调蓄功能。

玻璃钢渗透一体化系统主要适用于地下停车场顶面的排水系统、小区建筑物的雨水排水管网，可替代盲管、盲沟，用于渗排、排渗和地下水的回收和入渗，也可用于渗透管—排放系统，还可用于渗透塘等增渗系统。

（3）玻璃钢雨水渗透池。屋面或道路雨水经管道输送到雨水过滤井分离泥沙，上清液雨水进入玻璃钢雨水渗透池系统。渗透池由玻璃钢材料一次缠绕而成，通过池体侧面的小孔渗透雨水，并对雨水进行蓄存和截留。超过设计重现期的雨水经系统的溢流管排出。

①基坑开挖

A.基坑开挖前，应向挖土人员详细交底。交底内容一般包括挖槽断面、挖土位置、现有地下构筑物情况及施工技术、安全要求等，并指定专人配合。其配合人员应熟悉挖土有关安全操作规程，并及时测量槽底高程和宽度，防止超挖。

B.基坑开挖时，先进行详细测量、定位并用石灰标示出开挖边线。复测无误后，可指挥人员人工进行开挖。开挖时需放坡开挖，基坑开挖坡比按1：1或大于1：1。开挖出来的余泥堆放于坑槽外侧，同时组织散体物料运输车外运余泥，堆土坡脚距槽边1m以外，堆土高度不超过2m，陡度不超过自然坡度。

C.基坑开挖时，质安人员要加强巡视现场，密切注意周围土体的变形情况及坑槽内可能出现的涌水、涌砂、淤泥，以及坑底土体的隆起反弹、地基承载力达不到基础设计要求等。一旦发现以上问题，应立即停止开挖，采取其他特殊措施。

D.土方开挖至设计标高后，于基坑一角设置集水坑一处，并于基坑四周设置集水道，将地下水汇集于集水坑内，设置一台泥浆泵抽水。

②基础施工。基坑开挖至设计标高，复测无误后，根据基座要求，施工时将坑底浮土挖掉，在坑底测设中线、边线、打设水平木桩，并配筋双层双向搭筋，三级钢Φ16@150。完成后灌筑垫层C30混凝土。待钢筋混凝土基础干透后覆上10mm厚的中粗砂垫层。

③水撼砂分层回填。回填的材料必须符合设计图纸及规范要求，严禁将建筑垃圾作为土壤回填。回填土中大的尖角石块应剔除，回填土应分层夯实，按

每层300mm进行，宜用人工夯实，切忌局部猛力冲击，必须遵守施工规范中回填土作业的条文规定，必须使基坑周围回填土密实。密实度应符合现行标准《给水排水管道工程施工及验收规范》（GB 50268-2008）规范规定，同时应注意以下事项：

A.回填顺序应按排水方向由高到低分层进行，基坑内不得有积水。

B.基坑两侧应同时对称回填夯实，以防雨水渗透池身位移。

C.回填高度应回填至玻璃钢雨水渗透池罐顶，不得掩埋罐顶部的检查孔。

D.玻璃钢雨水渗透池罐顶至地面部位要完成检查井的筑砌。

④砌检查井

A.砌筑各种井前必须将基础面洗刷干净，并定出中心点、划上砌筑位置及标出砌筑高度，便于操作人掌握。玻璃钢雨水渗透池共有两个检查孔。

B.检查井砌筑检查圆井应该挂线校核井内径及圆度，收口段高度应事先确定。

C.检查井内外壁用1∶2水泥砂浆抹面20mm，井底设置流槽。

D.井砌完后，及时装上预制井环，安装前校核井环面标高与路面标高是否一致，无误后再坐浆垫稳。

⑤渗透排放一体化系统。渗透排放一体化系统是由塑料渗透检查井和塑料穿孔管组成，具有雨水渗透、储存、排放的综合功能，适用于土壤有一定渗透能力区域的雨水利用工程。

渗透检查井可设计具有渗透、弃流、集水的不同功能。滚塑成型成品井井深小于1.4m，安装于绿地、人行道下。焊接管件组合井井深小于6m，可用于车行道下，均采用PE（聚乙烯）材质制作。渗透管宜用PE实壁或PE缠绕结构壁管，以便于与检查井的同材质焊接。管径不小于150mm，具体值应根据设计排水流量确定，开孔率在1%~3%。

A.系统工作原理。渗透排放一体化系统的渗透式雨水检查井及检查井间的穿孔管，埋设在具有良好渗透功能的渗透管渠中。降雨时，收集的雨水进入系统，储存在碎石层中，通过侧壁面和底面渗透，超过设计渗透标准的雨水在管渠内流动，排入市政雨水管网系统；降雨过后，管渠内的储水仍能持续一定的渗透时间。

B.应用环境要求

a.土壤的渗透系数应大于$5 \times 10^4 m/s$。

b.井底过滤层顶部与地下水水面的距离不小于1.2m。

c.与建筑物基础的边缘不小于3m，并对其他建筑物、管道基础不得产生不良影响。

d.不宜设于行车道下。

e.在非自重湿陷性黄土地区，应置于建筑物的防护距离之外，并不影响小区道路的路基。

C.施工要点

a.一般条件下，渗透式雨水检查井与渗透管渠埋设在连通的沟渠内。在坡度较大地面埋设时，应把井和沟渠隔断，增加雨水储存效果。

b.沟渠底部铺一层粗砂，砂层上铺透水土工布。土工布的宽度应足够包裹碎石层。

c.碎石层在土工布上分层填埋，达到设计厚度，合拢顶部的土工布。渗透式雨水井在达到预设的标高时，套穿好预制的土工布罩，放在相应的井位上，井体与土工布间填碎石。

d.沟渠及井室包裹碎石层的土工布外侧均需填一层粗砂，并用原土回填到地面或填实井坑。填砂与回填土的两道工序应交互进行。

e.渗透管按设计坡度及标高在管渠的碎石层内敷设，渗透检查井间的碎石层顶面与底面是水平的。

f.施工中应特别注意保证系统的设计坡度及各渗透检查井的出水管的管底标高，以确保系统的排水能力。

g.雨水渗透检查井的进水管的顶标高应低于出水管的底标高，并由工程设计图纸确定，渗透管的敷设坡度宜在0.01~0.02。

第二节　雨水储存与调节技术

一、实现途径

雨水的储存与调节是海绵城市中的重要一环，在雨量集中时可以调节峰值流量，在降水不足时储存收集的雨水可以供给生活生产之用，在雨水治理和综合利用方面都发挥着至关重要的作用。雨水储存与调节设施主要有湿塘、雨水湿地、雨水罐、渗透塘、调节塘、蓄水池、蓄水模块等。

二、施工要点

（一）湿塘

湿塘指具有雨水调蓄和净化功能的景观水体，雨水同时作为其主要的补水水源。湿塘有时可结合绿地、开放空间等场地条件设计为多功能调蓄水体，即平时发挥正常的景观及休闲、娱乐功能，暴雨发生时发挥调蓄功能，实现土地资源的多功能利用。

典型湿塘一般由进水口、前置塘、主塘、溢流出水口、护坡及驳岸、维护通道等构成。

1.施工程序

施工程序是：前置塘、主塘→出水口→进水口→护坡及驳岸等。

2.施工要点

（1）进水口

①进水口高程应高于常水位，避免阻水。进水口位置可根据完工后的汇水面径流实际汇流路径进行调整。

②进水口处的碎石（卵石）、混凝土等形式的消能设施，应坚固、稳定等。

③收水口、沉淀池设施的雨水口箅子应安装牢固。

（2）前置塘、主塘

①前置塘应按设计尺寸施工，保证预处理能力；当采用混凝土或块石结构，其底面软弱土层应清除干净，对不符合要求的，应进行换填处理；维护通道应与基础同时施工。

②配水石笼安装标高应符合设计要求。

③沼泽区水生植物应选用当地长生植物，以保证成活质量。

④主塘堤坝应采取防渗漏措施，满足《水利水电工程单元工程施工质量验收评定标准——堤防工程》（SL 634–2012）的相关规定。

（3）溢流出水口

①溢流出水口的外侧应设置于雨水收水口处，雨水收水口处必须设置沉泥坑。

②应严格控制相邻进水口与出水口的高程，保证进水和出水功能。

③溢流竖管标高应满足设计要求，保证调节水位标高。

④出水管道安装满足现行标准《给水排水管道工程施工及验收规范》（GB 50268–2008）的规定。

（二）雨水湿地

雨水湿地利用物理、水生植物及微生物等作用净化雨水，是一种高效的径流污染控制设施。雨水湿地分为雨水表流湿地和雨水潜流湿地，一般设计成防渗型，以便维持雨水湿地植物所需要的水量。雨水湿地常与湿塘合建并设计一定的调蓄容积。

典型雨水湿地与湿塘的构造相似，一般由进水口、前置塘、沼泽区、出水池、溢流出水口、护坡及驳岸、维护通道等构成。

1.施工程序

雨水湿地与湿塘基本相似，其基本工序为：前置塘、沼泽区、出水池→出水口→进水口→护坡等。

2.施工要点

（1）进水口

①进水口高程应高于常水位，避免阻水。进水口位置可根据完工后的汇水面

径流实际汇流路径进行调整。

②进水口处的碎石（卵石）、混凝土等形式的消能设施，应坚固、稳定等。

③收水口、沉淀池设施的雨水口算子应安装牢固。

（2）前置塘、沼泽区、出水池

①前置塘应按设计尺寸施工，保证预处理能力；当采用混凝土或块石结构，其底面软弱土层应清除干净，对不符合要求的，应进行换填处理；维护通道应与基础同时施工。

②配水石笼安装标高应符合设计要求。

③沼泽区水生植物应选用当地长生植物，保证成活质量。

④出水池堤坝应采取防渗漏措施，满足《水利水电工程单元工程施工质量验收评定标准——堤防工程》（SL 634-2012）的要求。

（3）出水口

①溢流出水口的外侧应设置于雨水收水口处，雨水收水口处必须设置沉泥坑。

②严格控制相邻进水口与出水口的高程，以保证进水和出水功能。

③溢流竖管标高应满足设计要求，以保证调节水位标高。

④出水管道安装应满足现行标准《给水排水管道工程施工及验收规范》（GB 50268-2008）的相关规定。

（三）雨水罐

以玻璃钢雨水罐为例。

1.雨水罐施工

（1）施工工艺

施工工艺是：定位放线→基坑开挖→基坑地基基础处理→基础施工→罐体吊装→构件及附件安装→充水试压→整体装置验收→回填。

（2）施工方法

①吊装施工

按照施工技术措施向参加吊装的全体工作人员进行技术交底。施工准备工作完成后，应组织大检查，主要内容如下：

A.施工机具的规格和布置与施工技术措施中的要求是否一致，并便于操作。

B.机械、索具是否经过专人检修完整，吊车工作状态是否良好。

C.指挥者与施工人员是否已经熟悉其工作内容，指挥信号是否已达成统一。

D.工作的检查、试验以及吊装前应进行的工作是否都已完成。

E.工件基础及周围回填土的质量，地脚螺栓的质量、位置是否符合设计及标准要求。

F.施工场地是否坚实平整，注意空中是否有电线及其他障碍物。

G.备用工具、材料是否齐备。

H.一切妨碍吊装工作的障碍是否都已妥善处理。

I.其他有关准备工作是否就绪。

J.经检查合格后，方可起吊。

②吊装施工阶段

A.吊装过程中吊车驾驶员由专人指挥，但仍需注意任何人发出的危险信号。指挥人员要站在驾驶员容易看到的地方。

B.驾驶员听到指挥人员发出的信号，必须先回喇叭，然后才能操作。在起吊过程中，扒杆、工件下面及扒杆转动方向上不准任何人站立和通过。

C.起吊工件时，速度要慢，做到轻吊轻放；工件吊离地面100~500mm时先暂停，检查工件受力情况，并检查吊车制动是否灵活、吊物有无滑落、是否有其他不安全因素；确认各方面正常后，方可继续起吊，并随时注意支腿变化。

D.不准将吊物在空中长时间停留。在起吊工作中，汽车驾驶室内不准有人，并禁止将吊物越过驾驶室上方。

E.吊车装卸前，驾驶员不得离开工作岗位。

F.吊车移动时，必须将扒杆落在吊架上、收回支腿。

G.对于16t以上的液压吊车，当离合器液压缸压力低于50kg/cm^{2}时，应立即停止操作，要踏下制动踏板，将吊车手柄推到"落"的位置进行增压，待压力恢复正常后，方可继续操作。当吊杆全部伸出、仰角最大，起吊工件时，钢丝绳的卷扬滚筒上的余量不应少于3~5圈。

H.16t以上的液压吊车，只限于空钩自由下落；起吊工件时，不允许自由下落。

I.禁止在吊车前方起吊。吊物摆动未稳时，不允许旋转和继续起吊。

J.起吊长而轻的工件时，两端必须有牵拉绳控制。

K.两部吊车同时抬吊工件时，起落速度要保持相同，每台吊车分担的负荷，不得超过其允许负重的80%。

L.吊物未离地面前，不准旋转。禁止斜吊工件和吊与地面未脱离连接的物件。吊车不准作为牵引设备使用。

M.不是吊车司机，未经领导指派，不准进行吊车的任何操作。

③充水试压

A.充水试验采用清水。根据现场情况，可采用消防管线作为水源。试压完毕后，罐内清水直接进入注水流程进行排放。

B.储水罐在安装和检查完毕后，须进行充水试验。充水高度等于罐壁高度的1/2，进行沉降观测1h。无异常，继续充水到罐高的3/4。当仍未超过允许的不均匀沉降量，可继续充水到最高操作液位。罐底、罐壁须应无渗漏和异常变形。

C.罐壁强度及严密性试验。充水到设计最高液位并保持48h后，罐壁无渗漏、无异常变形，为合格。

（3）质量标准

管渠施工质量应满足设计要求，相关验收标准应参考执行现行标准《给水排水构筑物工程施工及验收规范》（GB 50141-2008）、《纤维增强塑料用液体不饱和聚酯树脂》（GB/T 8237-2005）等相关规范及厂家安装文件的规定。

2.雨水罐的运行维护

（1）进水口存在堵塞或淤积导致的过水不畅现象时，及时清理垃圾与沉积物。

（2）及时清除雨水罐内沉积物。

（3）北方地区，在冬期来临前应将雨水罐及其连接管路中的水放空，以免受冻损坏。

（4）防误接、误用、误饮等警示标识损坏或缺失时，应及时进行修复和完善。

第三节　雨水转输技术

一、实现途径

海绵城市雨水转输技术主要是对雨水径流的"排/蓄"管理及衔接其他各单项设施，由城市雨水管渠系统和超标雨水径流排放系统共同构建。城市雨水管渠系统是应对常见降雨径流的主要排水设施，以地下管渠系统为主，用于收集、输送和处置低于系统设计排水能力的降雨/融雪径流。区别于传统地下管渠，海绵城市局部区域可采用植草沟、渗透管渠等新型管材代替不透水管道，以实现雨水的渗透资源化利用；超标雨水径流排放系统则是用来应对超过雨水管渠系统设计标准的雨水径流，其构成包括自然水体（湖泊）、行泄通道、深层隧道等自然途径或人工设施。

从功能上划分，海绵城市雨水排放系统由雨水收集、雨水管渠、附属设施及泵站等技术模块组成，包括植草沟、渗管/渠、雨水斗、雨水口、线性排水沟、排水管道、检查井、泵站以及出水口等设施。

二、施工要点

（一）植草沟

植草沟是指种植植被的景观性地表沟渠排水系统。用植草沟代替传统的沟渠排水系统，既可减缓雨水径流的速度，同时利用植草生物膜有效堵截初期泥沙和污染物，让更多雨水下渗和过滤，实现对径流雨水的有效控制。

1.工艺流程

准备及测量放线→土方施工→挡水堰→植物种植→进水口与溢流口。

2.工艺要点

（1）准备及测量放线

①植草沟宜在其汇水面施工完成后进行，比如周边绿地种植、道路结构层等施工均已完成。

②按施工图设计进行放线，埋设控制点。

③在施工前应制定"四节一环保"技术措施，最大程度节约资源，提高能源利用率，减少施工活动对环境造成的不利影响。

（2）土方施工

①应根据设计和地形控制纵坡，以免阻水。

②植草沟边坡应进行压实以防止坍塌及水土流失。

③植草沟断面控制，达到设计要求。例如，倒抛物线形、三角形或梯形的断面要控制到位、美观。

④植草沟沟槽开挖完成后，设计挡水堰的位置应设置临时挡水袋，防止沟槽内土壤流失。

⑤兼顾入渗的植草沟沟槽应避免因重型机械碾压、水泥混凝土拌合作业等造成的基层土壤渗透性能降低。已压实土壤可通过对不小于300mm厚度范围内的基层土壤进行翻土作业，尽量恢复其渗透性能。有条件的，应对施工前后的土壤渗透性能进行监测，以确定翻土厚度。

⑥因施工造成裸土的地块，应及时覆盖沙石或种植速生草种，防止由于地表径流或风化引起场地内水土的流失。施工结束后，应恢复其原有地貌和植被。

（3）挡水堰

①挡水堰可起到增加植草沟滞蓄水量、降低水流流速、防止沟底冲刷的作用，挡水堰顶高程一般根据植草沟纵坡及沟深确定，应严格按照图纸施工。

②应控制挡水坝的顶面高程。

③溢流井可兼作挡水坝。

④挡水坝应设置在溢流出水口的下游。

⑤挡水坝下游应设置消能和防冲刷设施。

（4）植物种植

①按设计要求控制植草沟介质层（通常包括种植土壤层、过滤层、入渗/存储层）的设计深度。

②应检测植草沟内土壤介质的渗透能力，低于设计要求时应翻松土壤。

（5）进水口与溢流口

①入水口高程应低于汇水面，避免阻水。

②已完工的入水口设施应进行临时封堵。

③入水口的初期雨水处理设施、沉泥坑、消能设施应按设计要求施工。

④溢流口处的沉泥坑的深度应符合设计要求。

（二）渗管/渠

渗管（渠）指具有渗透功能的雨水管（渠），是在传统雨水排放的基础上，将雨水管或明渠改为渗透管（穿孔管）或渗透渠，周围回填砾（碎）石等材料，实现雨水向四周土壤层渗透。渗管可采用穿孔塑料管、无砂混凝土管、镀锌钢管等多孔渗透管，砾（碎）石或其他多孔材料作为四周填充材料。穿孔塑料管可采用UPVC、PPR、双螺纹渗管或双壁波纹管等材料。渗渠可采用砌筑、现浇或预制装配式无砂混凝土排水渠，砾（碎）石或其他多孔材料作为四周填充材料。

1.工艺流程

（1）渗管施工工艺流程如下：测量放线→沟槽开挖→基底处理→验槽→铺设土工布→填筑管道基础→管道铺设→管道连接→管道两侧及顶部填筑→回填。

（2）渗渠施工工艺流程如下：测量放线→沟槽开挖→基底处理→验槽→铺设土工布→填筑渗渠基础→渗渠安装→渠箅安装→盖板安装→渗渠回填。

2.工艺要点

（1）渗管施工

①测量放线。A.建立测量水准点控制网，所有控制点必须经过校核并经过监理复核后方可使用。B.严格按施工图测设管线平面位置，包括管中心线和开槽边线。C.土方开挖时，在槽底给定的中心桩一侧钉边线铁钎，上挂边线，控制管道中心。在槽帮两侧适当的位置打入高程桩，其间距10~15m左右一对，并施测上高程钉，以控制管道高程。

②沟槽开挖。A.沟槽采用机械或人工开挖，沟槽壁垂直，不放坡。B.沟槽开挖时在设计槽底高程以上保留一定余量，避免超挖，槽底以上30cm预留土用人工开挖，修整底面。槽底的松散土、淤泥、大石块等及时清除，并保持沟槽干

燥。C.沟槽开挖土方应及时运离沟槽。槽边堆土时，堆土高度低于1.5m，距槽边1m以上。施工机具设备停放离沟槽距离大于1m。D.沟槽两侧须设置临边防护，防护栏杆高度1.2m，自上而下用安全密目网封闭，安全密目网封闭到顶面高度。在栏杆下边设置30cm挡脚板。所有护栏用红白油漆刷上醒目的警示色。护栏周围悬挂警示标志，开挖槽、坑、沟深度超过1.5m时，设置人员上下爬梯，爬梯两侧采用密目网封闭。爬梯防护栏采用0.8mm×3.5mm的管材，栏杆高度为1.2m，台阶高度不超过250mm。

③基底处理、验槽。A.沟槽土方挖至距设计标高以上20~30cm，应组织施工、设计、勘察、业主和监理单位联合验槽，进行现场钎探。地基承载力不符合要求时，应根据勘察和设计单位验槽意见，进行基底处理。B.在地下水位高于基坑（槽）底面施工时，应采取排水或降低地下水位的措施，使基坑（槽）保持无积水状态。

④铺设土工布。A.根据沟槽的尺寸和搭接长度，确定土工布尺寸。土工布应铺设整平，纵向搭接长度满足设计要求。B.土工布的安装通常用搭接、缝合和焊接几种方法。C.土工布通常采用自然搭接方法，搭接宽度一般为0.2m以上。D.可能长期外露的土工布，则应缝合或焊接。缝合和焊接的宽度一般为0.1m以上。土工布的缝合要连续进行，土工布重叠最少150mm，最小缝针距离织边至少是25mm。任何在缝好的土工布上的"漏针"必须在受到影响的地方重新缝接。E.热风焊接是首选的长丝土工布的连接方法，即用热风枪对两片布的连接瞬间高温加热，使其部分达到融熔状态，并立即使用一定的外力使其牢牢地黏合在一起。F.必须采取相应的措施，避免在安装后土壤、颗粒物质或外来物质进入土工布层。

⑤填筑管道基础。A.基础用的碎石材料，不得含有草根垃圾等有机杂物。B.碎石地基底面宜铺设在同一标高上，如果深度不同时，基土面应挖成踏步或斜坡搭接，搭接处应注意捣实。C.碎石应分层铺筑，每层铺筑厚度根据施工条件确定，一般为200~250mm，采用平板式振捣器往复振捣。大面积施工时，可采用6~10t压路机往复碾压。D.施工时必须防止基坑边坡坍塌土混入。

⑥管道铺设。A.管道铺设应在槽底质量验收合格后进行，所使用管材、管件等符合有关规程规范要求。B.管道采用起重机吊装下管、稳管，应采用可靠的软带吊具，平稳下沟，不得与沟壁或沟底剧烈碰撞。C.承插口连接管道以逆流方向

进行铺设，承口对向上游，插口对向下游，铺设前插口清洗干净。D.稳管时，相邻两管底部齐平。为避免因紧密相接使管口破损，并使柔性接口能承受少量弯曲，管子两端面之间预留约1cm的间隙。E.管道铺设严格按照操作规程进行，管道接口需严密，管道间隙要符合设计要求。

⑦管道连接

A.承插口橡胶圈连接。将承口内的橡胶圈沟槽、插口端工作面及橡胶圈清理干净，不得有土或其他杂物。将橡胶圈正确安装在橡胶圈沟槽中，不得装反或扭曲。安装时可用水浸湿胶圈，但不得在橡胶圈上涂润滑剂安装。用毛刷将润滑剂均匀地涂在装嵌在承口处的橡胶圈和管子插口端外表面上，但不得将润滑剂涂到承口的橡胶圈沟槽内。润滑剂可采用V型脂肪酸盐，严禁用黄油或其他油类做润滑剂。将连接管道的插口对准承口，保持插入管端的平直，用手动葫芦或其他拉力机械将管一次插入至标线。若插入阻力过大，切勿强行插入，以防橡胶圈扭曲。用塞尺顺承插口间隙插入，沿管圆周检查橡胶圈的安装是否正确。

B.承插口热熔焊接。承插式电熔连接操作要符合以下规定：a.焊接前将连接部位擦拭干净，并在插口端划出插入深度标线。b.当管材不圆度影响安装时，采用整圆工具进行整圆。c.将插口端插入承口内，至插入深度标线位置，并检查尺寸配合情况。d.通电前校直两对应的连接件，使其在同一轴线上，并用专用工具固定接口部位。e.通电加热时间应符合相关标准规定。f.电熔连接冷却期间，不能移动连接件或在连接件上施加任何外力。

C.承插口胶粘剂连接。管材或管件在黏合前，应用棉纱或干布将承口内侧和插口外侧擦拭干净，使被黏结面保持清洁，无尘砂与水迹。当表面粘有油污时，须用棉纱蘸丙酮等清洁剂擦拭干净。黏结前应将两管试插一次，使插入深度及配合情况符合要求，并在插入端表面划出插入承口深度的标线。管端插入承口深度应符合规范要求，用毛刷将胶粘剂迅速涂刷在插口外侧及承口内侧结合面上时，宜先涂承口，后涂插口，应轴向涂刷均匀、适量。承插口涂刷胶粘剂后，应立即找正方向将管端插入承口，用力挤压，使管端插入的深度至所划标线，并保证承插接口的直度和接口位置正确。管端插入承口黏结后，用手动葫芦或其他拉力器拉紧，并保持一段时间（大于30s），然后才能松开拉力器，以防止接口滑脱。承插接口连接完毕后，应及时将挤出的胶粘剂擦拭干净。应避免受力或强行加载，其静止固化时间应符合规范要求。

⑧管道两侧及顶部填筑。渗管连接后，调整渗管的平面位置，对称回填渗管两侧碎石，回填顶部碎石。最后包裹土工布，土工布搭接宽度符合规范要求。

⑨回填。管道隐蔽工程验收合格后在土工布上覆土。回填土分层压实，压实度满足相关规范要求，可采用手扶式振动夯、冲击夯分层回填，分层厚度为20cm。

（2）渗渠施工。以预制装配式渗渠施工为例。

①测量放线。参照"渗管施工"要求。

②沟槽开挖。沟槽采用人工或机械开挖，开挖应从上到下分层分段进行。人工开挖基坑（沟槽）的深度超过3m时，分层开挖的每层深度不宜超过2m。采用机械开挖时，分层深度应按机械性能确定。在开挖过程中，应随时检查槽壁和边坡的状态。

A.沟槽开挖时，放坡坡度及支撑形式应符合设计要求。当设计无要求时，应综合考虑土质条件、降水影响等因素，编制专项施工方案确定。

B.沟槽开挖时在设计槽底高程以上保留一定余量，避免超挖。槽底以上30cm预留土用人工开挖，修整底面，槽底的松散土、淤泥、大石块等及时清除，并保持沟槽干燥。

C.基底处理、验槽、铺设土工布、填筑渗渠基础。参照"渗管施工"要求。

D.渗渠安装。预制构件运输过程，不得损伤混凝土构件。运输时，构件混凝土的强度不应低于设计要求的吊装强度，且不低于设计强度标准值的75%。

安装前应将与构件连接部位凿毛干净。安装时应使构件稳固、位置准确、接缝间隙符合设计要求。盖板安装应轻放，不得振裂接缝；安装时顶板缝和墙缝不得在一条线上，应错开。通行管沟应待回填土完毕后再勾内缝，避免回填土振动造成接缝损坏。

E.渗渠回填。对称回填渗渠两侧碎石。

③季节性施工

A.雨季开挖基坑（槽）或管沟时，应注意边坡稳定。必要时可适当放缓边坡或设置支撑、覆盖塑料薄膜。同时应在坑（槽）外侧围以土堤或开挖水沟，防止地面水流入。施工时，应加强对边坡、支撑、土堤等的检查。

B.及时了解天气，避免雨天浇筑混凝土；已入模振捣成型的混凝土，应及时覆盖，防止冲刷表面。备充足的防汛设施、器具，以备应急使用。

C.土方开挖不宜在冬期施工。如果必须在冬期施工时，其施工方法应按冬施方案进行。

D.采用防止冻结法开挖土方时，可在冻结前用保温材料覆盖或将表层土翻耕耙松。其翻耕深度应根据当地气候条件确定，一般不小于0.3m。

E.开挖基坑（槽）或管沟时，必须防止基础下的基土遭受冻结。如果基坑（槽）开挖完毕后，有较长的停歇时间，应在基底标高以上预留适当厚度的松土，或用其他保温材料覆盖，地基不得受冻。如果遇到开挖土方引起邻近建筑物（构筑物）的地基和基础暴露时，应采用防冻措施，以防产生冻结破坏。

（三）线性排水沟

线性排水沟具有良好的排水能力和承重优势，工厂化预制和制作，方便运输，安装快捷。它适用于安装在对铺装要求比较高的场所，可与地面铺装材料搭配使用，可用于中型车辆行驶区域。线性排水沟根据雨水入口的设计形式，主要有盖板式、缝隙式、路缘石式和一体式。

1.施工程序

测量放线→沟槽开挖→槽底平整夯实→浇筑垫层→安装排水沟→浇筑混凝土→安装盖板→浇筑混凝土→成品保护。

2.施工方法

（1）测量放线。熟悉设计图纸、资料，弄清管线布置、走向及工艺流程和施工安装要求。

熟悉现场情况，了解设计管线沿途已有的平面及高程控制点分布情况。

进场后对土建单位交接的水准点和导线点进行复测。闭合差符合设计要求后，进行导线点、水准点的加密，每5m范围内有一个水准点。加密点必须进行闭合平差，确保加密点的准确，以满足排水坡度要求。

施工过程中的测量主要为了槽底高程的确定。机械开挖后，采用跟机测量，随挖随测，杜绝超挖现象，确保槽底高程符合设计要求。管道安装后，进行复测，发现问题及时处理，使管底高程控制在允许偏差范围内。每天测量工作开始前，都要进行相邻水准复核测量。

（2）沟槽开挖。沟槽开挖尺寸要满足现场施工需要，按图纸施工，应当以排水沟设计放置位置为基准。开挖沟槽要严格控制挖深及排水沟中心线，按照园建硬化后的场地放坡，严格控制沟槽开挖坡度系数。

排水沟承载能力与构筑排水沟地基基槽有着直接关系。一定承载要求的排水沟，必须坐落在相应尺寸的混凝土基槽上。

排水沟底部向下、两侧翼向左右各预留一定空间，用于浇筑混凝土基础，以保证排水沟的承载要求。

（3）浇筑垫层。沟槽底平整夯实后，用水泥混凝土浇筑符合承载等级要求尺寸的基槽底基。基槽底基应按设计要求制作小引水斜坡。引水坡由高至低，指向系统的排水出口。

（4）铺设排水沟。排水沟铺设原则是首先铺设排水系统出水口处的排水沟，施工中通常从检查井或者带出水口的沟体接水口开始，确定好起始位置后，依次进行承插安装。

为避免沟壁在施工时受到侧向压力的破坏，在铺设和浇筑混凝土前应预先将盖板放置于沟体上，或者用等同尺寸的木板支撑沟体。

（5）浇筑混凝土。用混凝土浇筑整段排水沟两侧边翼，侧边翼混凝土浇筑最大高度可以和地面的实际高度一致。在混凝土浇筑过程中，避免排水沟产生左右位移，避免混凝土渗入相邻沟体之间的接缝中。

另外，在制作与排水沟盖板连接的表层路面时，无论是混凝土材料，还是加铺表层沥青，建议以一定坡度（外高内低）指向排水沟盖板，以便汇集路面积水。如果路面铺设行道砖，施工时需保证行道砖高出沟体水平面3~5mm。

（6）排水沟交接口卡缝防水处理。如果排水沟道需要严格防水，建议使用沥青硅胶（防水密封胶）均匀涂抹在相邻排水沟接口卡缝处（涂抹完成后，必须将卡缝处多余的密封剂清理干净，否则将影响排水功能）。

（7）清洁沟体和固定盖板。排水系统正式使用前，必须认真清理排水沟的杂物和垃圾，确认沟体畅通无阻后，放回盖板并紧固。

（四）雨水泵站

雨水泵站是设置于市政管渠系统中或城市低洼地带，用于输送和排出区域雨水的提升构筑物。在海绵城市中雨水泵站的作用不仅肩负防积水功能，还可与储水池结合实现临时储水调节并为雨水回用设施（如景观水系、绿化灌溉）供水。

雨水泵站主要有现浇钢筋混凝土、沉井和一体化预制三种施工工艺。一般在无其他环境因素限制、地下水位满足要求、可放坡开挖的情况下采用现浇钢筋混凝土工艺；在开挖困难或周围环境因素限制或不允许放坡开挖等情况下，可采用沉井进行处理。沉井不仅可以作为围护结构，也可以作为泵房的结构使用。

除以上两种工艺，还可以进行一体化预制。一体化预制泵站是一种集潜水泵、泵站设备、除污格栅设备、控制系统及远程监控系统集成的一体化的产品。一体化预制泵站有占地面积小、施工速度快并且对周围环境影响小等优点，符合绿色施工的要求。

1.现浇钢筋混凝土泵站结构施工

（1）施工工艺流程。施工工艺流程是：施工准备土方开挖→垫层施工→混凝土底板施工→泵站结构施工。

（2）施工工艺要点。泵站施工前应对地下水进行有效的控制，可采用帷幕隔水、降水等降水措施。设计降水深度在基坑范围内不宜小于基坑底面以下0.5m。

泵站底板地基，必须经过工程验收合格，才能进行施工。

底板模板按常规方法支好，与泵站的施工缝留在底板上表面不小于200~500mm处；施工缝型式多做成凸缝，或留设平缝。底板上、下层钢筋骨架网应使用有足够强度和稳定性的支撑。支撑可为钢柱或混凝土预制柱。池壁模板可采用分层安装模板，其每层层高不宜超过1.5m，分层留置窗口时，窗口的层高不宜超过3m，水平净距不宜超过1.5m。

泵站地下水位以下混凝土宜整体浇筑。对于安装大、中型立式机组的泵站工程，可按泵站结构并兼顾进、出水流道的整体性设计分层浇筑，由下至上分层施工，层面应平整。

泵站浇筑，在平面上一般不再分块。如果泵站较长，需分期分段浇筑时，应以永久伸缩缝为界面，划分数个浇筑单元施工。泵站内部可分期浇筑。泵站地下和水下部分应按防水处理施工。

在浇筑过程中应及时清除黏附在模板、钢筋、止水片和预埋件上的灰浆。泵座等二次混凝土，应达到设计标准强度75%以上才能继续安装。

在泵站施工过程中应制定和贯彻节能、节地、节水、节材和环保的技术措施，最大程度地节约资源，提高能源利用率，减少施工活动对环境造成的不利影响。

架设工艺及模板支护等专项方案应予会审、优化，合理安排工期，加快周转材料周转使用频率，降低非实体材料的投入和消耗。

施工现场设置沉淀池、雨水收集池等，收集现场雨水、废水，用于现场喷洒路面、绿化浇灌、混凝土结构覆盖保水养护等。

2.沉井施工

在开挖困难的淤泥、流沙地基或周围有重要建筑物或其他因素的限制，不允许放坡开挖等情况下，可采用沉井进行处理。沉井不仅可以作为围护结构，也可以作为泵站的结构使用。沉井对邻近建筑物的影响比较小，沉井基础埋置较深，稳定性好，能支承较大的荷载。但需要进行围护措施和地下水控制措施。符合国家规范要求现行标准《建筑基坑支护技术规程》（JGJ 120-2012）。

沉井的埋置深度可以很大，它的整体性强、稳定性好，有较大的承载面积，能承受较大的垂直荷载和水平荷载。沉井既是基础，又是施工时的挡土和挡水结构物，下沉过程中无须设置坑壁支撑或板桩围壁，简化了施工。沉井施工时对邻近建筑物影响较小。

（1）工艺流程。工艺流程是：平整场地→测量放线→开挖基坑→铺砂垫层和垫木或砌刃脚砖座→沉井制作布设降水井点→抽出垫木→挖土下沉→封底浇筑底板混凝土→施工内隔墙梁板→顶板及辅助设施。

（2）施工工艺要点

①沉井地表应平整，并设有排水系统。

②沉井分节制作，应合理分配每节高度，保证沉井稳定性。

③沉井下沉时，第一节混凝土沉井应达到100%设计强度，其余各节应达到70%设计强度。

④井列群井施工，宜采用同时下沉的方法。

⑤对沉井沉降观测点，下沉前做好上移工作；对水准控制点，坐标控制点做好保护工作。

⑥沉井下沉前应进行结构外观检查，检查混凝土强度及抗渗等级，根据勘测报告计算极限承载力、分段摩阻力及下沉系数，作为判断各阶段是否出现突沉以及确定下沉方法和采取相应措施的依据。

⑦下沉前应分区分组依次对称同步地抽除（拆除）刃脚下的承垫木和砖垫座。每抽出一根垫木后，在刃脚下立即用砂、卵石或砾砂填实。

⑧沉井下沉一般采取排水下沉方法和不排水两种方法。前者适用于渗水量不大、稳定的黏性土；后者适用于比较深的沉井或有严重流砂的情况。排水下沉分为人工挖土下沉、机械挖土下沉、水力机械下沉；不排水下沉分为水下抓土下沉、水下水力吸泥下沉、空气吸泥下沉。

⑨沉井下沉出现倾斜，如果调整挖土仍不能纠正时，可加荷调整；但若一侧已到设计标高，宜采用旋转喷射高压水的方法，协助下沉进行纠偏。

⑩在沉井外壁周围弹出水平线，在四角做出轴线标志，在下沉过程中每班观测三次，随时掌握分析观测数据，提供纠偏数据。

⑪沉井下沉接近设计标高时，应加强观测，每2h一次；为防止超沉，可在四角或筒壁与底梁交接处砌砖墩或垫枕木垛，使沉井压在砖墩或枕木垛上，使沉井稳定。

⑫沉井下沉至设计标高，经下沉稳定或经观测在8h内累计下沉量不大于10mm，即可进行封底。

3.雨水泵站的设备安装

（1）工艺流程。工艺流程是：定位→设备基础→泵的安装→配管安装→设备试运转。

（2）雨水泵的选择。雨水泵的选型首先应满足最大设计流量的要求，根据雨水径流量的大小配置不同数量的雨水泵。雨水泵的台数，一般不应少于两台，不宜大于8台，且最好选用同一型号。当水量变化很大时，可配置不同规格的水泵，但不宜超过两种，或采用变频调速装置，或采用叶片可调式水泵。由于雨水泵可以旱季检修，可不设备用水泵。

雨水泵的特点是出水量大而扬程小，适合这一要求的水泵为轴流泵和混流泵。泵站的设计流量为入流管道流量的120%，选用的水泵宜满足设计扬程时在高效区运行。两台以上水泵并联运行合用一根出水管时，应根据水泵特性曲线和管路工作特性曲线验算单台水泵工况，使之符合设计要求。水泵吸水管设计流速宜为0.7~1.5m/s，出水管流速宜为0.8~2.5m/s。

在传统的污水流程建设中，多采用传统回转式格栅拦截并打捞污水中的大颗粒物及漂浮物，垃圾打捞上来后要通过输送设备或者人工清理外运，导致建设成本和运行费用都比较高，也非常不方便；而且格栅周围臭味严重，也非常容易滋生蚊虫细菌，会对环境造成一定的污染。粉碎型格栅除污机能够把污水中的悬浮垃圾粉碎成6~10mm的细小颗粒，粉碎后的污物无须打捞。它主要适用于污水处理厂、污水泵站、雨水泵站等进水渠道（井），拦截水中的漂浮物，保证水泵和后续工作正常运行。

（3）工艺要点

①设备基础应控制混凝土浇筑质量，满足现浇结构尺寸允许偏差和检验方法表。

②应按设备技术文件的规定清点泵的零件和部位，并无缺件、损坏和锈蚀等；管口保护物和堵盖应完好。

③定位。将设备基础预留洞清理干净，用磨光机将基础面磨平，水平尺找平，水平度偏差在允许范围之内。

④轴流泵安装。轴流泵就位于基础上，地脚螺栓依照原机的出厂说明书要求预埋，有关参数应符合规定要求。保证安装后机械的稳定性。泵体组装找平后，当地脚螺栓处混凝土强度达到90%以上时，方可进行其他转动部件的组装。

⑤轴流泵安装完成后，按照实际图纸进行配管安装。配管安装应在管道试压、冲洗完毕后再与泵体接口。

⑥泵的试运转需要检查附属系统的部件安装整齐，泵各螺栓紧固连接部位不能松动。并且无泄漏。电器、仪表工作正常；油路、气路、水路各系统管道不得有渗漏；压力、液位正常；手动叶盘应灵活、正常，不得有卡碰等异常现象；轴承应加注润滑油脂，所用规格型号、数量应符合设备技术文件的规定；泵运转前将入口阀门全开，出口阀门全闭；将泵启动后，再将出口阀门打开。

参考文献

[1]熊家晴.海绵城市概论[M].北京：化学工业出版社，2019.

[2]全国勘察设计注册工程师公司.排水工程第2册第3版2019版[M].北京：中国建筑工业出版社，2019.

[3]全红.海绵城市建设与雨水资源综合利用[M].重庆：重庆大学出版社，2020.

[4]于开红.海绵城市建设与水环境治理研究[M].成都：四川大学出版社，2020.

[5]李益飞.海绵城市建设技术与工程实践[M].北京：化学工业出版社，2020.

[6]匡文慧，李孝永.基于土地利用的海绵城市建设适应度评价[M].北京：科学出版社，2020.

[7]陈哲夫，陈端吕，彭保发，莫操湖，赵迪.海绵城市建设的景观安全格局规划途径[M].南京：南京大学出版社，2020.

[8]杨弘.山地海绵城市道路建设创新与实践[M].北京：中国建筑工业出版社，2019.

[9]陈侠.城市给排水系统设计导论[M].北京：中国水利水电出版社，2018.

[10]吴兴国.海绵城市建设实用技术与工程实例[M].北京：中国环境出版社，2018.

[11]李孟珊.给排水工程施工技术[M].太原：山西人民出版社，2020.

[12]李亚峰，王洪明，杨辉.给排水科学与工程概论[M].北京：机械工业出版社，2020.

[13]中国市政工程协会.中国市政工程海绵城市建设实用技术手册[M].北京：中国建材工业出版社，2017.

[14]张智.城镇防洪与雨水利用第2版[M].北京：中国建筑工业出版社，2016.

[15]李树平.城市水系统[M].上海：同济大学出版社，2015.

[16]唐金忠.城市内涝治理方略[M].北京：中国水利水电出版社，2016.

[17]李亚峰，晋文学，陈立杰.城市污水处理厂运行管理第3版[M].北京：化学工业出版社，2016.